锐捷网络学院系列教程
锐捷网络 1+X 职业技能等级证书配套系列教材

LAN
NETWORKING TECHNOLOGY

局域网组网技术

汪双顶 吴多万 崔永正 / 主编
赵俊 林家全 杨磊 / 副主编
安淑梅 赵兴奎 / 主审

人民邮电出版社
北京

图书在版编目（CIP）数据

局域网组网技术 / 汪双顶，吴多万，崔永正主编
. -- 北京 : 人民邮电出版社，2017.8（2023.8重印）
锐捷网络学院系列教程
ISBN 978-7-115-45720-2

Ⅰ. ①局… Ⅱ. ①汪… ②吴… ③崔… Ⅲ. ①局域网
—组网技术—高等学校—教材 Ⅳ. ①TP393.1

中国版本图书馆CIP数据核字(2017)第125646号

内 容 提 要

本书遵循“宽、新、浅、用”的原则，全面介绍计算机网络组网基础知识和专业技能。全书共12章，包括网络基础、局域网技术、以太网技术、TCP/IP、构建二层交换网络、扩展交换网络范围、构建三层交换网络、网络出口路由技术、园区网络通信、二层交换网络安全技术、三层子网通信安全，以及无线局域网等内容。

全书按照项目方式组织课程内容，引入了企业工程案例，将知识、技术和岗位工作内容对接。通过图片、文字和项目实践等方式，介绍网络组建、管理与维护中需要掌握的专业技术，以积累经验和强化专业技能。

本书可作为职业类院校计算机及相关专业教学用书，也可作为网络培训机构开展网络管理员认证培训教材和教学参考用书。

◆ 主　　编　汪双顶　吴多万　崔永正
副 主 编　赵　俊　林家全　杨　磊
主　　审　安淑梅　赵兴奎
责任编辑　左仲海
责任印制　焦志炜

◆ 人民邮电出版社出版发行　北京市丰台区成寿寺路 11 号
邮编 100164　电子邮件 315@ptpress.com.cn
网址 http://www.ptpress.com.cn
固安县铭成印刷有限公司印刷

◆ 开本：787×1092　1/16
印张：16.5　　2017 年 8 月第 1 版
字数：382 千字　　2023 年 8 月河北第 15 次印刷

定价：45.00 元

读者服务热线：(010)81055256　印装质量热线：(010)81055316
反盗版热线：(010)81055315
广告经营许可证：京东市监广登字20170147号

前 言 FOREWORD

计算机网络技术已发展为信息领域的领导技术之一，推动着社会文明的发展和进步。过去的几十年，网络技术已深入到各个领域，给人类社会带来前所未有的体验。

1. 关于教材指导思想

本课程主要帮助职业院校的学生学习网络基础知识和组网技术。和同类局域网组网教材相比，本书针对未来就业岗位设计课程内容，培养学生解决工作中可能遇到的各种网络组建、维护和管理问题的能力。全书以企业的网络工程项目需求为主线，强化学生职业技能的培养，满足大中专院校网络工程组网技能训练的需要。

全书在开发过程中，通过配置大量的场景图片，直观诠释网络技术，帮助学生理解抽象技术原理。为适应互联网+时代的需求，全书还配置了大量二维码资源，学生通过智能移动终端扫描，即可在线获得学习帮助。

2. 关于教材内容

全书在组织方式上，引入了企业真实的工程案例，介绍了组网基础知识和基本技能。内容包括网络基础、局域网技术、以太网技术、TCP/IP、构建二层交换网络、扩展交换网络范围、构建三层交换网络、网络出口路由技术、园区网络通信、二层交换网络安全技术、三层子网通信安全，以及无线局域网等。每章都附有再现企业工程项目的实训内容，以提高学生的组网能力，强化学生技能的培养。

3. 关于教材使用方法

全书提供的二十多个来自企业的网络组建项目，能够帮助学生通过组网案例训练，积累组网经验。书中案例按照学校实施环境改编，在学校的网络实训环境中再现，实训环节包括工程项目背景介绍、组网设备、组网拓扑、施工过程、测试和排障等多个环节。

4. 关于课程实施环境

为方便本教材的实施，需要提供一个组网的课程环境，包括可容纳 40 人左右的网络实训环境，不少于 4 组工作台，每组工作台的组网设备包括二层交换机、三层交换机、路由器、无线接入点 AP，以及测试计算机和若干网线。虽然本书所选择的工程来自厂商，但课程在规划中力求知识诠释和技术选择都具有通用性，均使用行业内的标准。

5. 关于课程配套资源

用户可登录人民邮电出版社教育社区 www.ryjiaoyu.com，下载本书配套课程资源。

6. 关于课程开展职业认证

职业资格认证是掌握与特定硬件系统、操作系统相关的知识，并通过一系列考试的过程。认证程序通常由厂家或专业组织机构开发和管理，对于求职者来说，认证是常见的增加就业机会的途径；对于雇主而言，认证是评估雇员水平的一种手段。

为加强就业的竞争能力，读者完成本课程学习后，可以参加厂商的职业资格认证。本课程对应的职业资格认证为网络管理员职业资格认证。全书每章都配有一定量的测试题供使用。

7. 关于课程开发队伍

本书由创新网络教材开发委员会组织一线教师，联合厂商工程师合作完成。专家们将在各自领域中积累的组网技术和专业教学经验，诠释成本书的知识体系。

其中，汪双顶先生拥有多家厂商工作经历，熟悉锐捷网络、思科网络和华为的产品，参与过多项网络工程的规划、实施，具有丰富的组网经验。汪双顶先生多年来在网络行业的工作背景和从业经历，对全书的企业工程再现以及行业技术点的选择起到了重要的作用。

其余编者均来自网络专业一线教学岗位，具有丰富的教学经验，他们先后多次带领培养的学生参加国家职业竞赛及世界技能大赛，并取得过丰硕的成果。

此外，在本书的编写过程中，还得到了锐捷网络学院的部分一线教师，以及锐捷网络技术服务部的部分售后工程师的大力支持。他们多年积累的工作经验，为本书的真实性、专业性，以及教学的组织实施提供了很大帮助。

本书规划、编辑的过程历经近两年的时间，前后经过多轮的修订，内容改革力度较大，远远超过策划者原先的估计，疏漏之处在所难免，敬请广大读者指正（wangsd@ruijie.com.cn）。本课程在使用时有任何困难，都可以通过此邮件咨询和联系。

创新网络教材编辑委员会
2017 年 4 月

使 用 说 明

在全书关键技术解释和工程方案实施中，会涉及一些网络专业术语和词汇，为方便大家今后在工作中的应用，全书采用业界标准的技术和图形绘制方案，在图标上使用多种表现形式。

全书中涉及的符号及网络拓扑图形采用惯有的风格和惯例，本书中使用的命令语法规范约定如下：

- 竖线“|”表示分隔符，用于分开可选择的选项。
- 星号“*”表示可以同时选择多个选项。
- 方括号“[ ]”表示可选项。
- 大括号“{ }”表示必选项。
- 感叹号“!”表示对该行命令解释和说明。
- *斜体字*表示需要用户输入的具体值。

以下为本书中所使用的图标示例。

路由器形态 1：

路由器形态 2：

二层交换机形态 1：

无线接入 AP 设备：

三层交换机形态 1：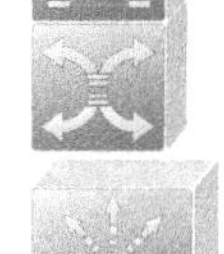

三层交换机形态 2：

核心交换机形态 1：

核心交换机形态 2：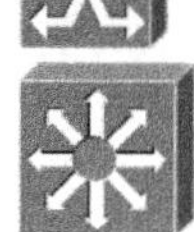

计算机形态 1：

计算机形态 2：

集线器形态 1：

集线器形态 2：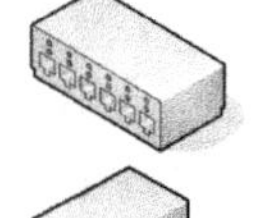

服务器形态 1：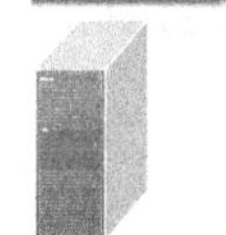

服务器形态 2：

防火墙形态：

Internet 形态：

使 用 说 明

在全书关键技术解释和工程方案实施中，会涉及一些网络专业术语和词汇，为方便大家今后在工作中的应用，全书采用业界标准的技术和图形绘制方案，在图标上使用多种表现形式。

全书中涉及的符号及网络拓扑图形采用惯有的风格和惯例，本书中使用的命令语法规范约定如下：

- 竖线“|”表示分隔符，用于分开可选择的选项。
- 星号“*”表示可以同时选择多个选项。
- 方括号“[ ]”表示可选项。
- 大括号“{ }”表示必选项。
- 感叹号“!”表示对该行命令解释和说明。
- *斜体字*表示需要用户输入的具体值。

以下为本书中所使用的图标示例。

路由器形态 1：

路由器形态 2：

二层交换机形态 1：

无线接入 AP 设备：

三层交换机形态 1：

三层交换机形态 2：

核心交换机形态 1：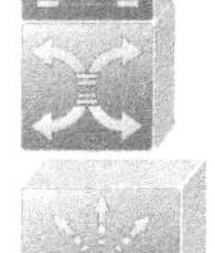

核心交换机形态 2：

计算机形态 1：

计算机形态 2：

集线器形态 1：

集线器形态 2：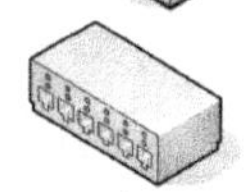

服务器形态 1：

服务器形态 2：

防火墙形态：

Internet 形态：

目录 CONTENTS

第 1 章 了解网络基础知识

网络与工作、学习、生活密切相关，更为大家带来了极大方便。例如，想了解国家大事和社会新闻，新浪网可以帮助你；想要找资料，不用去图书馆，只要在计算机，甚至手机中打开百度，输入要查找的资料，百度可以帮助你；当需要购物时，去淘宝、京东上就可以搞定；需要看电影时，去优酷、土豆随时随地想看就看；甚至有什么烦恼和困惑，网络上的知乎网都可以来帮助……

本章主要介绍网络基础知识，为后续技术学习打下良好基础，需要掌握的技术有：

- 了解网络发展历史
- 熟悉网络系统分类
- 了解网络系统组成
- 认识组网设备
- 了解互联网应用

1.1 什么是计算机网络

计算机网络就是利用通信线路和通信设备，把分散的能独立运行的计算机连接起来，通过网络协议通信，实现资源共享和通信的系统集合。

计算机或网络设备是网络中的最小单元，也称为“节点”。这里的计算机泛指一切智能终端，如 PC、便携式计算机、手机、PDA、苹果机，甚至还可以是大型机，如图 1-1 所示。

图 1-1 互联的计算机网络

在计算机网络中最重要的是，所有的设备都必须使用共同的“语言”通信，也就是通信协议。如图 1-2 所示，所有的设备都连接在互联网中不同的子网络之间，都运行相同的 TCP/IP，实现各个子网络之间的互联互通。

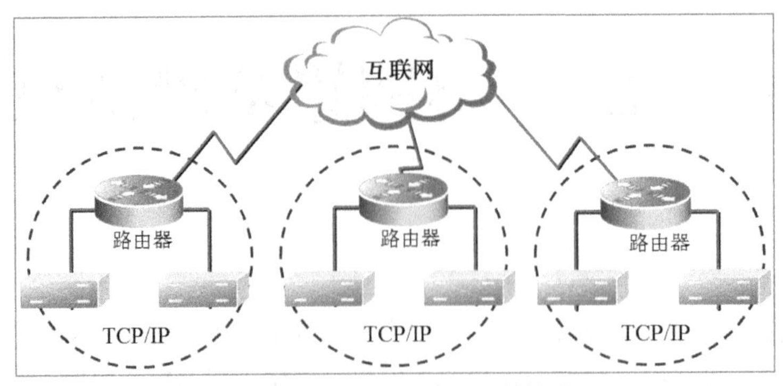

图 1-2　网络通信语言：通信协议

网络中的通信协议，是所有互联的网络设备之间通信的规则和约定，网络协议规范了网络设备之间如何进行信息交换，如何封装数据，如何进行通信。

将两台计算机连接起来，就组成一个最小的对等网络；通过光纤和网络互联设备，把全世界计算机连接起来，就形成了今天最大的网络 Internet。

1.2 计算机网络功能

（1）软件、硬件共享

网络允许网络中的用户共享网络上各种不同类型的硬件资源，如服务器、存储器、打印机等，如图 1-3 所示。共享硬件的好处是提升效率，节约开支。

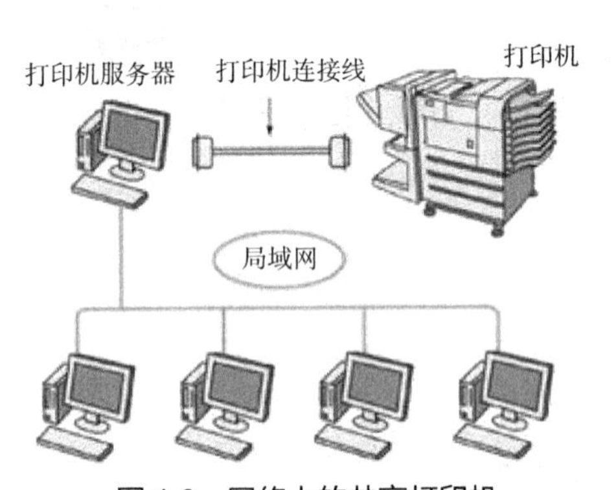

图 1-3　网络上的共享打印机

此外，网络还允许多个用户同时使用网络软件系统，如数据库管理系统、Internet 服务软件等，从而保持数据的完整性和一致性，实现软件程序和数据的共享。

（2）信息共享

Internet 是一个巨大的资源库，就像一个信息的海洋。每一个接入 Internet 的用户都可以共享这些资源，如 Web 主页、FTP 服务器、电子读物、网上图书馆等。

（3）数据通信

通信是网络的基本功能之一，组建网络的主要目的就是实现不同位置的用户能够通信，交流信息。网络可以传输数据、声音、图像以及视频等多媒体信息，利用网络可以发送电子邮件、打电话、召开视频会议等，如图 1-4 所示。

图 1-4　QQ 语音或视频通信

（4）增强系统的稳定性和可靠性

通过规划和设计网络的冗余结构，可以大大提高网络系统的稳定性和可靠性。

图 1-5 所示为冗余网络场景，连接在网络中的任何一台设备，任何一条通信线路出现故障，通过冗余的设计，都可以取道另一条线路，从而大大地提高了系统可靠性。

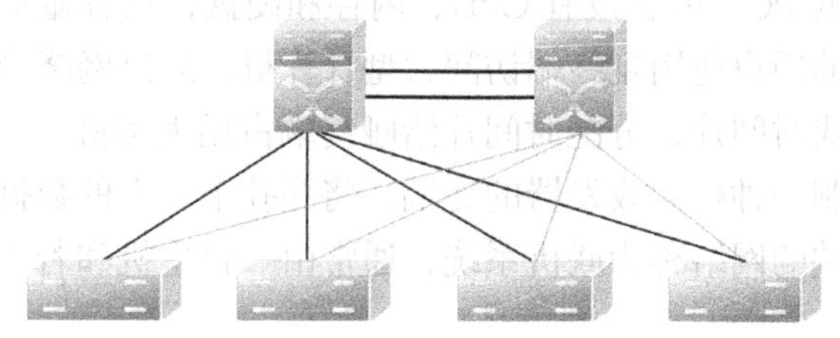

图 1-5　冗余网络场景

（5）负荷均衡与分布式处理

当网络上的某台主机负载过重时，其通过网络程序控制，移交给网络上的其他计算机处理，通过网络实现工作任务的负荷均衡，分布式处理工作任务。

图 1-6 所示为某一数据中心，实现信息在全球各个不同区域存储上的负荷均衡，及在数据的运算上的分布式处理。

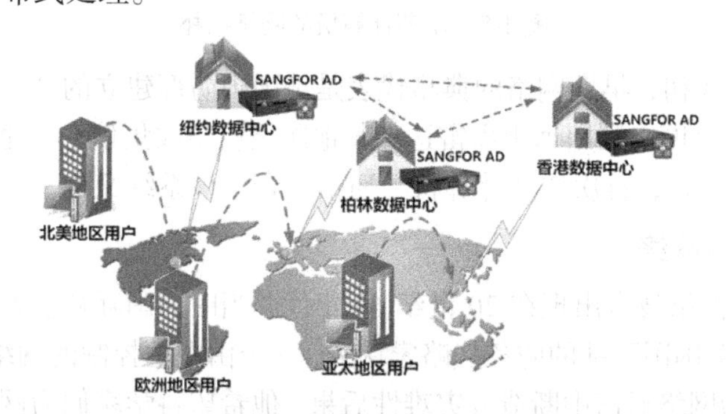

图 1-6　某数据中心通过互联网实现负荷均衡与分布式处理

1.3 网络发展历史

1. 早期的网络

图 1-7 所示为早期分时系统大型计算机集中控制的网络系统。

图 1-7　早期分时系统大型计算机

哑终端很像现在的 PC，但它没有 CPU、内存和硬盘，只有显示器和键盘，因此不能独立处理信息。成百的用户使用哑终端访问大型计算机，通过网络分时系统控制，大型机将主机占用的时间分成时间片，分配时间片给哑终端占用大型机。

当时技术人员研制一种称为收发器的终端，将穿孔卡片上的数据通过电话发送到其他哑终端。这种面向终端的网络称为联机系统，通常由一台主机和若干个终端组成，其网络拓扑如图 1-8 所示。

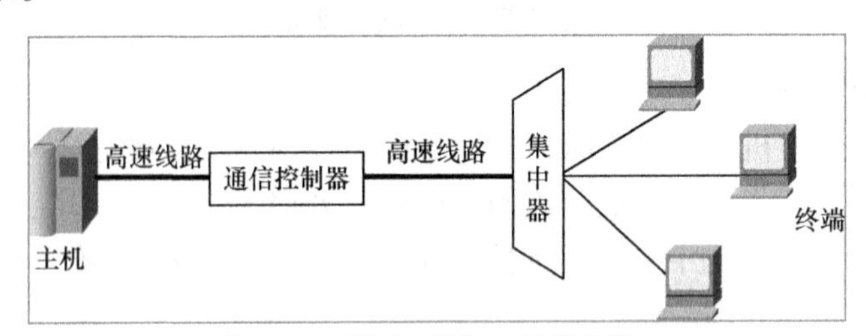

图 1-8　早期计算机的网络拓扑

20 世纪 50 年代初，早期网络的典型代表是美国国防部建立的“半自动地面防空系统 SAGE 网络系统”。该网络利用远距离雷达和其他防空设备收集信息，通过通信线路汇聚到中心大型机上集中处理，首次实现计算机与通信结合，该系统又称“终端-计算机网络”。

2. 现代计算机网络

现代意义上的网络技术出现在 20 世纪 60 年代。当时，国际社会处于“冷战”时期，核战争一触即发。美国国防部的防务战略家认为，一个由中枢控制的网络，如果遭受到“核攻击”，将可能因为网络通信中断造成灾难性后果。他希望科学家们为网络寻找无中心控制的途径，网络中的任何一台计算机都无须充当“中枢”。因此，网络由集中控制向分布模式转变，进入多主机网络模式，如图 1-9 所示。

图 1-10 所示为网络体系结构，为现代多主机的网络模型，通过资源子网和通信子网的功能划分，完善了网络中的各部分功能。用户通过终端接入网络，通过通信子网共享网络资源。

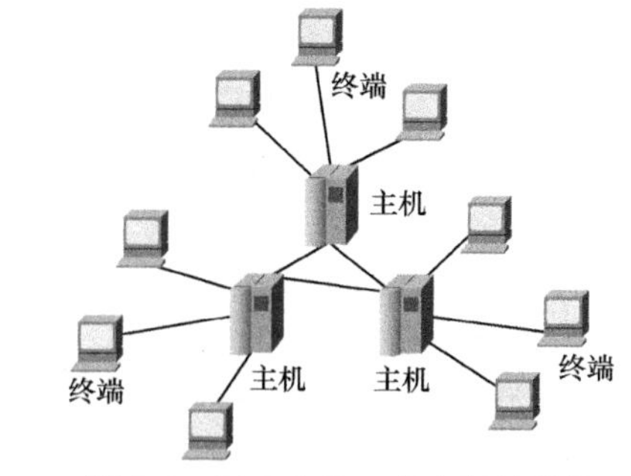

图 1-9　无中心的、多主机的网络

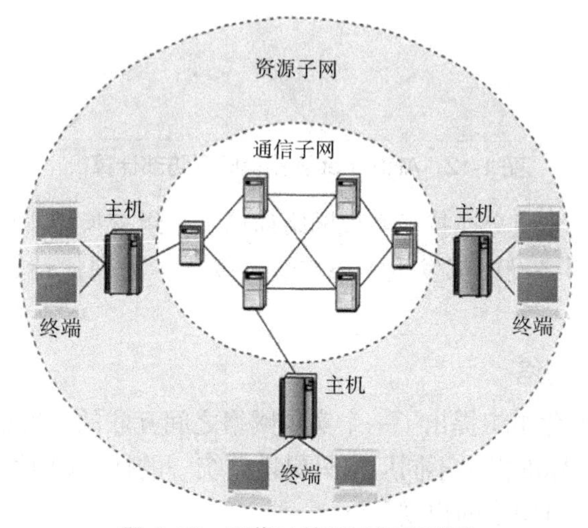

图 1-10　现代计算机的网络模型

多台主机互联的网络系统，实现了计算机和计算机之间的分组通信。用户不仅可以在本地处理信息，也可以通过网络实现计算机之间的通信，还可以通过网络共享网络中的软硬件资源，因此把这种互联的网络称为真正意义上的现代网络，拓扑如图 1-11 所示。

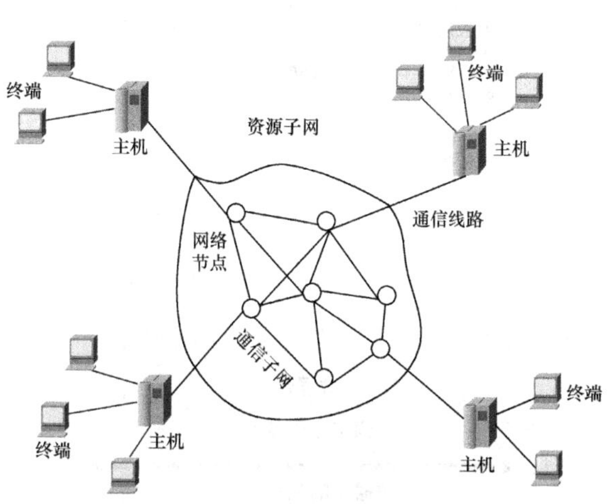

图 1-11　现代计算机的网络拓扑

1969 年 12 月，美国国防部资助建设的 ARPAnet 正式运行，它的运行标志着现代计算机网络真正兴起。图 1-12 所示为早期 ARPAnet，连接美国不同区域的军方计算机，ARPAnet

是现代 Internet 的前身。

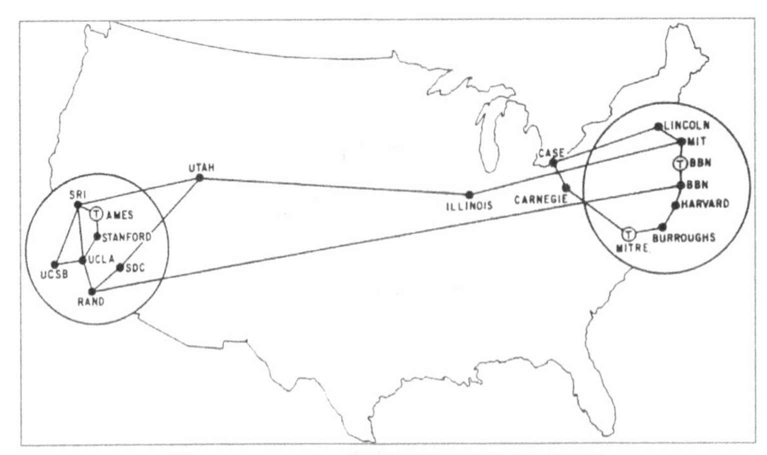

图 1-12 ARPAnet 连接美国国防部计算机

ARPAnet 系统使用分组交换技术实现网络通信。分组交换技术的使用，标志着计算机网络的概念、结构和网络设计都发生了根本性的变化，为现代计算机网络的发展奠定了基础。

3. 标准化计算机网络

1977 年，国际标准化组织提出了一个实现网络之间互联的标准框架，即开放系统互联参考模型 ISO/RM。该标准提出不同厂家只要遵循统一的标准即可实现互联互通，这也标志着第三代标准化计算机网络的出现。

图 1-13 所示为 ISO 组织规范的"开放系统互联参考模型 ISO/RM"，从功能上细化了网络通信过程中各层承担的网络通信职责。

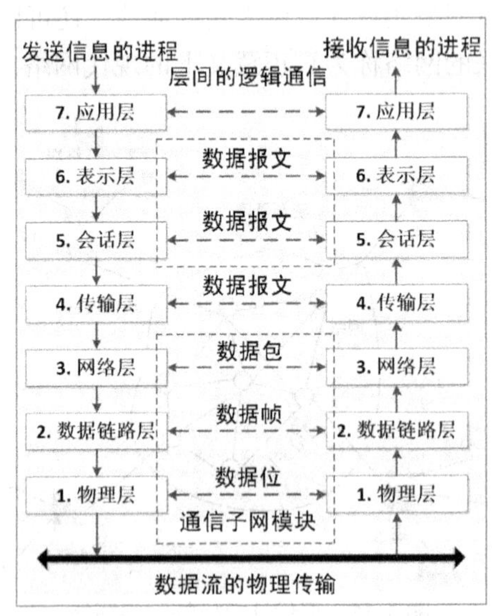

图 1-13 标准化计算机网络：开放系统互联参考模型 ISO/RM

图 1-14 所示的场景是标准化的现代互联网络组成结构。安装在校园网、企业网中的计算机，通过 Internet 服务提供商 ISP 提供的骨干网络实现互联，形成一种由路由设备实现的

大型、层次化网络互联结构，即现代互联网络。

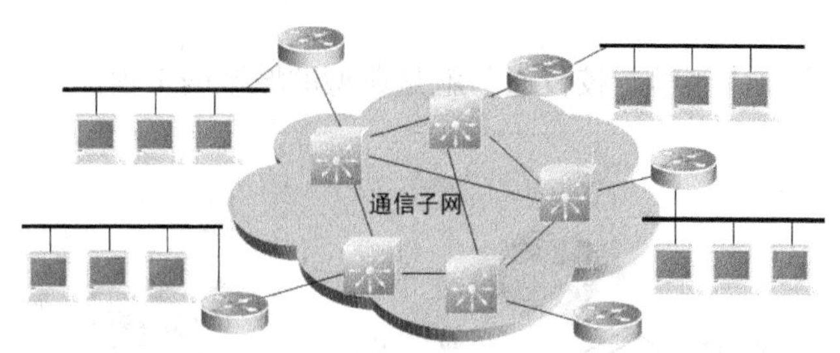

图 1-14 标准化的现代互联网络结构

4. 未来的计算机网络

20 世纪 90 年代后期，随着数字通信技术的快速发展，出现了以综合、高速为特点的第四代计算机网络。这一阶段网络发展的特点是互联、高速、智能以及更为广泛的应用。

在第四代的网络技术中，人们将数据、语音、图像等多种业务综合到一个网络中，形成数字综合网络传输。互联网的出现，解决了网络传输问题。

在互联网发展的同时，高速与智能网的发展也引起了人们越来越多的注意。随着网络规模的增大与网络服务功能的增多，各国都开展了智能网络（Intelligent Network，IN）的研究。智能网最大的特点是将网络传输与管理功能分开，向用户提供业务特性强、功能全面、灵活多变的新业务，拥有很大的市场需求。

1.4 网络系统分类

1. 按地理位置分类

（1）局域网

局域网（Local Area Network，LAN）指某一区域内的多台计算机互联组成的网络，范围从几米到几千米，是一个封闭网络。局域网可以由办公室内的两台计算机组成，也可以由一个公司内的上千台计算机组成，如图 1-15 所示。

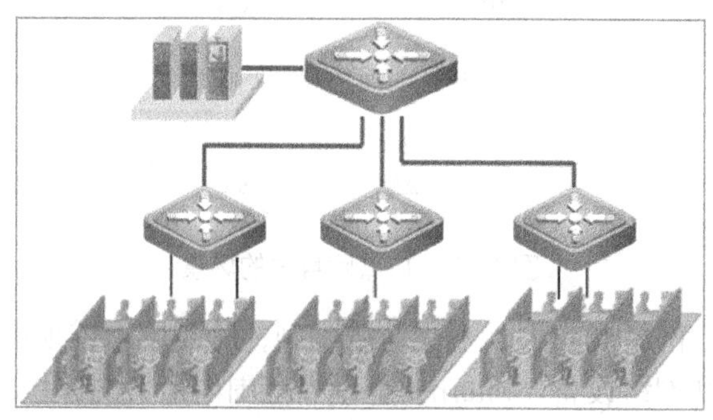

图 1-15 局域网连接场景

组建完成的局域网可实现文件管理、软件共享、打印共享等网络办公功能，其通常采用有线方式连接，最高传输速度可达到 100Gbit/s。

（2）城域网

城域网（Metropolis Area Network，MAN）规模居于局域网和广域网之间，通常覆盖一个城市，使用 LAN 的技术。其特点是，规模局限在 10～100km 范围的区域，如城市有线电视网。

图 1-16 所示的北京中小学“校校通”就是典型的城域网工程。

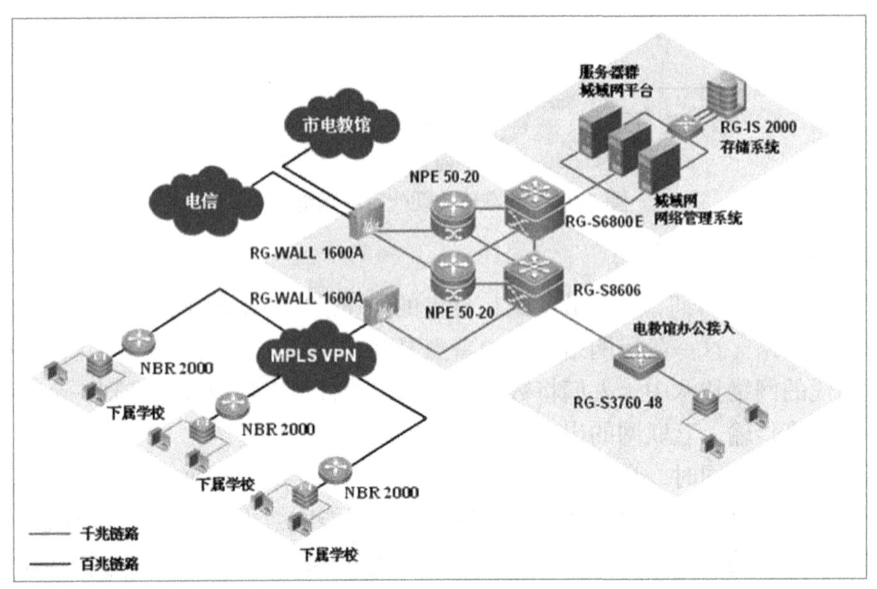

图 1-16　北京中小学“校校通”城域网

（3）广域网

广域网（Wide Area Network，WAN）也称远程网，是覆盖范围更广的网络，其范围从几十千米到几千千米。广域网一般由几个通信子网组成，使用分组交换技术。广域网的通信子网主要利用公用分组交换网传输，将分布在不同地区的城域网互联起来，达到资源共享和网络通信目的，如图 1-17 所示。

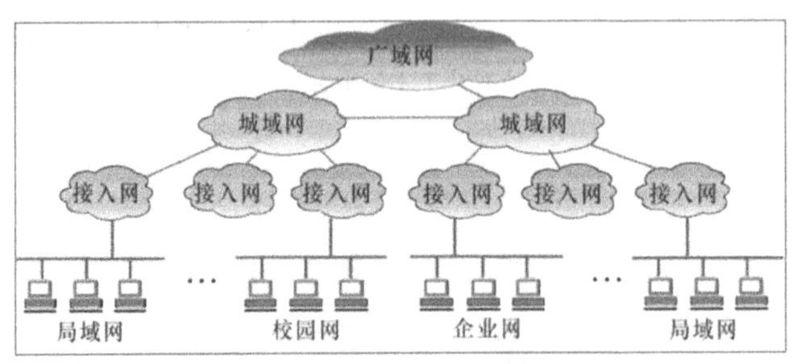

图 1-17　广域网互联的场景

广域网的特点是，网络规模大，不受地域限制，跨越国家或地区，能够连接更遥远、更广阔的远程计算机和网络设备。Internet 是世界范围内最大的广域网。

2．按传输介质分类

（1）有线网

采用光纤、同轴电缆和双绞线连接的网络称为有线网络。有线网络具有传输速率高、安全性好等优点。其中，双绞线是最常见的有线网络传输介质，它价格便宜，安装方便，但易受干扰，传输速率较低，传输距离短，如图 1-18 所示。

图 1-19 所示为采用光导纤维作为传输介质的光纤网。光纤传输距离长，传输速率高，可达吉比特每秒，抗干扰性强，因此是目前远程骨干网络的最理想选择。

图 1-18　双绞线

图 1-19　光纤网

（2）无线网

无线网使用电磁波作为信号载体传输网络中的数据信息。其中，无线局域网 WLAN 作为现在终端设备接入网络的重要方式，可以通过移动方式获取网络中信息，如图 1-20 所示。

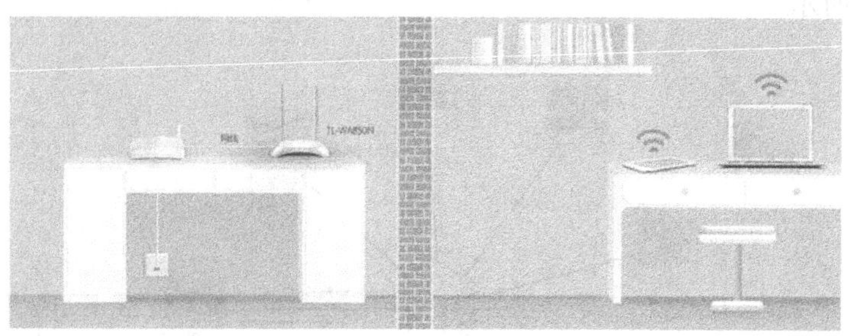

图 1-20　无线网

3. 按通信方式分类

（1）点对点网络

所谓点对点的传输，就是把数据以点到点的方式，从一台设备传输到另一台设备上，实现信息传递的过程。点对点网络的传输方式，通常为广域网通信模式，如图 1-21 所示。

广播通信过程

在点对点的网络中，成千上万台互相连接的网络通信设备都处于对等地位。网络中的每台设备既能充当网络服务的请求者，又能对其他设备的请求做出响应，提供资源和服务。

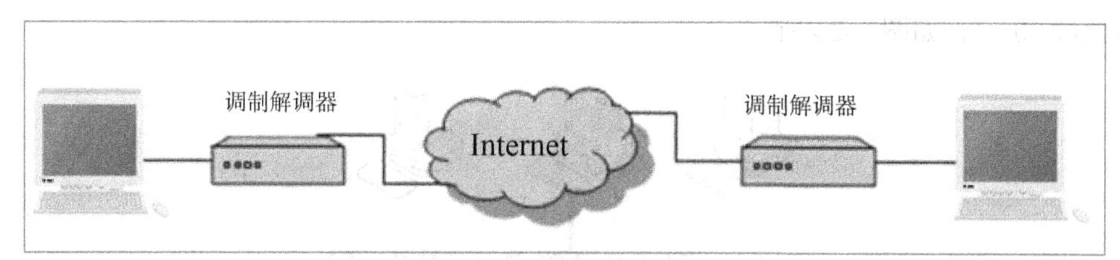

图 1-21　点对点传输网络

（2）广播式网络

广播式网络中的数据在共享的介质上传输。一个节点发出的广播，连接在同一网络中的其他设备都能收到，如图 1-22 所示。广播式网络的传输方式多为局域网通信模式。

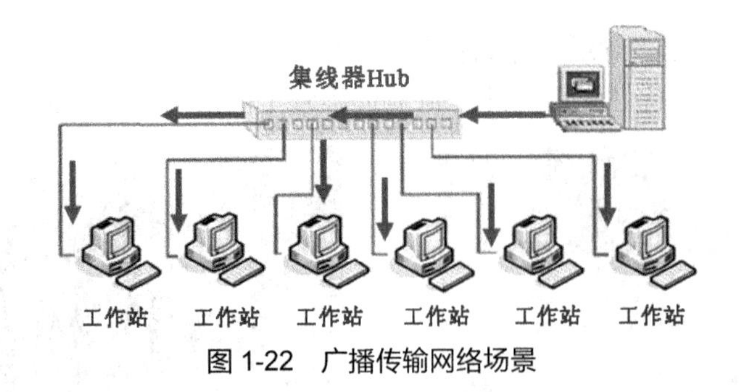

图 1-22　广播传输网络场景

4. 按服务方式分类

（1）客户机/服务器网络

在网络中通常安装一台网络服务器，集中处理和快速响应网络中用户的请求，实现多台客户机共享网络资源。其中，客户机向服务器提出申请，服务器对客户机的请求做出应答，如图 1-23 所示。

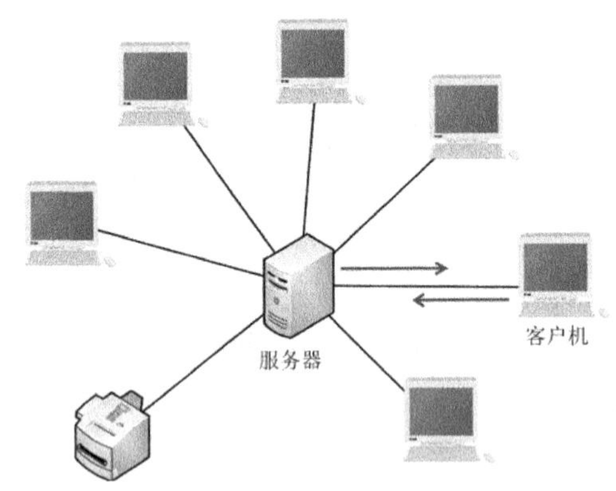

图 1-23　客户机/服务器网络场景

（2）对等网络

对等网络也称工作组网络，网络中没有集中控制的网络服务器，网络中的计算机之间是平等关系。

每台客户机都可以与其他客户机平等对话，彼此共享信息资源。这种网络组网灵活，但较难实现集中管理与监控，安全性也低，适用于部门内部协同工作的临时组网，用户数量不超过 20 台，如图 1-24 所示。

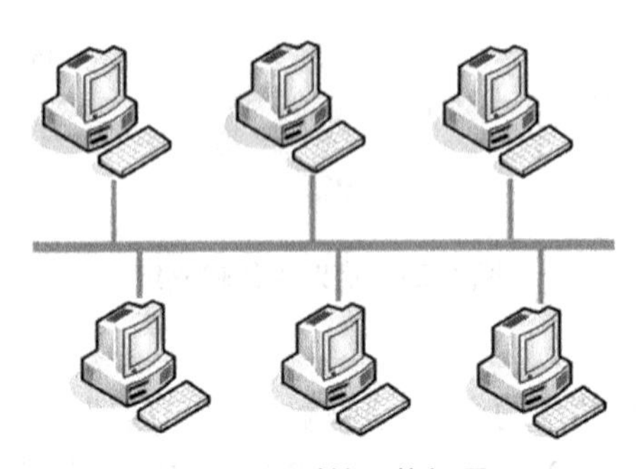
图 1-24　对等网络场景

1.5 网络系统组成

网络系统包括硬件设备和软件资源两大部分。其中，网络中的硬件设备提供数据处理、传输功能；网络中的软件资源实现网络传输过程中的协商、通信、管理和控制功能。

（1）计算机（硬件）

计算机是网络系统最基本的组成单元，负责数据的收集、处理、存储、传播，提供共享的资源。网络中连接的计算机可以是大型机、小型机、计算机以及智能终端。图 1-25 所示为网络中的大型服务器。

图 1-25　网络中的大型服务器

（2）网络通信设备（硬件）

网络通信设备是连接网络中的计算机和通信线路之间的通信设备，是计算机系统传输数据的通道，负责网络中的数据传送、接收或转发。图 1-26 所示为网络通信设备连接场景。

图 1-26　网络通信设备连接场景

网络通信设备通常包括网卡（NIC）、集线器（Hub）、中继器（Repeater）、交换机（Switch）、网桥（Bridge）、路由器（Router），以及调制解调器（Modem）等。

（3）网络通信协议（软件）

网络通信协议是网络中的通信设备之间必须遵守的约定和通信规则，如 TCP/IP、IEEE 802 协议等，图 1-27 所示为安装在 Windows 系统内的 TCP/IP。

协议是通信双方关于通信如何进行所达成的约定，如用什么样的格式表达，如何组织和传输数据，如何校验和纠正信息传输中的错误。

网络通信中的双方必须遵守相同的协议，才能实现设备之间的正常通信，就像人们谈话沟通时要用同一种语言一样，否则就会造成相互听不懂，无法沟通交流的情况。

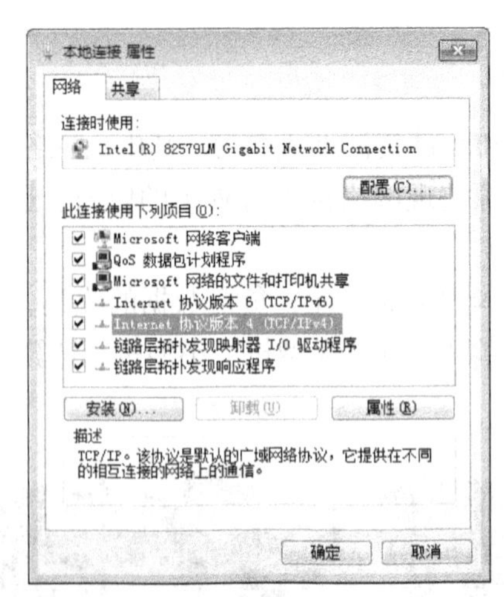

图 1-27　安装在 Windows 系统内的 TCP/IP

（4）网络管理软件（软件）

网络协议

网络管理软件是在网络环境中实现集中控制和网络管理的软件。根据软件功能的不同，网络管理软件可分为网络系统软件和网络应用软件两大类。其中，网络系统软件是控制和管理网络运行，提供网络通信，管理资源的网络软件，它包括网络操作系统、网络协议软件、通信控制软件和管理软件等。图 1-28 所示为网络操作系统软件。

图 1-28　网络操作系统软件

网络应用软件是为网络某一种应用而开发的软件，如远程教学软件、电子图书馆等，网络应用软件为用户提供访问网络的手段，提供网络服务，实现资源共享。图 1-29 所示为网络教学管理应用程序。

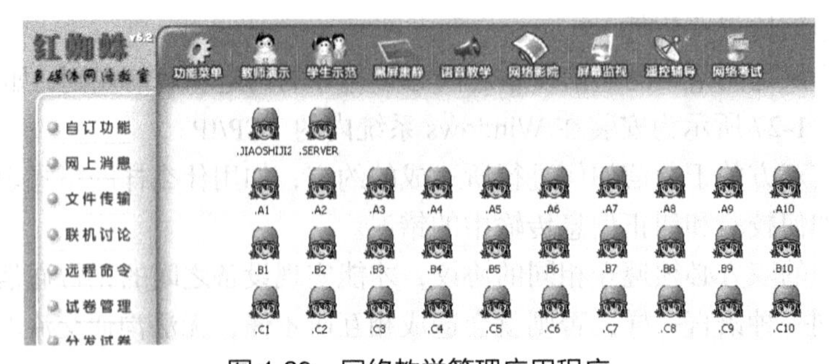

图 1-29　网络教学管理应用程序

1.6 认识组网设备

1. 网络工作站（智能终端设备）

网络中的工作站是网络中最基本的信息接入设备，通常为计算机或智能终端。每台智能终端都有一个网络地址，从而接入网络设备，实现网络通信，如图 1-30 所示。

图 1-30　网络中的各种智能终端设备（工作站）

2. 网络服务器

网络服务器是网络的核心，负责向网络中的用户提供资源共享服务。服务器可以由一台高性能计算机承担，也可以是专用服务器。根据作用不同，网络服务器可划分为文件服务器、邮件服务器、打印服务器等，如图 1-31 所示。

图 1-31　网络服务器

3. 网卡

网卡也称网络适配器（NIC），是计算机与局域网的接口，将用户要传输的数据转换为网络传输介质能够识别的信号，实现网络传输，如图 1-32 所示。

网卡从类型上分为无线网卡和有线网卡；从速度上分为 100Mbit/s 网卡、1000Mbit/s 网卡，以及 100Mbit/s/1000Mbit/s 自适应网卡。

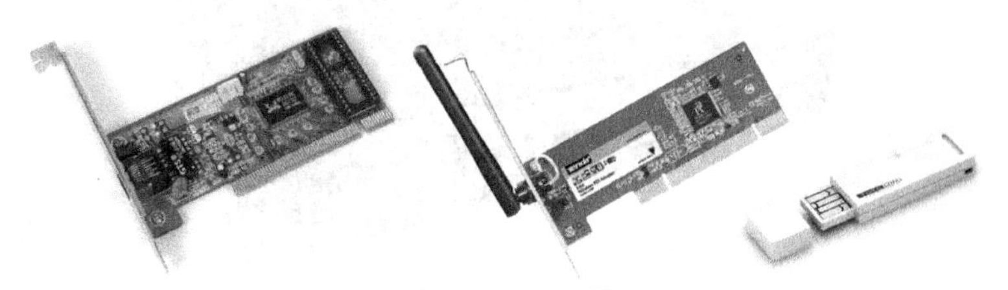

图 1-32　各种网卡（网络适配器）

中继器工作原理

4．中继器

由于网络中传输的信号在传输过程中存在损耗，信号的功率会衰减，衰减到一定程度时，会造成信号失真，导致接收错误。中继器能实现信号放大和整形，起到延伸和扩展网络距离的作用，如图 1-33 所示。

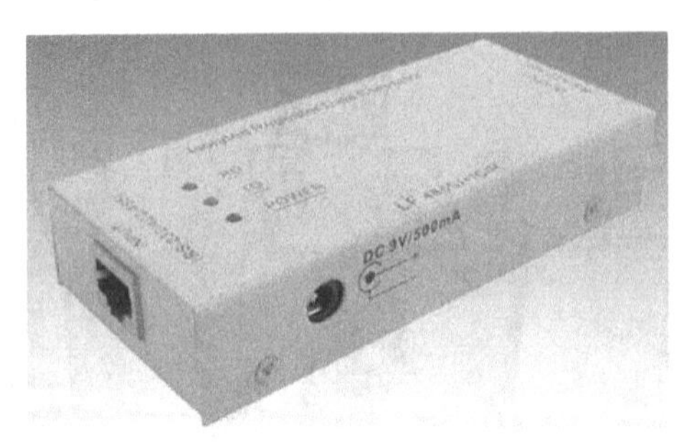

图 1-33　中继器

中继器不能用来连接不同的子网段，只能完成物理线路的连接，对衰减的信号进行放大，保持与原数据相同。信号通常由中继器的一个端口进入，被中继器放大和整形后，由另一端口发送出去，如图 1-34 所示。

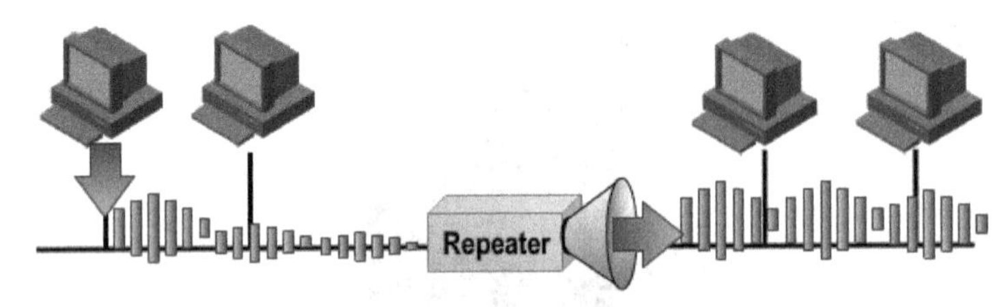

图 1-34　中继器信号的传输

5．集线器

集线器工作原理

集线器（Hub）是星形组网的重要设备，能把所有网络节点集中连接，以此为中心采用广播的方式，对接收到的信号整形、放大，以扩大网络传输距离和范围，如图 1-35 所示。

与中继器一样，集线器也只是一台信号放大和中转设备，不具备自动寻址能力。由于所有传输到集线器上的数据均被集线器广播到与之相连的各个端口，因此容易形成数据堵塞。图 1-36 所示为集线器广播传输场景。

图 1-35　集线器

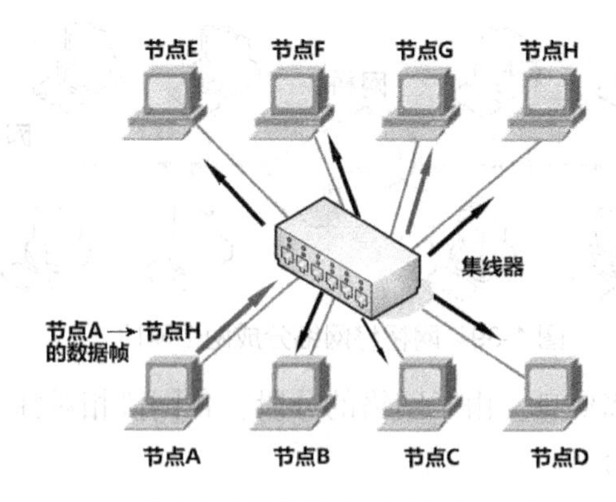

图 1-36　集线器广播传输场景

集线器主要用于共享型、星形网络的组建，是解决信号从服务器直接到桌面的最佳方案。

这里的共享，指从一个端口向另一个端口传输数据时，其他端口处于“等待”状态。在交换网络中，集线器与交换机相连，从而实现终端设备接入，如图 1-37 所示。

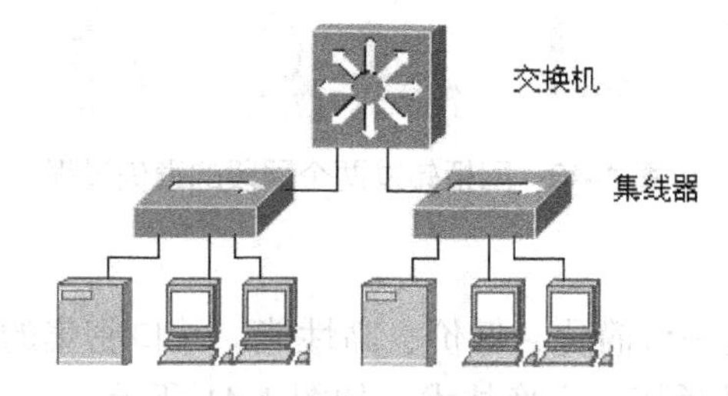

图 1-37　交换机和集线器组建的星形网络

6. 网桥

网桥（Bridge）也叫桥接器，如图 1-38 所示。可以有效地连接两个局域网，实现不同网段之间网络连接的功能。

网桥像一台“聪明”的中继器，不仅能像中继器那样从一个网络接收信号，放大信号，还能智能识别信号携带的地址信息，匹配地址表后，发送到指定的网络中。

图 1-38　网桥

通常网桥工作在数据链路层，连接同一类型的两个网段。图 1-39 所示为网段 1 和网段 2 通过网桥连接，网桥将网络分成两个网段。图 1-40 所示为网桥接收网段 1 发送来的数据帧，检查数据帧中的 MAC 地址。如果地址属于网段 1，就将其放弃；如果是网段 2 的地址，就继续发送给网段 2。

网桥工作原理

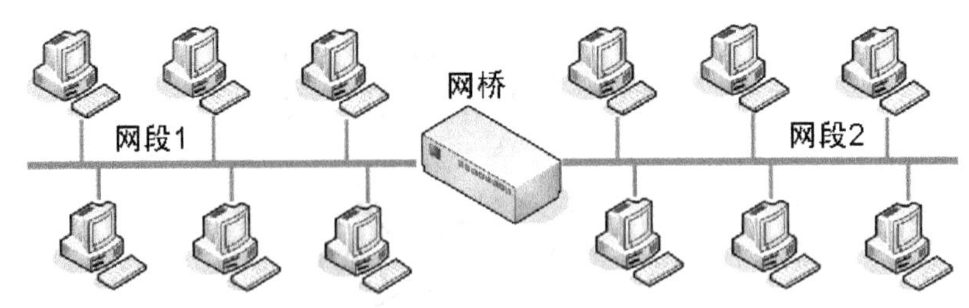

图 1-39　网桥将网络分成两个网段

这样，可利用网桥隔离信息。由于网络的分段，各网段相对独立，一个网段的故障不会影响到另一个网段的运行。

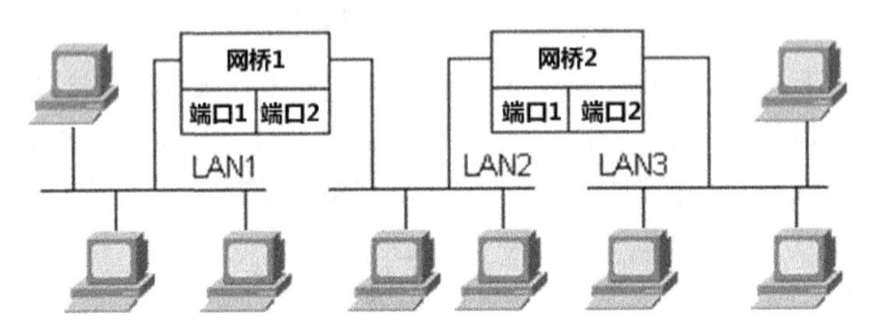

图 1-40　网桥转发两个网段的通信过程

7. 交换机

交换机（Switch）是一台简化、低价、高性能、端口密集的交换产品，是网桥的升级设备，体现了更加复杂的桥接、交换技术，如图 1-41 所示。

图 1-41　交换机

从外观上来看，交换机与集线器相似，都有多个接入端口，但在传输过程中有很大不同。交换机拥有一条高带宽的背板总线和内部交换矩阵，所有的端口都挂接在这条背板总线上，通过交换方式传输数据。而集线器是单总线结构设计，只能通过广播方式传输数据，如图 1-42 所示。

交换机的端口收到数据后，首先查找交换机内存中的 MAC 地址对照表，确定目的 MAC 地址连接在哪个端口上。然后通过内部交换矩阵，将数据交换到目的 MAC 地址的网卡端口，而不是广播给所有节点。只有在目的 MAC 地址不在地址表中时，才广播到所有的端口。

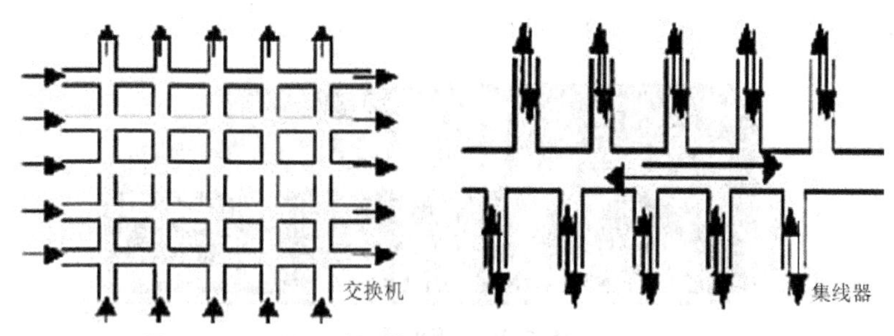

图 1-42 交换机多总线交换和集线器单总线广播传输

8. 路由器

路由是把数据从一个网络传送到另一个网络的过程，路由器是执行这种传输过程的重要网络设备，图 1-43 所示为路由器设备。

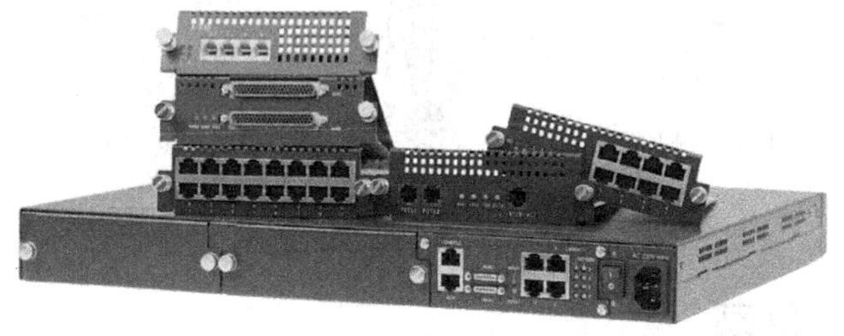
图 1-43 路由器设备

通常，路由器连接多个不同类型的网络或者不同的子网络，将数据从一个子网络传输到另外一个子网络，实现更广泛的网络互联，如图 1-44 所示。

路由器设备具有以下功能。

（1）网络互联：路由器拥有各种局域网接口和广域网接口，提供不同网络间的通信功能。

（2）数据包处理：路由器提供包括分组过滤、分组转发、优先级等功能。

（3）网络管理：路由器提供包括配置管理、性能管理、容错管理和流量控制等功能。

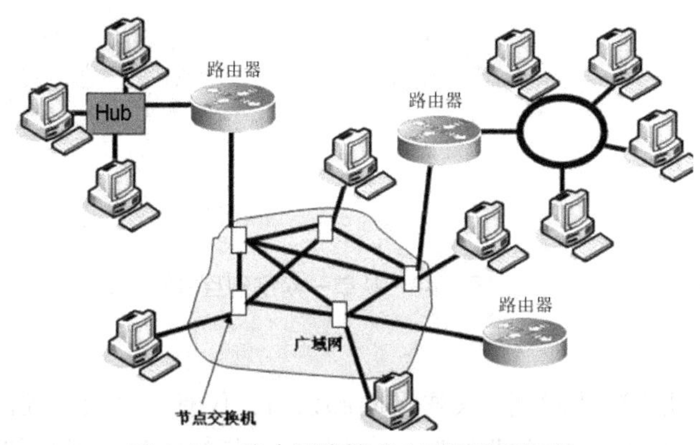

图 1-44 路由器连接多个不同的子网络

9. 防火墙

防火墙工作原理

防火墙是一种用来加强网络之间安全访问控制的设备，能够防止外部网络以非法手段进入内部网络，攻击内部网络，访问内部网络资源，如

图 1-45 所示。

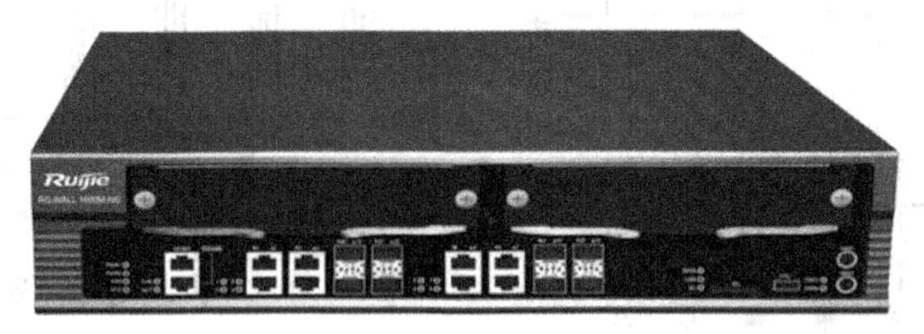

图 1-45 防火墙设备

通常防火墙安装在内部网络出口处，对两个网络之间传输的数据包，按照一定的安全策略进行检查，以决定数据包是否被允许转发，从而实现网络的安全访问控制，如图 1-46 所示。

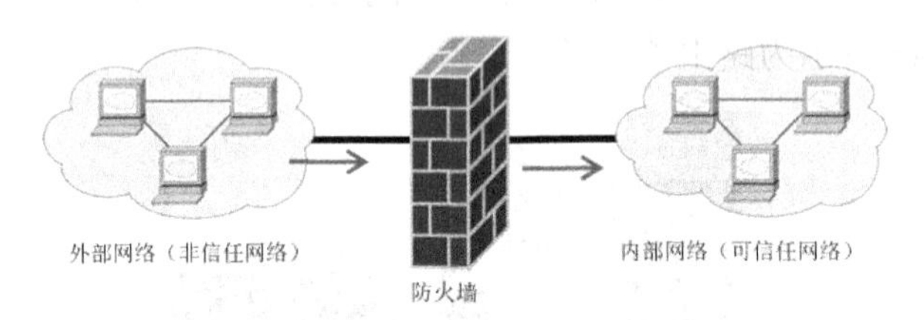

图 1-46 防火墙安装场景

1.7 了解互联网

1. 什么是互联网

将计算机网络互相连接在一起的方法称作“网络互联”。在这基础上发展出的覆盖全世界的全球性网络称为互联网，如图 1-47 所示。

互联网（Internet）又称网际网，或音译为因特网，是实现全世界网络与网络之间互相连接而形成的全球性网络，如图 1-48 所示。这些网络之间通过 TCP/IP 实现通信。

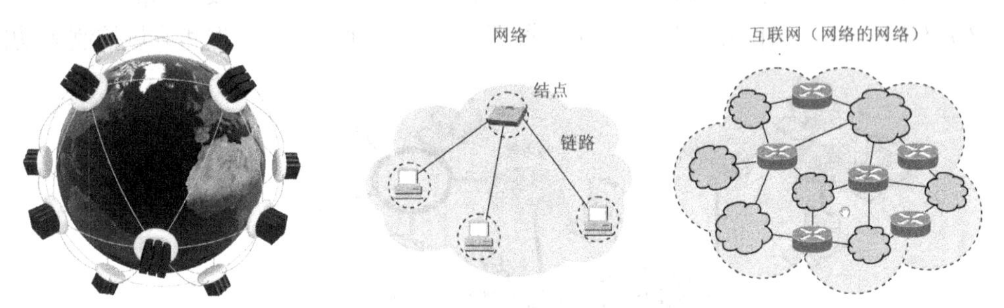

图 1-47 全球计算机互联形成互联网　　图 1-48 从单一网络到互联网互联

2. 互联网早期开发

20 世纪 60 年代，全球处于冷战时期。美国国防部认为，仅有一个集中控制的网络指挥中心，风险很大。如果这个中心被核武器摧毁，全国的军事指挥将处于瘫痪状态。因此，他希望设计一个分散的军事网络指挥系统，它由一个个分散的指挥点组成，当部分指挥点被摧毁后，网络还能实现联通，其他点仍能正常工作。

1969 年，美国国防部高级研究计划管理局（Advanced Research Projects Agency，ARPA）开始建立 ARPAnet，把美国的几个军事研究用的网络主机连接起来。

3. Internet 发展阶段

1986 年，冷战结束，ARPAnet 的军用部分脱离母网，建立起独立的 Milnet。

而美国国家科学基金会（National Science Foundation，NSF）则依托 ARPAnet，建立了 NSFnet。很多大学、政府资助的研究机构，甚至私营研究机构，纷纷把各自的局域网并入 NSFnet 中，ARPAnet 逐步被 NSFnet 所替代。

1990 年，ARPAnet 正式退出历史舞台，西方七国经济共同体也把各自的国家网络并入 NSFnet，形成 Internet 重要骨干网。

1989 年，CERN 成功开发万维网（World Wide Web，WWW）技术，为 Internet 实现超媒体信息检索奠定了良好基础，极大地推动了 Internet 的应用、普及和发展。

今天的 Internet 已经发展成为超过 160 个国家和地区，4 万多个子网，上亿台计算机相连的网络规模，成为世界上信息资源最丰富的全球网络。

4. Internet 主要应用

（1）万维网

全球信息网也称 Web 网、万维网，起源于 1989 年 3 月，由欧洲粒子物理实验室（European Organization for Nuclear Research，CERN）研发。研究人员为了研究的需要，希望开发一种资源共享的远程访问系统，这种系统能够提供统一的浏览器，访问不同类型的信息，如文字、图像、音频、视频等，图 1-49 所示为万维网访问机制。

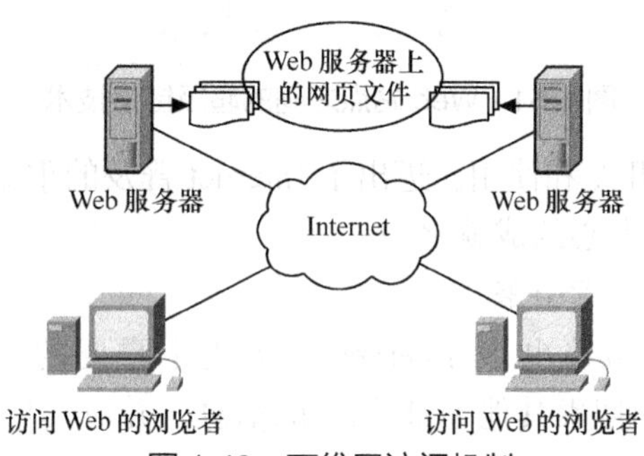

图 1-49　万维网访问机制

通过万维网，人们使用浏览器能方便地获取信息。用户在访问万维网时，使用统一的 Web 浏览器软件来访问网上资源。图 1-50 所示为微软 IE 浏览器软件，此外，还有 360 浏览器、腾讯浏览器、Google 浏览器等。

浏览器软件应用 1

浏览器软件应用 2

浏览器软件应用 3

任何人都可以设计网页，上传到万维网上，通过超级链接与其他 Web 站点链接，形成一个巨大的环球信息网。目前，全世界大概有数万个 Web 站点，每个 Web 站点都通过超链接与其他 Web 站点连接，如图 1-51 所示。

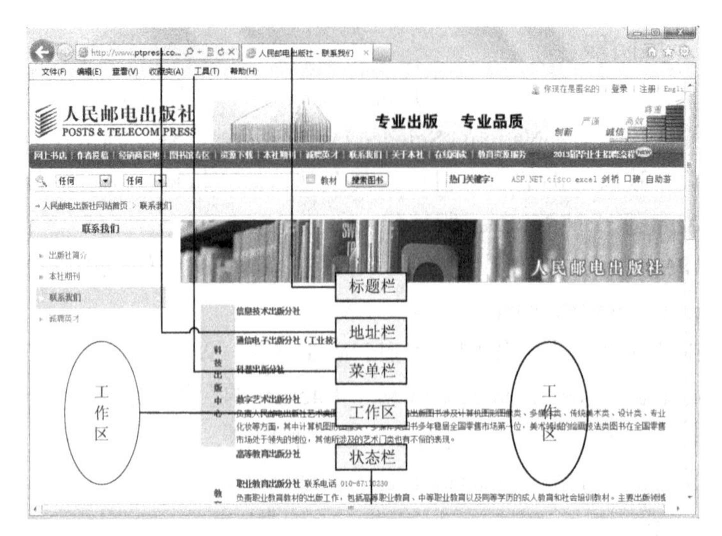

图 1-50　IE 浏览器窗口布局

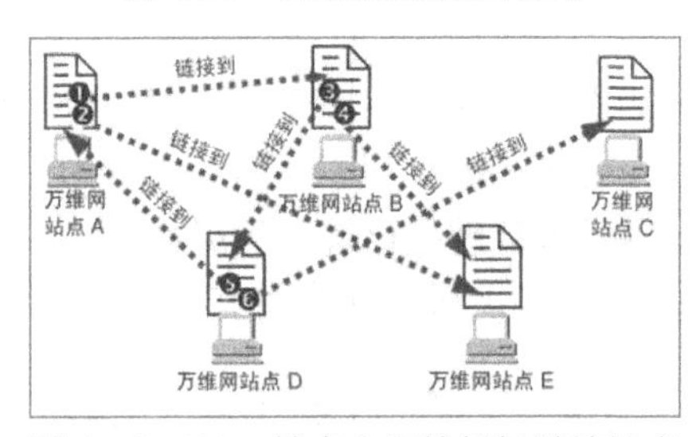

图 1-51　Web 站点之间的超级链接技术

可以说，Web 技术的开发和使用，迈出了 Internet 普及的重要一步，是 Internet 发展史上最激动人心的成就之一。

搜索引擎

（2）搜索引擎

搜索引擎也是 Internet 发展史上重要的应用之一，主要任务是在 Internet 中搜索其他 Web 站点的信息，并对其自动索引，存储在可供查询的大型数据库中。当用户利用关键字查询时，告诉用户包含该关键字的所有网址链接。常用的搜索引擎有 Google、百度等，如图 1-52 所示。

图 1-52　全球最大的搜索引擎谷歌

（3）电子邮件

电子邮件（E-mail）是通过互联网传输多媒体信息的通信方式。电子邮件综合了电话和邮政信件的特点，传输速度和电话一样快，又能像信件一样存储、阅读，而且可以是文字、图像、声音等多媒体形式，不仅能一对一发送，还能一对多发送。

正是由于这些特点，使得电子邮件也发展成为 Internet 上应用最广的服务之一，图 1-53

所示为电子邮件的传输过程。

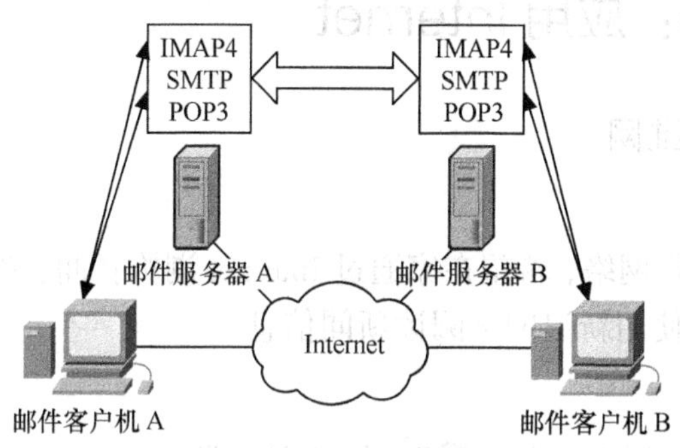

图 1-53　电子邮件的传输过程

典型的电子邮件地址格式是 abc@xyz。其中，@前是用户名，@后是邮件服务器名称，如 user@163.com。

电子邮件通信原理

收发电子邮件的方法有两种：一种是通过 IE 浏览器登录到邮件服务器页面，输入用户名和密码，登录邮箱系统，如图 1-54 所示；另一种是使用收发邮件工具软件，如 OUTLOOK 等，如图 1-55 所示。

利用工具软件收发邮件时，需要设置 POP3 服务器地址和 SMTP 服务器地址。

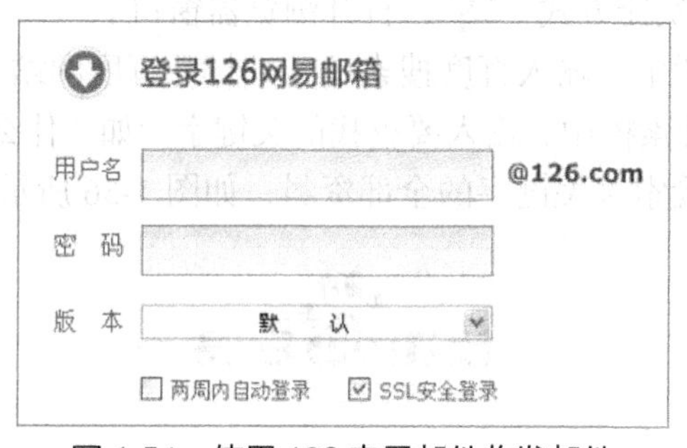

图 1-54　使用 126 电子邮件收发邮件

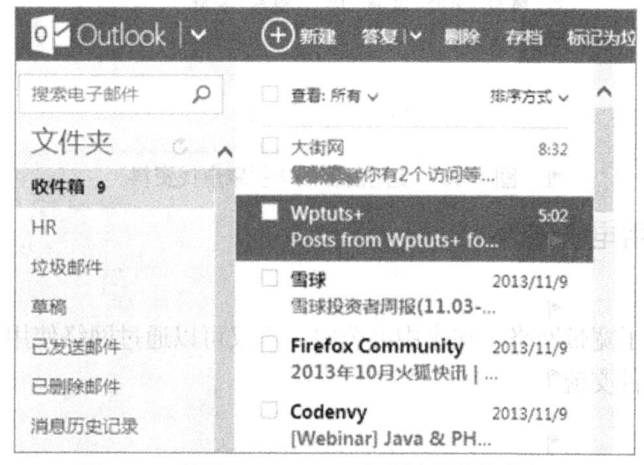

图 1-55　使用 OUTLOOK 客户端程序收发邮件

网络实践：应用 Internet

网络实践 1：使用万维网

【任务场景】

王先生家安装了宽带网络，希望在家通过 Internet 浏览新闻。新浪网是全球最大的中文新闻网络平台，王先生使用新浪网络阅读新闻信息。

【工作过程】

（1）双击 IE 浏览器快捷方式："[图标]"，打开浏览器。

（2）在浏览器地址栏中，输入新浪地址，即可显示相应的网页信息。

网络实践 2：使用搜索引擎

【任务场景】

王先生家安装了宽带网络，需要通过互联网查找资料。百度搜索引擎是全球最大的中文搜索工具，在百度中输入要查找的关键字信息，可以在互联网上找到需要的信息。

【工作过程】

（1）双击 IE 浏览器快捷方式 "[图标]"，打开浏览器窗口。

（2）在浏览器地址栏中，输入百度搜索地址，打开百度网站。

（3）在百度页面的搜索框中，输入要查找的关键字，如"什么是搜索引擎"，单击【百度一下】按钮后，即可检索该关键字的全部资料，如图 1-56 所示。

图 1-56　使用百度搜索引擎查找资料

网络实践 3：使用电子邮件

【任务场景】

王先生家安装了宽带网络，在家中办公时，不仅可以通过网络使用 QQ 和同事聊天，还可以通过电子邮件交流。

【工作过程】

（1）打开网易邮件网站，注册一个电子邮箱账号。

（2）再次打开网易网站，使用注册账号，登录网易邮箱收发邮件，如图 1-57 所示。

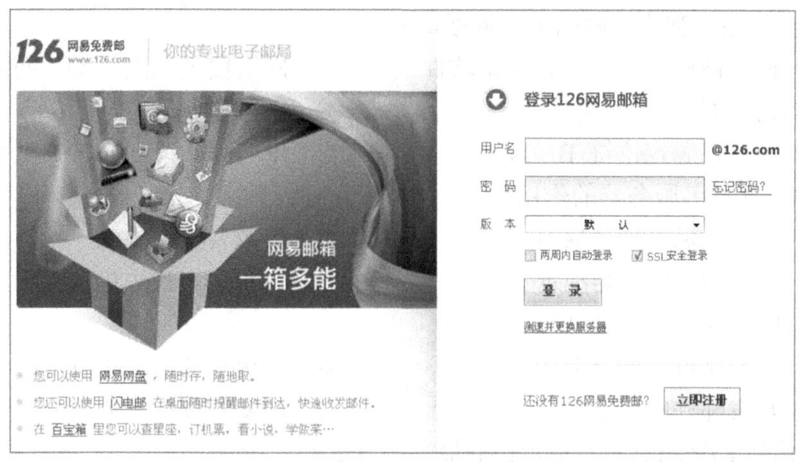

图 1-57 使用网易邮箱收发邮件

认证测试

以下每道选择题中，都有一个或多个正确答案（最优答案），请选择出正确答案（最优答案）。

1. 下列（　　）属于工作在 OSI 传输层以上的网络设备。

   A. 集线器　　B. 中继器　　C. 交换机

   D. 路由器　　E. 网桥　　F. 服务器

2. 下列（　　）是应用层的例子。

   A. ASCII　　B. MPEG　　C. JPEG　　D. HTTP

3. 局域网的典型特性是（　　）。

   A. 高数据速率，大范围，高误码率　　B. 高数据速率，小范围，低误码率

   C. 低数据速率，小范围，低误码率　　D. 低数据速率，小范围，高误码率

4. 考虑线序的问题，主机和主机直连应该使用的双绞线连接线序是（　　）。

   A. 直连线　　B. 交叉线　　C. 全反线　　D. 各种线均可

5. 屏蔽双绞线（STP）的最大传输距离是（　　）。

   A. 100 米　　B. 185 米　　C. 500 米　　D. 2000 米

6. 用于电子邮件的协议是（　　）。

   A. IP　　B. TCP　　C. SNMP　　D. SMTP

7. Web 使用（　　）协议进行信息传送。

   A. HTTP　　B. HTML　　C. FTP　　D. Telnet

8. 在 Internet 上采用的网络协议是（　　）。

   A. IPX/SPX　　B. X.25 协议　　C. TCP/IP　　D. LLC 协议

9. Telnet 代表 Internet 上的（　　）功能。

   A. 电子邮件　　B. 文件传输　　C. 现场会话　　D. 远程登录

10. ISP 指的是（　　）。

    A. 网络服务供应商　　B. 信息内容供应商

    C. 软件产品供应商　　D. 硬件产品供应商

11．划分局域网和广域网的主要依据是（　　）。

A．网络硬件　　B．网络软件　　C．网络覆盖范围　　D．网络应用

12．URL 指的是（　　）。

A．统一资源定位符　B．Web　　C．IP　　D．主页

13．Internet 域名服务器的作用是（　　）。

A．将主机域名翻译成 IP 地址　　B．按域名查找主机

C．注册用户的域名地址　　D．为用户查找主机的域名

14．SMTP 服务器指的是（　　）。

A．接收邮件的服务器　　B．发送邮件的服务器

C．转发邮件的服务器　　D．回复邮件的服务器

15．要访问 FTP 站点时，地址栏的最左端应键入（　　）。

A．www://　　B．http://　　C．ftp://　　D．Net://

16．采用全双工通信方式时，数据传输的方向性结构为（　　）。

A．可以在两个方向上同时传输

B．只能在一个方向上传输

C．可以在两个方向上传输，但不能同时进行

D．以上均不对

17．域名与 IP 地址通过（　　）服务器进行转换。

A．DNS　　B．WWW　　C．E-mail　　D．FTP

18．局域网最基本的网络拓扑类型主要有（　　）。

A．总线型　　B．总线型、环形、星形

C．总线型、环形　　D．总线型、星形、网状

19．在传输媒体中，带宽最宽、信号传输衰减最小、抗干扰能力最强的传输媒体是（　　）。

A．双绞线　　B．无线信道　　C．同轴电缆　　D．光纤

20．下列传输介质中，抗干扰性最好的是（　　）。

A．双绞线　　B．光缆　　C．同轴电缆　　D．无线介质

第 2 章 熟悉局域网体系结构

信息技术的广泛应用促进了局域网技术的迅猛发展。在当今互联网普及的时代，局域网技术承担了本地设备接入互联网的功能，因此其网络的稳定性、速度、安全性在互联网的应用中占有十分重要的地位。

通常局域网覆盖的范围有限，如一栋办公大楼中，一座建筑物内，或者一所大学的校园中，甚至是一个家庭中也是一个小的局域网，承担着本地区域的设备接入到互联网的责任。此外，局域网还在小范围内，将各种设备互联起来，进行数据通信和实现资源共享。

本章主要学习局域网 IEEE 802 体系，以及局域网通信原理，掌握局域网组建技术。

- 了解 IEEE 802 参考模型及标准内容
- 了解局域网通信原理
- 了解 CSMA/CD 通信机制
- 了解局域网组成三要素
- 熟悉局域网管理地址

2.1 局域网概述

1. 什么是局域网

局域网 LAN 是指在有限的地理范围内，多台计算机和网络设备连接形成的网络系统，如一个机房、一幢大楼、一个学校或一个单位内部的计算机系统，能够实现本地区域范围内的网络设备的通信和共享需要，图 2-1 所示为办公网。

图 2-1 局域网场景之一：办公网

2. 局域网的特点

局域网有以下几个特点。

（1）局域网覆盖地理范围有限，通常适用于校园、企业、公司内部等计算机的联网需求，图 2-2 所示为局域网网络拓扑。

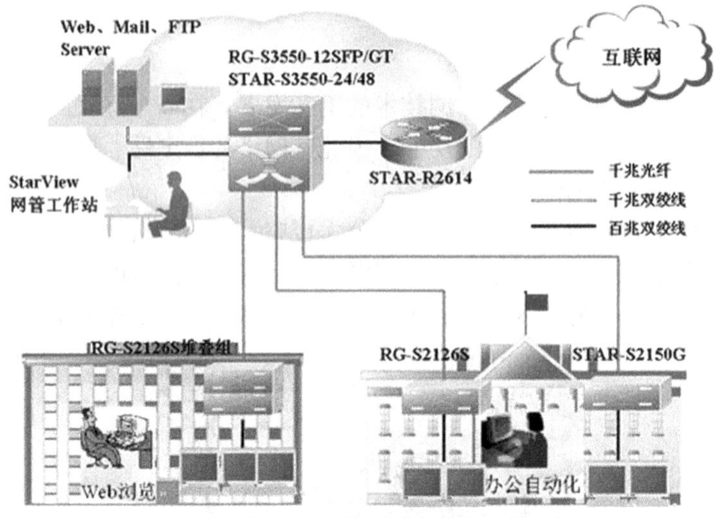

图 2-2　局域网网络拓扑

（2）局域网传输速率高，局域网的传输速度最高可达 100Gbit/s。

（3）局域网传输质量好，局域网误码率低，传输质量高。

（4）网络拓扑、传输介质和介质访问控制方法是局域网组成的三要素。

（5）局域网中，设备使用有一定规则，要按照网络拓扑进行组网。

（6）局域网一般属于单位私有，易于建立、维护、管理与扩展。

2.2 IEEE 802 参考模型

1980 年 2 月，IEEE 国际电气与电子工程师协会，成立了局域网标准化委员会（IEEE 802 委员会），负责局域网标准制定，由于这些标准都以 802 开头，所以简称为 IEEE 802 协议。

1. IEEE 802 标准组成

目前 IEEE 802 标准主要由以下各部分组成：

IEEE 802.1 概述、体系结构和网络互联，以及网络管理和性能测试；

IEEE 802.2 逻辑链路扩展协议，定义 LLC 功能和服务；

IEEE 802.3 载波监听多路访问/冲突检测（CSMA/CD）控制方法；

IEEE 802.4 令牌总线网的访问控制方法；

IEEE 802.5 令牌网的访问控制方法；

IEEE 802.6 城域网；

IEEE 802.7 宽带技术；

IEEE 802.8 光纤技术；

IEEE 802.9 综合语音与数据局域网 IVD LAN 技术；
IEEE 802.10 可互操作的局域网安全性规范 SILS；
IEEE 802.11 无线局域网技术；
IEEE 802.12 优先级高速局域网（100Mbit/s）；
IEEE 802.14 电缆电视（Cable-TV）。

2. 局域网体系结构

在 IEEE 802 体系中，局域网体系结构由物理层和数据链路层组成。

整个数据链路层又分为两个子层：介质访问控制子层（Media Access Control，MAC）和逻辑链路子层（Logical Link Control，LLC）。

IEEE 802 标准局域网模型与 OSI/RM 模型的关系如图 2-3 所示，该模型包括 OSI/RM 的最低两层（物理层和链路层），也包括网际互联的高层。

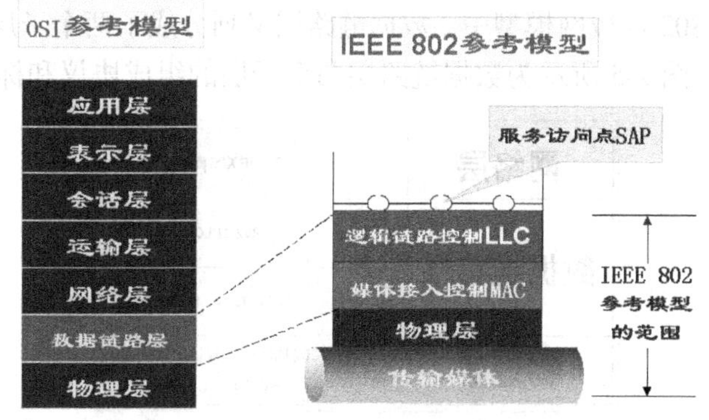

图 2-3 IEEE 802 模型与 OSI/RM 的关系

2.3 IEEE 802 标准内容

1. IEEE 802 协议和其他协议比较

IEEE 802 协议是当今世界上最有影响力的局域网通信标准，IEEE 组织委员会力图使 IEEE 802 标准和 OSI 标准以及 TCP/IP 标准兼容，如表 2-1 所示。

表 2-1 三大协议族结构对比

OSI	TCP/IP	IEEE 802
应用层	应用层	无规范
表示层		
会话层		
传输层	传输层	
网络层	互联网络层	
数据链路层	网络接口层	数据链路层（MAC+LLC）
物理层		物理层

2. IEEE 802 协议模型构成

在 IEEE 802 模型中，网络通信的过程主要分为两层：数据链路层和物理层。主要完成 OSI 模型的底层网络的接入任务，和 OSI 模型的关系如图 2-4 所示。

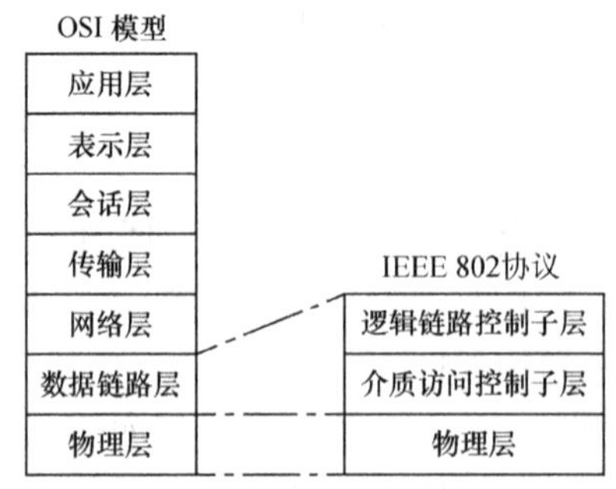

图 2-4　IEEE 802 协议和 OSI 模型的关系

其中，在 IEEE 802 局域网模型中，数据链路层又划分成了两个子层：逻辑链路控制层和介质访问控制层。图 2-5 所示为数据链路层两个子层的组成协议和标准。

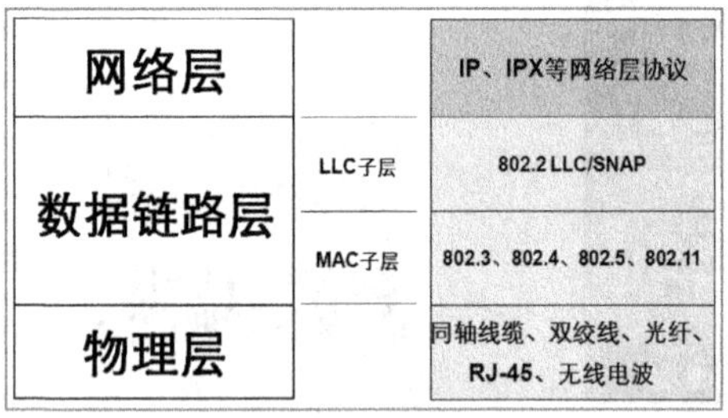

网络层		IP、IPX等网络层协议
数据链路层	LLC子层	802.2 LLC/SNAP
	MAC子层	802.3、802.4、802.5、802.11
物理层		同轴线缆、双绞线、光纤、RJ-45、无线电波

图 2-5　IEEE 802 模型中规范各层的标准

3. MAC 子层功能

局域网中的 MAC 子层，负责把物理层传输来的“0”“1”比特流组装成数据帧，提供共享介质的访问方法。当数据帧被传到 MAC 层后，检查设备的 MAC 地址是否与学习到的 MAC 地址相匹配，如果地址不匹配，就将该帧抛弃，如果匹配成功，就将它发送到上一层中。

此外，MAC 层功能还包括，数据帧的寻址和识别，帧的接收与发送，物理链路的管理，帧的差错控制等，图 2-6 所示为 MAC 子层上传数据到 LLC 层。

图 2-6　MAC 子层上传数据到 LLC 层

4. MAC 地址

MAC 层分配的地址也称为 MAC 地址、物理地址、硬件地址或链路地址，由设备制造商生产设备时写在硬件内部芯片中，具有全球唯一性，如图 2-7 所示。

图 2-7　网卡上的 MAC 地址

MAC 地址由 48 位二进制数（6 个字节）构成。为书写方便，表示为 12 个十六进制数，每两个十六进制数之间用冒号隔开。其中，前 24 位是 IEEE 组织分配的厂商代码，后 24 位是设备代码。MAC 地址在设备出厂时烧录到设备中，这使得 MAC 地址不能修改。

如“08:00:20:0A:8C:6D”MAC 地址，前 6 位十六进制数“08:00:20”代表硬件制造商编号，由 IEEE 组织分配，后 6 位十六进制数“0A:8C:6D”代表产品的序号。

在 Windows 操作系统中，单击【开始】→【运行】，打开运行栏，输入【CMD】命令，进入命令模式，使用【ipconfig/all】命令查询本机的 MAC 地址，如图 2-8 所示。

图 2-8　查询 MAC 地址

或者，选择【本地连接】图标，按右键，从快捷菜单中选择【状态】，单击【详细信息】，也可查看到本机的 MAC 地址以及其他网络参数，如图 2-9 所示。

5. LLC 子层功能

LLC 子层主要向其上层提供服务，负责数据信息传输和网络层协议协商，使得该数据能在物理链路上传输，LLC 层为上层提供了一个可靠的公共接口，如图 2-10 所示。

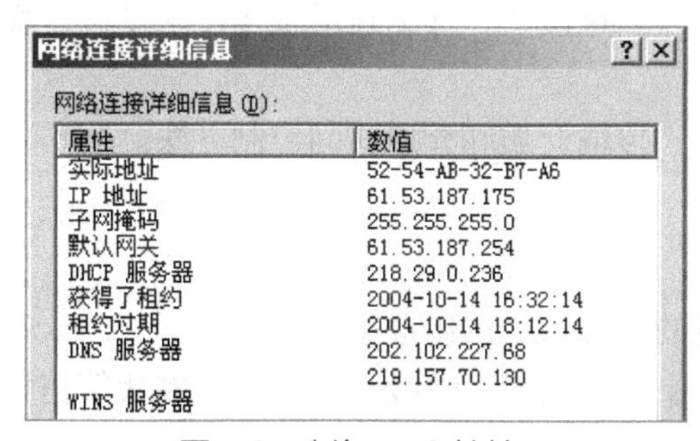

图 2-9　查询 MAC 地址

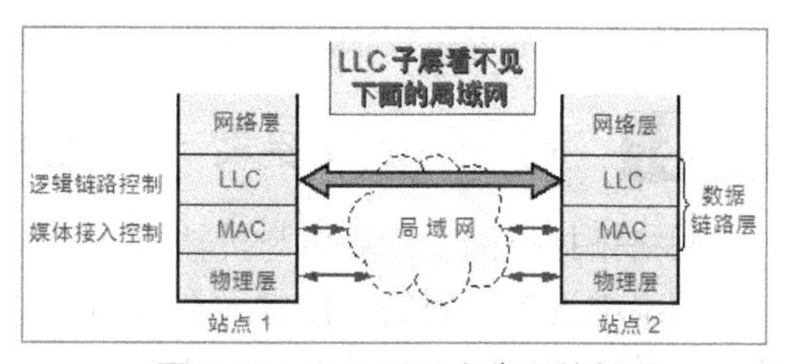

图 2-10　LLC 层承上启下的关系

数据链路层的 LLC 子层中的 SAP 服务访问点，是上下层之间通信的接口。LLC 子层为网络层各种协议提供服务，而上层可能运行不同的协议，为区分不同上层协议的数据，就需要采用服务访问点，图 2-11 所示为 LLC 层和网络层的关系。

数据链路层和网络之间的通信过程，就是通过 MAC 子层将数据传到 LLC 子层，然后，由 LLC 子层通过 SAP 服务访问点和网络层传输数据。

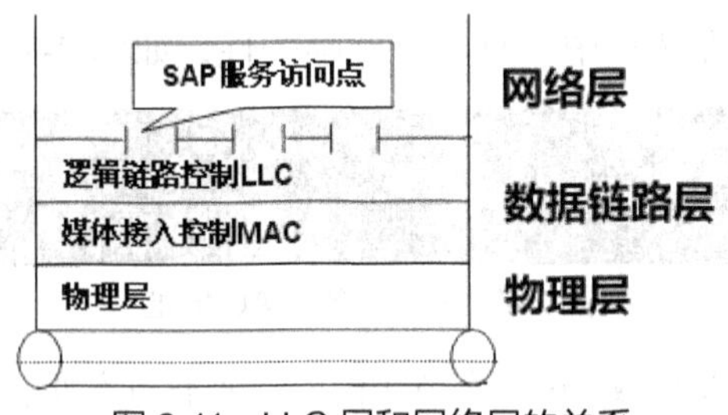

图 2-11　LLC 层和网络层的关系

2.4 局域网组成要素

以太网（Ethernet）指的是由 Xerox 公司创建，并由 Xerox、Intel 和 DEC 公司联合开发的局域网规范，是当今现有局域网采用的最通用的通信协议标准，图 2-12 所示为以太网的发展历史。

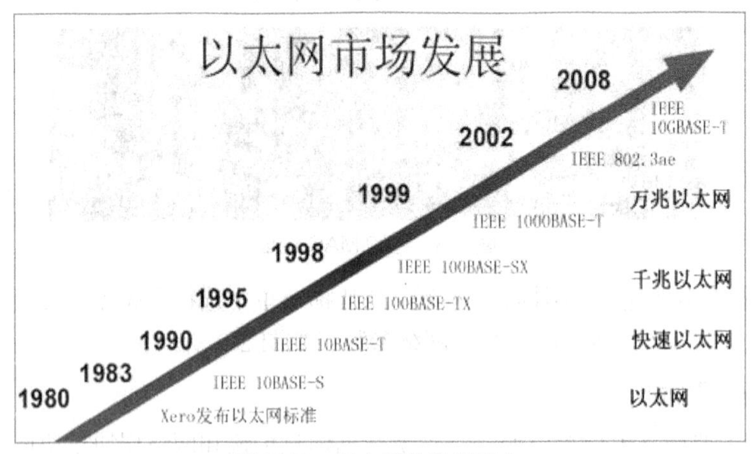

图 2-12　以太网的发展历史

以太网作为局域网中经典的代表，其速度高达 100Gbit/s，那么在局域网技术发展过程中，决定局域网设备传输的主要要素是什么？

决定局域网设备传输的主要要素是网络拓扑、传输介质和介质访问控制方法。

2.5 局域网组成要素一：网络拓扑

网络拓扑指网上计算机与传输媒介之间形成的节点与线的组成模式。

网络中设备之间的连接方式有多种，主要有星形、树形、总线型、环形、网状等拓扑结构，常用到的网络拓扑有星形拓扑、环形拓扑和树形拓扑三种，如图 2-13 所示。

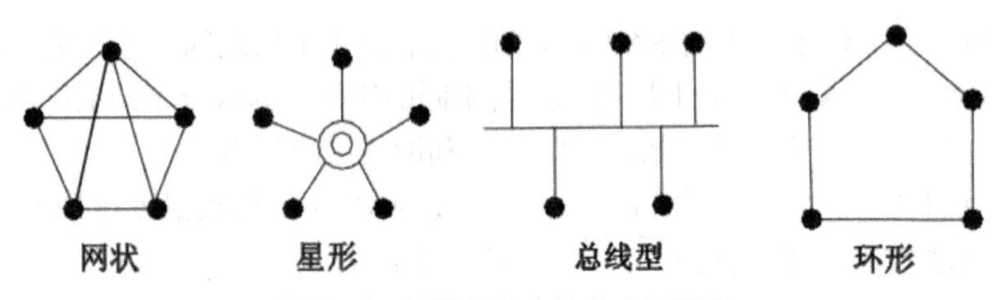

图 2-13　网络拓扑中的节点和链路

1. 总线网络拓扑

总线拓扑的网络通常有一根连接所有计算机的线缆。任何连接在总线上的设备都能在总线上发送信号，信号沿介质广播传输，图 2-14 所示为总线型网络拓扑。

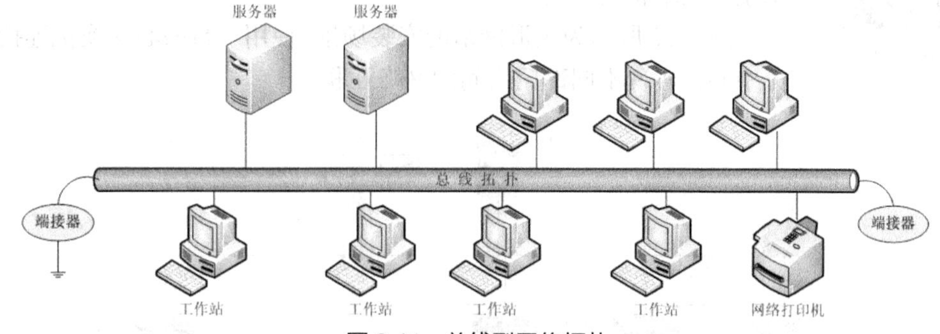

图 2-14　总线型网络拓扑

总线拓扑由于采用分布式控制，故障检测在各节点进行，不易管理。总线中任一处发生故障将导致整个网络瘫痪，且故障检测和隔离比较困难，如图 2-15 所示。

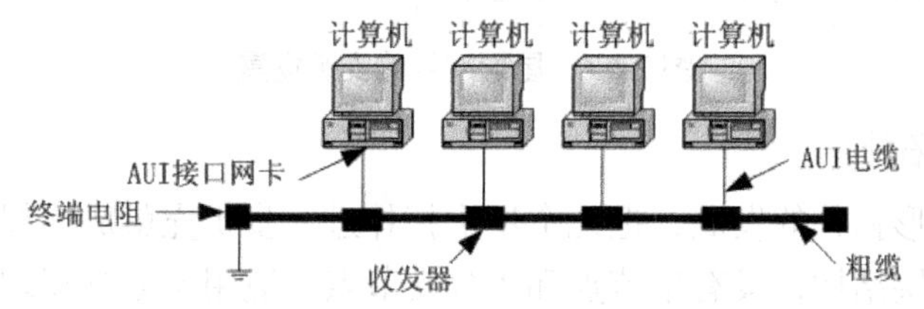

图 2-15　总线拓扑的组网方式

2. 星形网络拓扑

如果所有计算机都连接到一个中心节点上，就是星形拓扑。星形拓扑由一个中心节点和多个从节点组成，从节点之间必须经过中心节点转接才能通信，如图 2-16 所示。

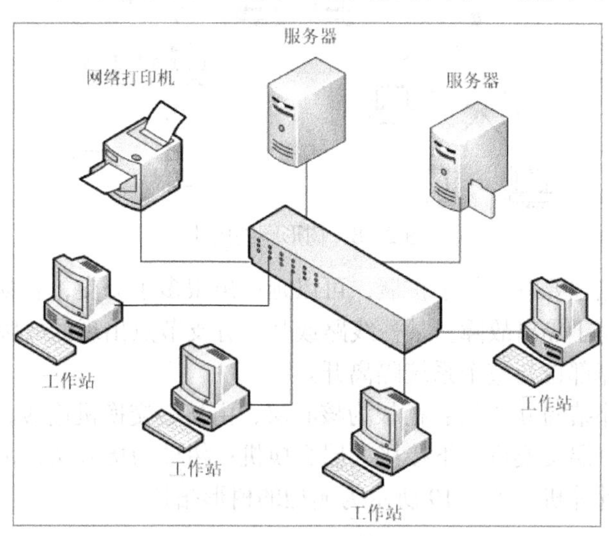

图 2-16　星形网络拓扑

星形拓扑的主要优点表现在容易管理维护。所有数据通信都经过中心节点，提供集中

总线型网络拓扑原理

式的资源和管理，方便故障检测与隔离。由于节点与中心集线器相连，故将某一故障节点与系统脱离，而网络仍能正常工作。

星形拓扑的缺点表现在依赖于中心节点。如果中心节点出现故障，则整个网络将会瘫痪。

图 2-17 所示为星形网络的安装场景，使用一台核心交换机连接多个分中心，实现不同部门之间的网络互联。

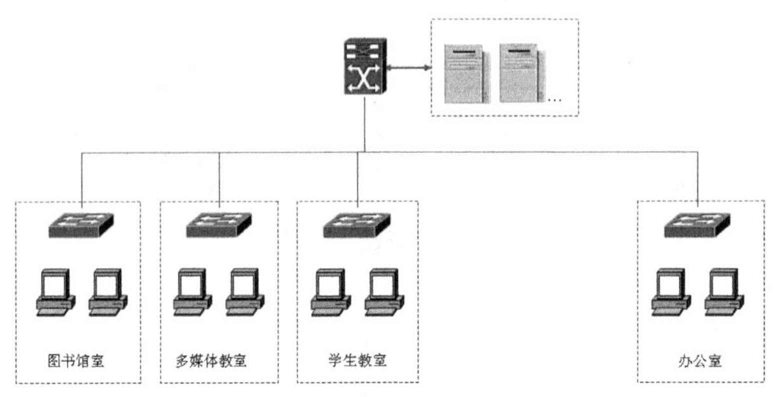

图 2-17　星形网络的安装场景

3．树形网络拓扑

树形拓扑是星形拓扑的发展，把几个星形拓扑进一步扩充就成为树形拓扑。

树形拓扑为分层结构，具有根节点和各分支节点，适用于分支管理和控制的系统，如图 2-18 所示。

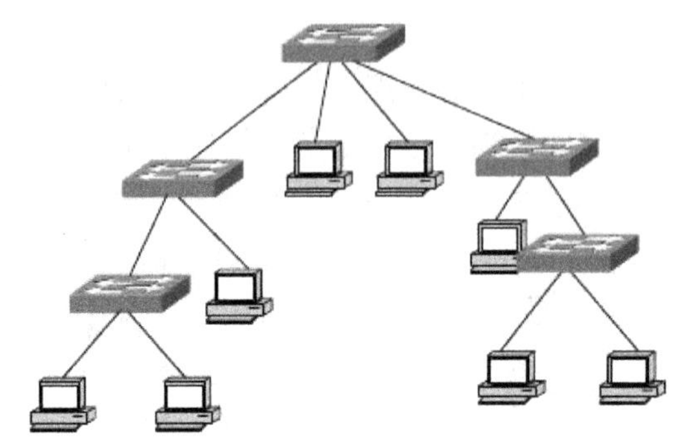

图 2-18　树形网络拓扑

树形拓扑的优点主要有，易于扩展，可以延伸出很多子分支，容易在网络中加入新的分支或新的节点，易于隔离故障。某一线路或某一分支节点出现的故障，主要影响局部区域，比较容易将故障部位与整个系统隔离开。

典型的树形拓扑结构分 3 层：树根为核心层，由核心交换机连接；树干为汇聚层，由汇聚交换机上连核心层交换机，下接接入层交换机；树枝为接入层，由接入层交换机上连汇聚交换机，下接计算机。图 2-19 所示为典型的树形拓扑。

4．环形网络拓扑

环形网络的各个节点通过转发器，点到点链路首尾连接形成一个封闭的环网。信号在环中沿着一个方向传送，环形网络中每台计算机都可作为中继器增强信号，并将信号传送给下一台设备，如图 2-20 所示。

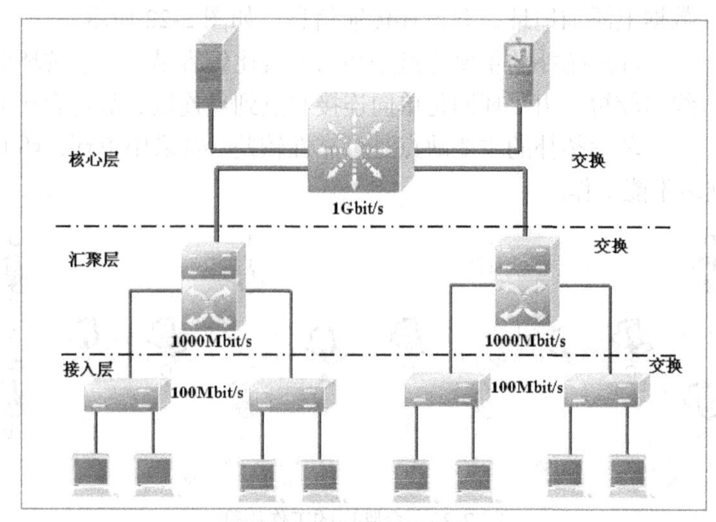

图 2-19　树形拓扑图

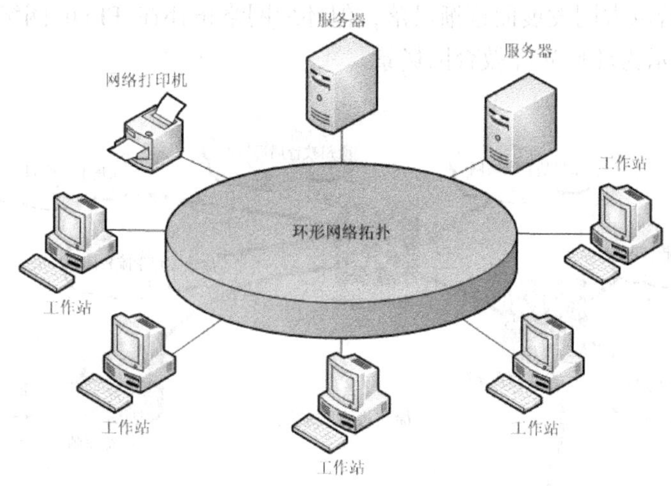

图 2-20　环形网络拓扑图

在环形网络中，数据通过每台计算机，直到它找到一台地址与数据所带地址相匹配的计算机。如果接收计算机向发送计算机返回确认消息，表示数据已被接收，图 2-21 所示为环形网络工作原理示意图。

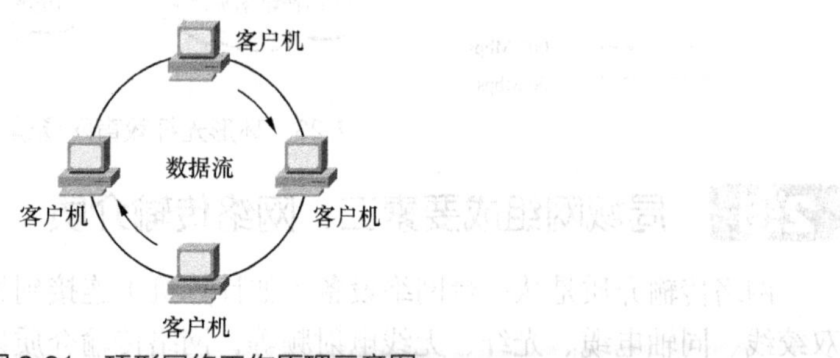

图 2-21　环形网络工作原理示意图

令牌环工作原理

环形网络通过令牌在环内循环发送信息，每个网络只能有一个令牌，令牌从一台计算机传送到另一台计算机，发送数据的计算机修改令牌，在数据上添加地址，并沿环传输信息，如图 2-22 所示。

环形拓扑的主要优点是初始安装比较容易。由于按环形连接，故传输线路较短。由于环网是单向连接和点到点连接，故适合于光纤传输介质。

环形拓扑的主要缺点是可靠性较差。若采用单环，环上出现的任何故障将导致整个网络不能工作。

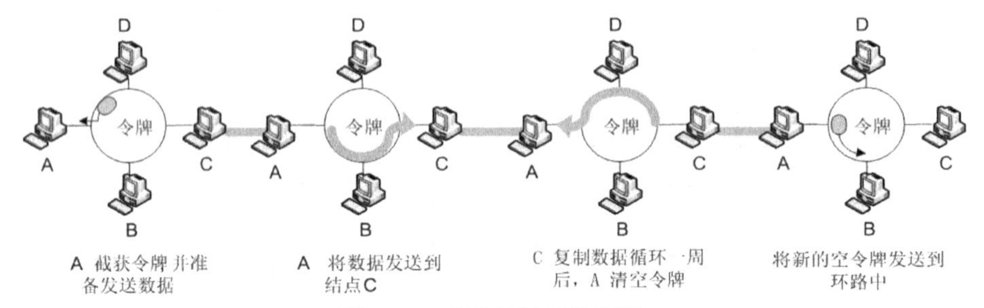

图 2-22　令牌环的工作原理

令牌环网随着以太网发展而逐渐没落，但环形网络拓扑在 FFDI 网络得到发展并广泛应用，图 2-23 所示为环形光纤教育网场景。

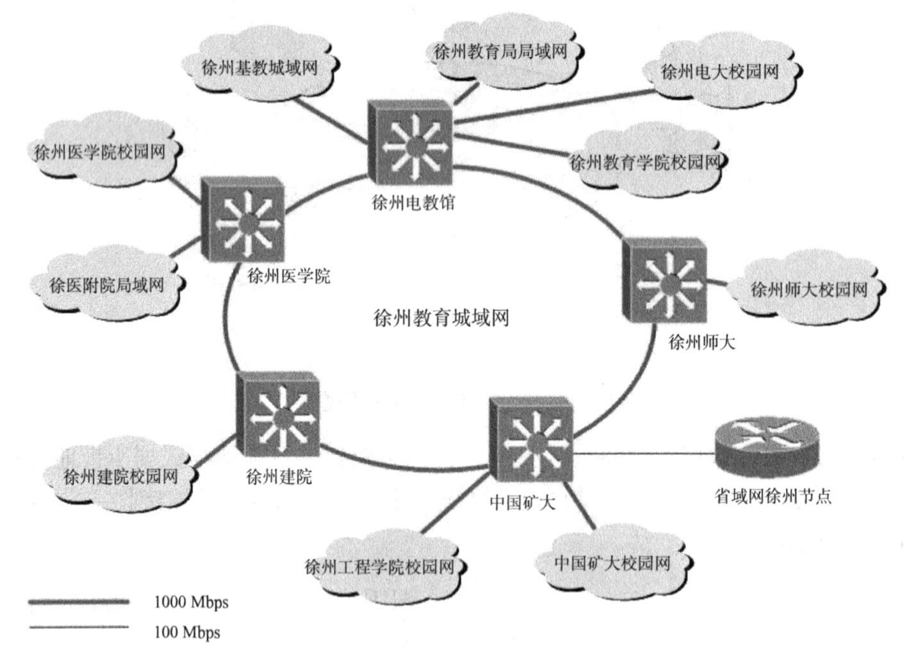

图 2-23　环形光纤教育网场景

2.6 局域网组成要素二：网络传输介质

网络传输介质是从一台网络设备（如计算机）连接到另一台网络设备的传输介质，如双绞线、同轴电缆、光纤、无线电射频等，网络传输介质体系如图 2-24 所示。

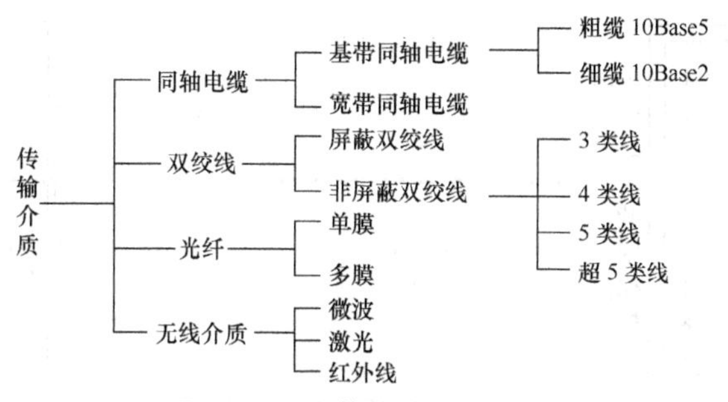

图 2-24　网络传输介质体系

1. 双绞线

双绞线在局域网中使用频率最高，由 8 根信号线组成，每 2 根为 1 对相互缠绕，总共 4 对，双绞线因此得名。双绞线分为屏蔽（Shielded Twisted Pair，STP）和非屏蔽（Unshielded Twisted Pair，UTP）两种。

屏蔽双绞线是指网线内的信号线外包裹一层金属网形成的屏蔽层，能够有效地隔离外界电磁信号干扰，如图 2-25 所示。

非屏蔽双绞线是目前局域网中使用频率最高的网线，其优点在于信号线外无屏蔽层，直径小，节省所占用的空间，且组网的成本低，此外非屏蔽双绞线质量小、易弯曲、易安装，适用于结构化综合布线，如图 2-26 所示。

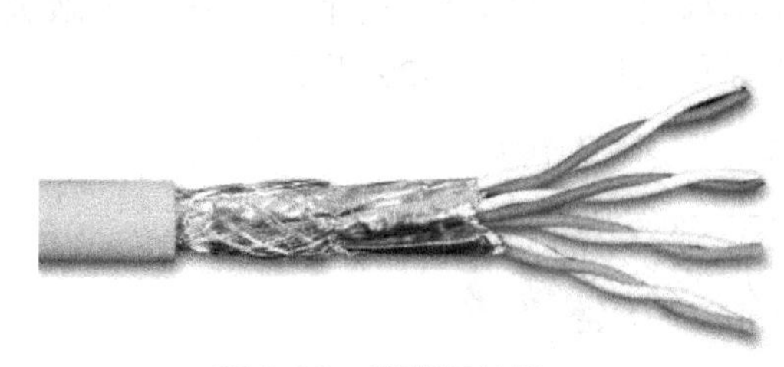

图 2-25　屏蔽双绞线

图 2-26　非屏蔽双绞线

常见的非屏蔽双绞线型号如下。

5 类双绞线（CAT-5）：线缆最高带宽为 100MHz，传输速率为 100Mbit/s，应用于 100Mbit/s 快速以太网，采用 RJ-45 连接器，是最广泛应用的线缆。

超 5 类双绞线（CAT 5e）：增强型 5 类双绞线，性能优于 5 类线，是目前广泛应用的线缆。

6 类双绞线（CAT 6）：缆线带宽为 250MHz 以上，最大可达 600MHz，是未来最有潜力的线缆。

双绞线在制作过程中，遵循 EIA/TIA 568A 标准和 568B 标准，分别是：

568A 标准：绿白，绿，橙白，蓝，蓝白，橙，棕白，棕

568B 标准：橙白，橙，绿白，蓝，蓝白，绿，棕白，棕

另外，根据两端制作标准不用，又分为交叉线和直通线。直通线两端都遵循同一标准，一般使用 568B 标准，也即普通网线。而交叉线一端遵循 568A 标准，另一端遵循 568B 标准。图 2-27 所示为直通线缆，图 2-28 所示为交叉线缆。

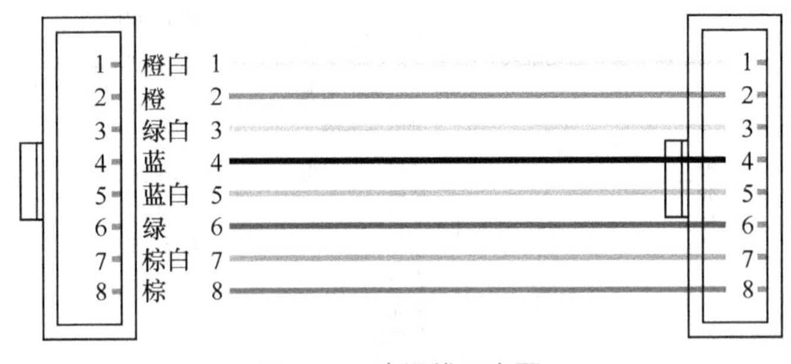

图 2-27　直通线示意图

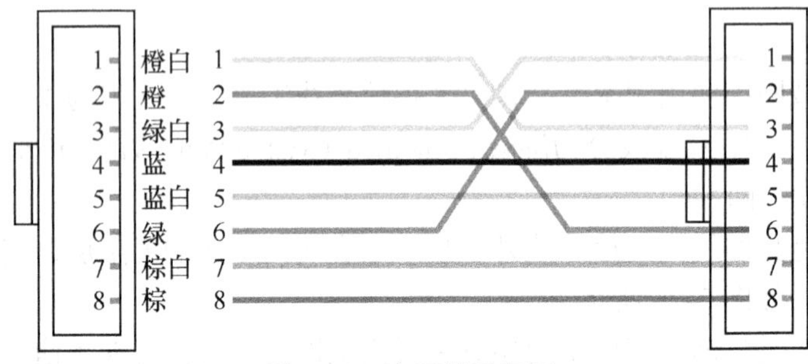

图 2-28　交叉线示意图

2. 同轴电缆

同轴电缆有两个同心导体，而导体和屏蔽层又共用同一轴心。

由于同轴电缆主线外包裹绝缘材料，在绝缘材料外面又有一层网状编织的屏蔽金属网线，所以能很好地阻隔外界电磁干扰，提高通信质量，如图 2-29 所示。

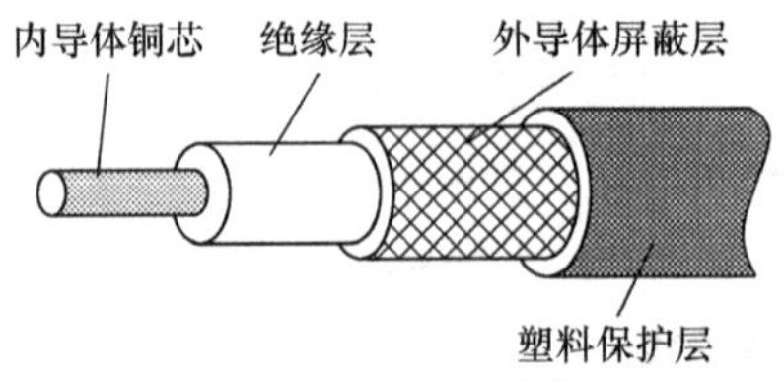

图 2-29　同轴电缆结构组成

同轴电缆的优点是在相对长、无中继器的线路上，能提供高带宽通信，而其缺点是不能承受缠结、压力和严重弯曲，这些都会损坏电缆结构，阻止信号传输，如图 2-30 所示。

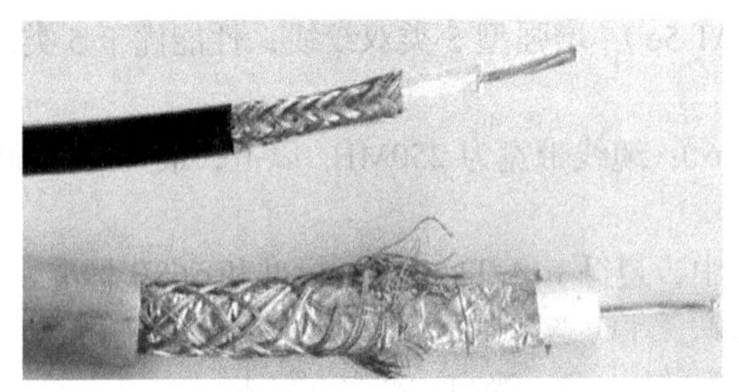

图 2-30　同轴电缆

使用同轴电缆组网的成本高，组网组件多，图 2-31 所示为同轴电缆组网的连接组件，目前基本被双绞线以太网所取代。

3. 光纤

光纤最大的特点是光信号不受外界电磁干扰，信号衰减慢，信号传输距离远，特别适用于电磁环境恶劣时的网络传输。图 2-32 所示为光纤光脉冲的传输过程。

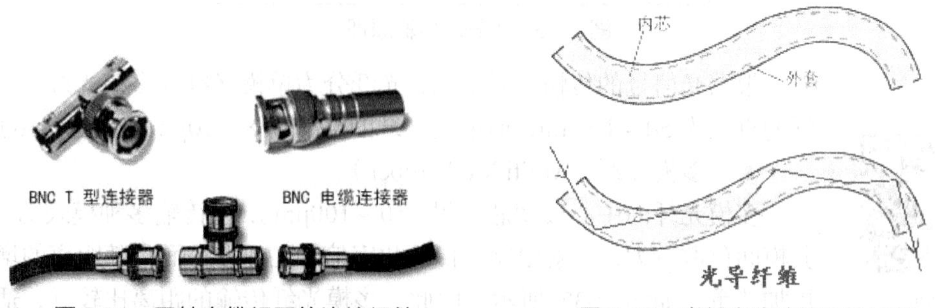

图 2-31　同轴电缆组网的连接组件　　图 2-32　光纤光脉冲的传输过程

普通光纤都由纤芯、包层和保护套三个部分组成，如图 2-33 所示。

光纤的中心为一根由玻璃或透明塑料制成的光导纤维，外包保护材料，根据需要还可以多根光纤并排在一根光缆里，如图 2-34 所示。

光纤结构

光在光纤中传播主要依据全反射原理，如图 2-35 所示。当光线垂直光纤端面射入，并与光纤轴心线重合时，光线沿轴心线向前传播。

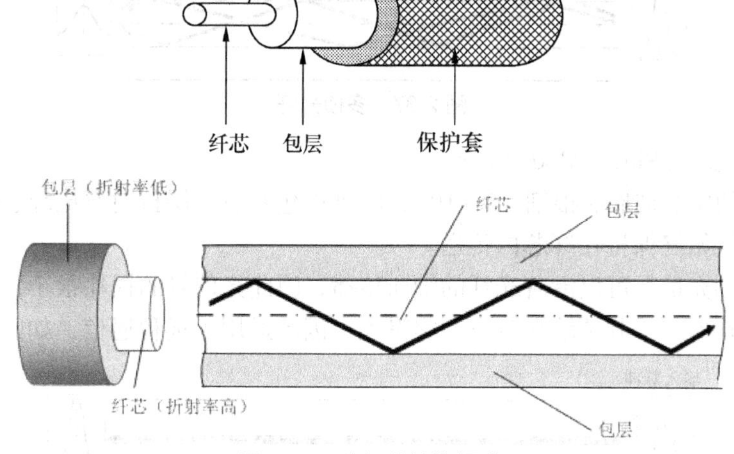

图 2-33　光纤的结构组成

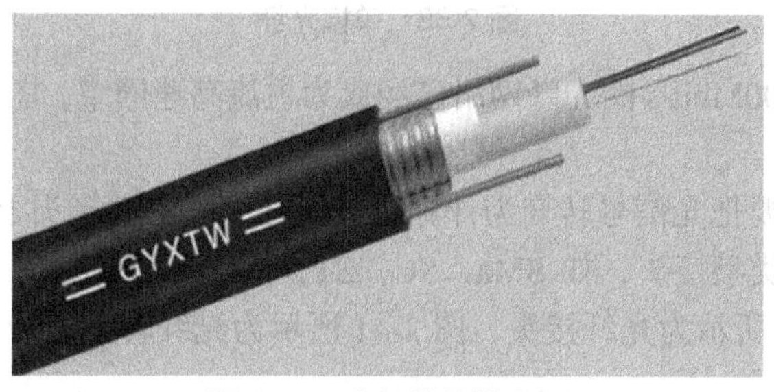

图 2-34　光纤的传输介质

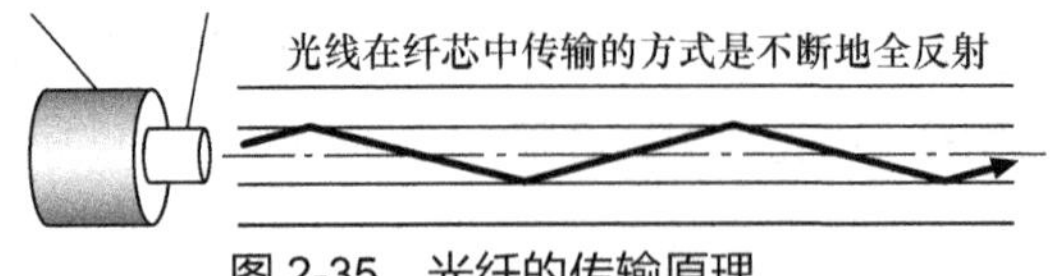

图 2-35　光纤的传输原理

根据光信号的传输方式不同，光纤分为单模光纤和多模光纤，多模光纤的直径为 50 ~ 100μm，而单模光纤的直径为 8 ~ 10μm，如图 2-36 所示。

光的折射

● 多模光纤（Multi Mode Fiber）

多模光纤的中心玻璃芯较粗（50 ~ 100μm），可传输多种模式的光。但其模间色散较大，这就限制了传输数字信号的频率，而且随距离的增加会更加严重，如图 2-37 所示。因此，多模光纤传输的距离比较近，适合几千米的近距离传输。

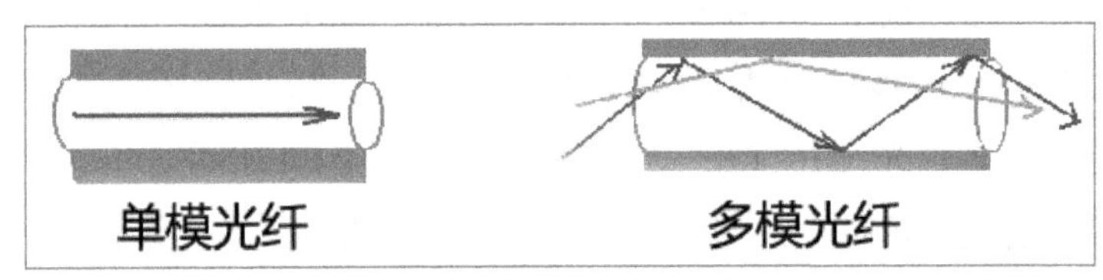

图 2-36　单模光纤和多模光纤传输方式

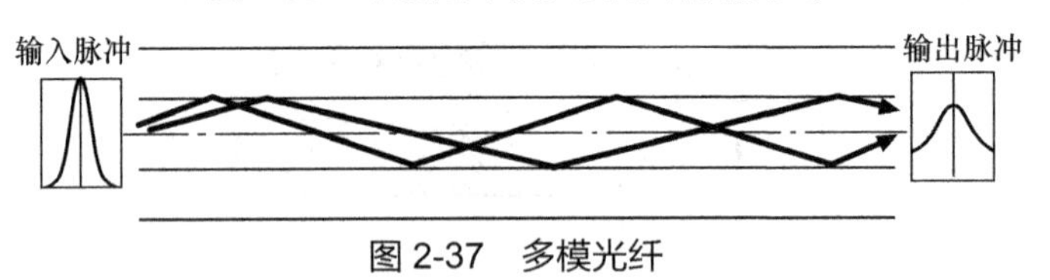

图 2-37　多模光纤

● 单模光纤（Single Mode Fiber）

单模光纤的中心玻璃芯很细（8 ~ 10μm），外面包裹着一层折射率比纤芯折射率低的包层，使光信号能始终保持在纤芯内传送。

单模光纤的光信号可以沿着光纤的轴向传播，因此光信号的损耗很小，离散也很小，多用于主干线路通信，其传输频带宽、容量大，因此适用于远程通信，如图 2-38 所示。

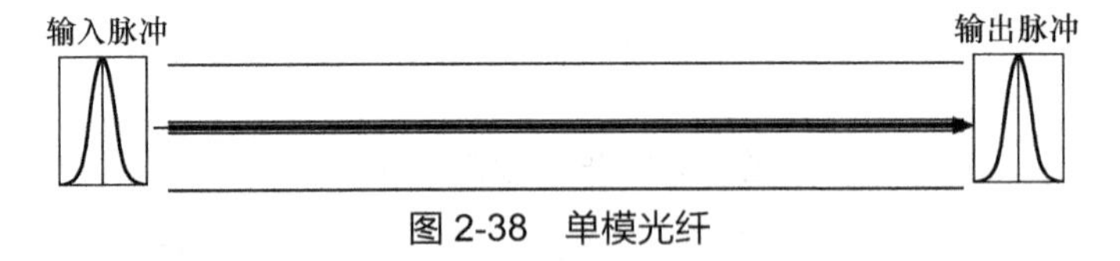

图 2-38　单模光纤

目前 1Gbit/s、1000Mbit/s 的光纤网络已经成为主流高速网络，图 2-39 所示为光纤到户的解决方案。

光纤网络由于需要把光信号转变为计算机电信号，因此在接头上更加复杂，除了具有连接光导纤维的多种类型接头，如 SMa，SC，ST，FC 光纤接头外，还需要专用的光纤转发器等设备，图 2-40 所示为光纤接头，图 2-41 所示为光纤转发器。

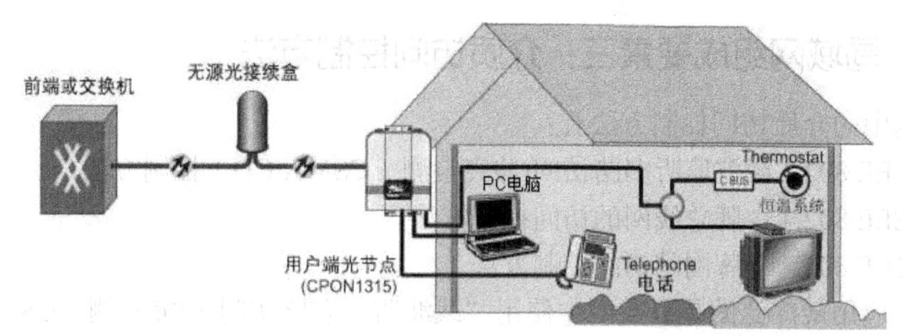

图 2-39 光纤到户场景

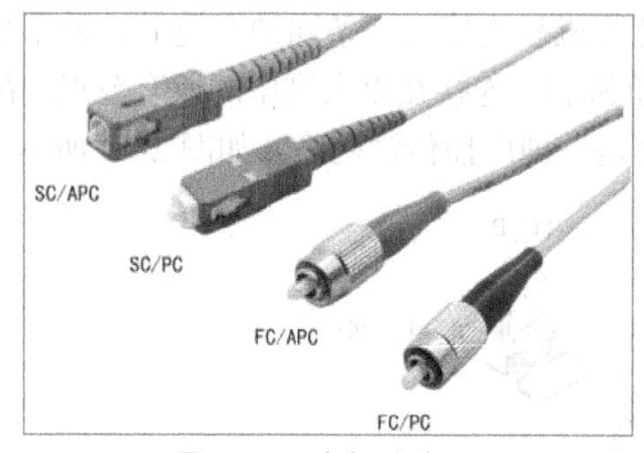

图 2-40 光纤接头

图 2-41 光纤转发器

在光纤传输过程中，发送端负责把电信号转变为光信号，并且把光信号继续向其他网络设备发送，接收端负责还原，如图 2-42 所示。

光纤是前景非常好的网络传输介质，目前主要应用在骨干线路的传输，但随着成本的降低，在不远的将来，光纤到楼、到户，甚至会延伸到桌面，给用户带来全新的高速体验，图 2-43 所示为光纤到桌面的连接场景。

光纤通信原理

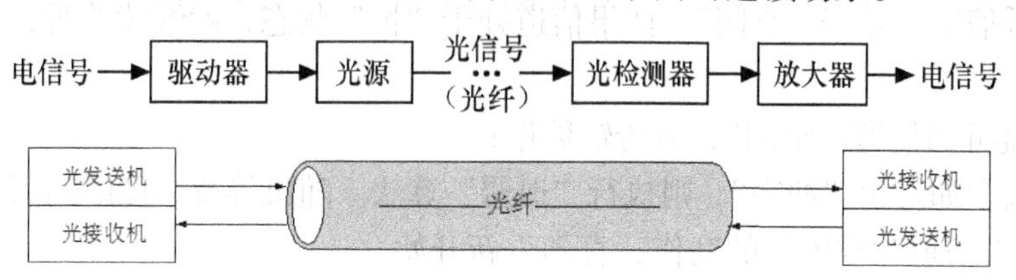

图 2-42 光纤的传输过程

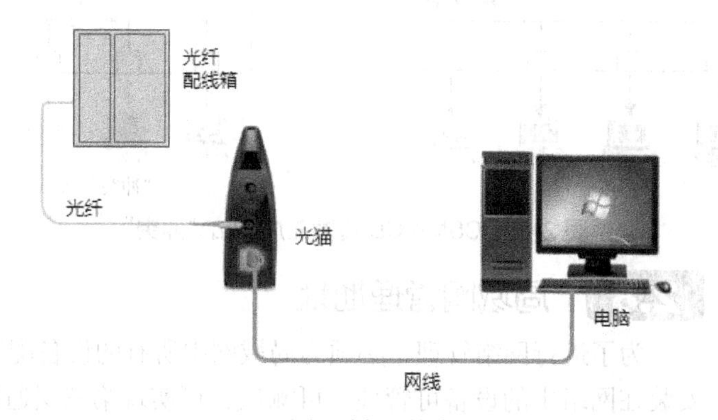

图 2-43 光纤到桌面的连接场景

2.7 局域网组成要素三：介质访问控制方法

局域网中的介质访问控制方法有：

- IEEE 802.3 载波监听多路访问/冲突检测（CSMA/CD）控制方法；
- IEEE 802.4 令牌总线网的访问控制方法；
- IEEE 802.5 令牌网的访问控制方法。

其中，应用最广泛的是以太网中使用“载波监听多路访问/冲突检测（CSMA/CD）控制方法”。

早期的以太网是基于总线拓扑的网络，所有计算机被连接在一条同轴电缆上，采用具有冲突检测的载波监听多路访问（CSMA/CD）竞争机制。连接在以太网中的所有节点，都可以监听到总线网络中的所有信息，因此，以太网是一种广播传输网络，如图 2-44 所示。

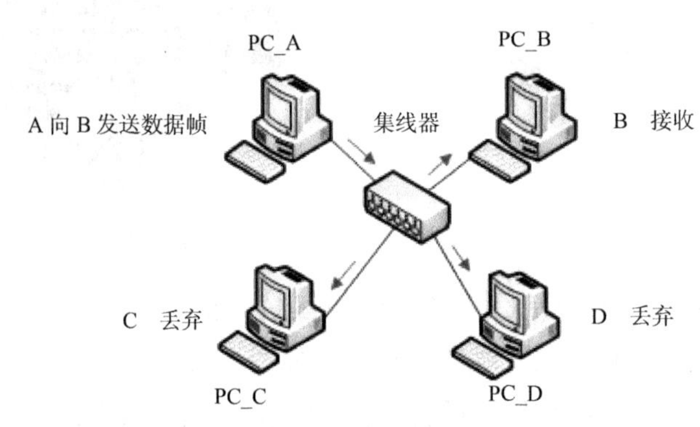

图 2-44 以太网的广播传输

如图 2-45 所示，以太网的广播传输过程如下：

（1）监听信道上是否“空闲”。如果信道处于“忙”状态，就继续监听，直到信道“空闲”；

（2）若监听到信道“空闲”，就传输数据；

（3）传输中如发生“冲突”，则执行“退避”算法。随机等待一段时间后，重新执行步骤（1）中监听信道“空闲”的动作，直到重新开始。

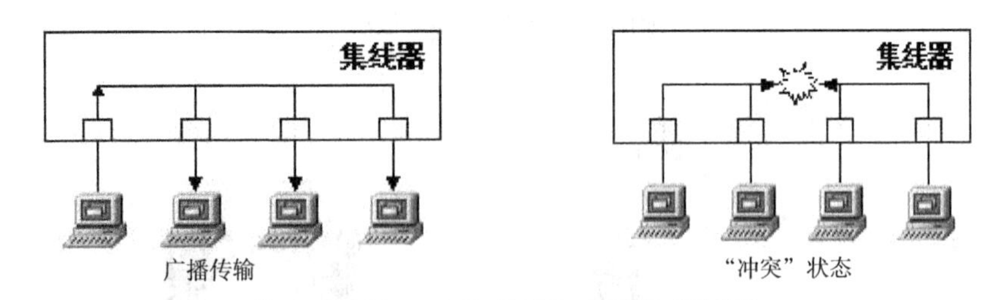

图 2-45 CSMA/CD 传输在广播和“冲突”

2.8 局域网管理地址

CSMA/CD 通信方式

为了进行网络管理，必须为局域网中所有的设备配置 IP 地址，保证安装在网络中的设备可管理，可测试，可实现第三层通信。

图 2-46 所示为查看和配置计算机 IP 地址的方法。

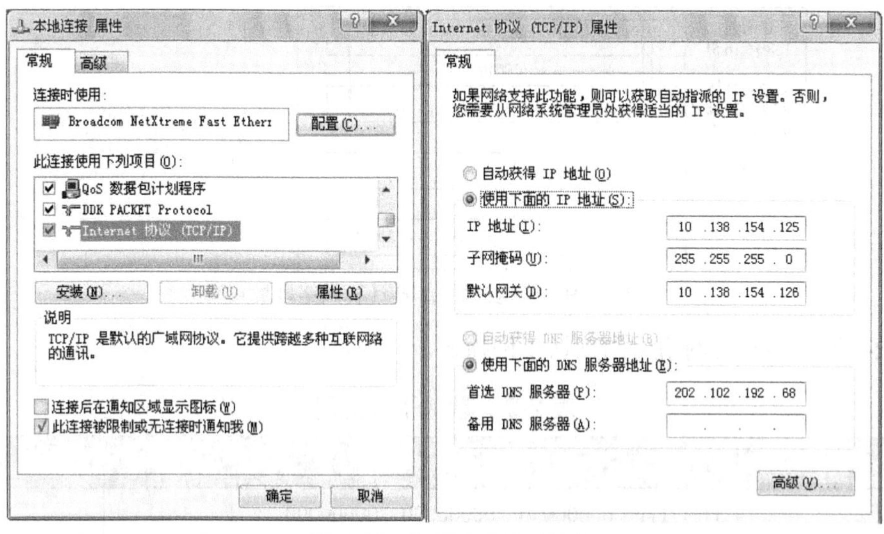

图 2-46　配置主机 IP 地址

1．什么是 IP 地址

在 TCP/IP 中，网络上每台主机都有一个唯一的 IP 地址。IP 地址是实现网络中计算机之间互相通信的地址标识。

IP 地址的标准格式为 32 位二进制，使用“点分十进制”形式进行书写，如图 2-47 所示。

配置 IP 地址

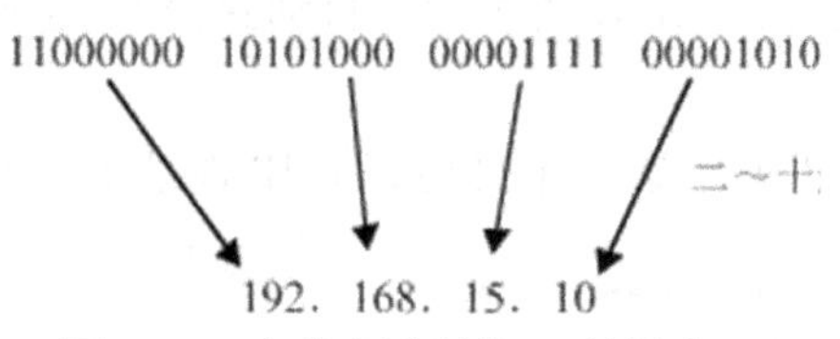

图 2-47　点分十进制的 IP 地址表示

2．什么是子网掩码

每个 IP 地址由“网络号”和“主机号”两部分组成，便于设备寻址操作，如图 2-48 所示。

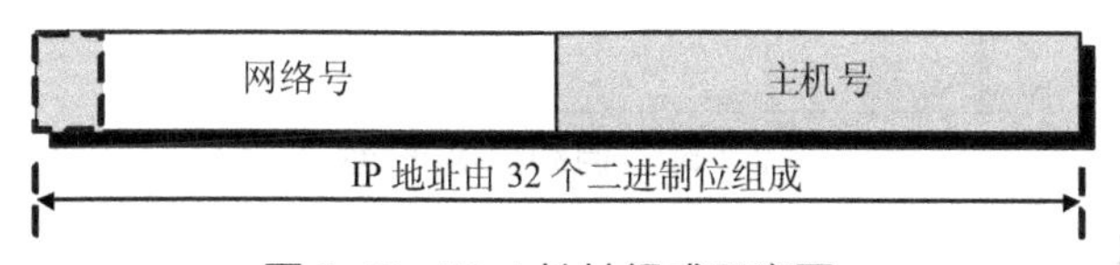

图 2-48　IPv4 地址组成示意图

IP 地址“网络号”和“主机号”部分的标识，通常由子网掩码来实现。子网掩码长度也是 32 位二进制，使用“1”表示网络位，“0”表示主机位。

通过子网掩码和 IP 地址，能够计算出主机的网络地址。

如图 2-49 所示，IP 地址为 168.16.16.51，子网掩码为 255.255.0.0，计算出该设备所在的网络地址为 168.16。

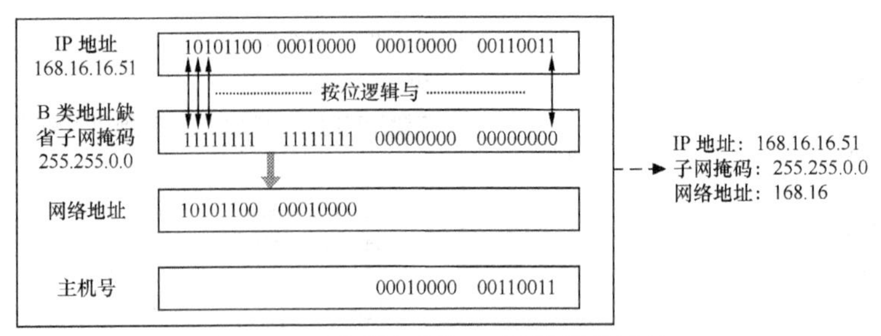

图 2-49　子网掩码和 IP 计算网络地址

表 2-2 所示为有类网络中的默认子网掩码。

表 2-2　默认子网掩码

地址类型	子网掩码	网络前缀
A 类地址	11111111　00000000　00000000　00000000	/8
B 类地址	11111111　11111111　00000000　00000000	/16
C 类地址	11111111　11111111　11111111　00000000	/24

3．配置 IP 地址的方法

依序打开 Windows 操作系统，选择【网络连接】→【Internet 协议（TCP/IP）】→【属性】，可以手动配置 IP 地址，如图 2-46 所示。

为了简化 TCP/IP 设置，很多 IP 设备也允许自动获得 IP 地址（使用动态主机配置协议），避免手工地址出错。

图 2-50 所示为在计算机上，选择【自动获得 IP 地址】方式。

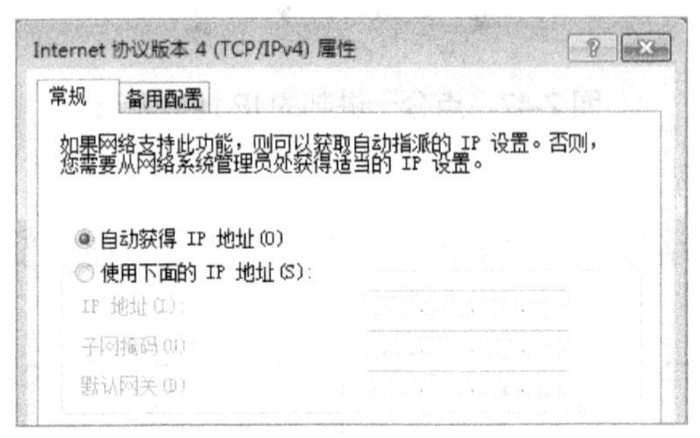

图 2-50　自动获得 IP 地址

4．了解网关地址

网关是连接内网与外网的中间设备，通常表现为三层交换机、代理服务器、路由器、防火墙或者出口网关。

配置在计算机上的网关地址就是这些设备的 IP 地址，是内网设备和 Internet 通信时的转发地址。图 2-51 所示为常见的局域网网关场景。

网关地址是出现在内部主机和外网通信时的中间设备地址，也即内网设备出口地址。本地设备找不到目标主机时，IP 数据包就转发到本网网关上，由网关设备代为转发。

图 2-52 所示为网关地址，也可以通过【自动获得 IP 地址】获取网关地址。

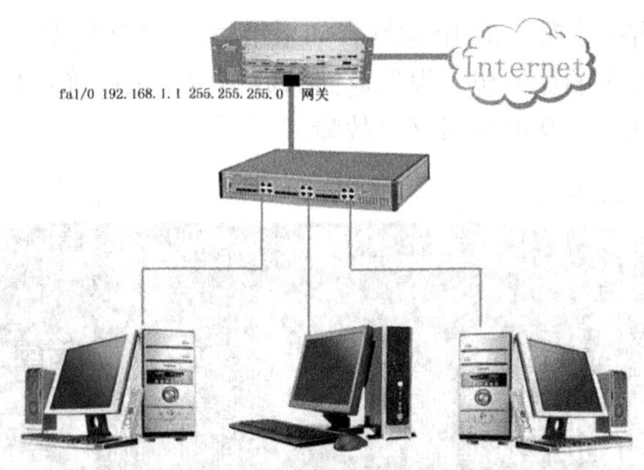

图 2-51 常见的局域网网关场景

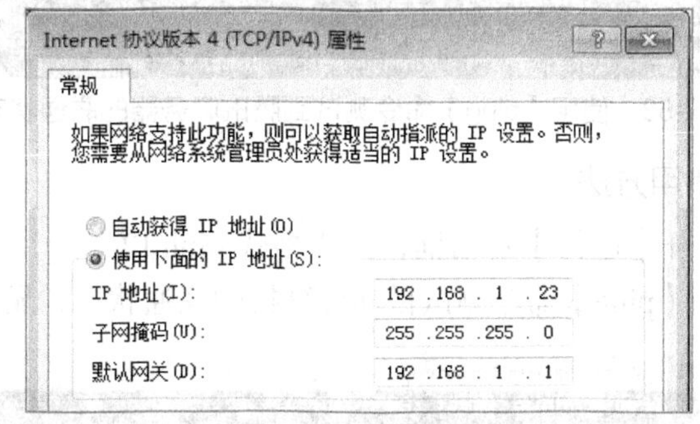

图 2-52 配置网关地址

5. 局域网地址规划

本地子网中所有计算机的 IP 地址的前三个字节，都应该相同，属于同一子网。

在一个由 128 台主机组成的子网中，主机 IP 地址的规划可以从 192.168.1.x 开始，其中，x 为 1 ~ 254 中任意一个数字。常见的有类 IP 地址规划如表 2-3 所示。

表 2-3 地址范围与局域网规模

地址范围	子网掩码	局域网规模
10.0.0.0 - 10.255.255.255	255.0.0.0	16777216
172.16.0.0 - 172.31.255.255	255.255.0.0	65536
192.168.0.0 - 192.168.255.255	255.255.255.0	256

2.9 网络联通测试

1.【ping】命令

【ping】是用来检查网络是否通畅或者网络连接速度的命令。其工作原理是，利用 ICMP 产生回波询问，测试网络可达性，如果收到回波答复，表示该节点可达，【ping】命令成功。

图 2-53 所示为使用【ping】命令，测试本机和腾讯服务器的联通状态，结果显示网络联通。

网络上的主机都有一个唯一的 IP 地址，如果给目标 IP 地址发送一个【ping】数据包，对方要返回一个同样大小的数据包。根据返回的数据包，可以确定目标主机的存在，利用它可以检查网络是否联通，帮助分析网络故障。

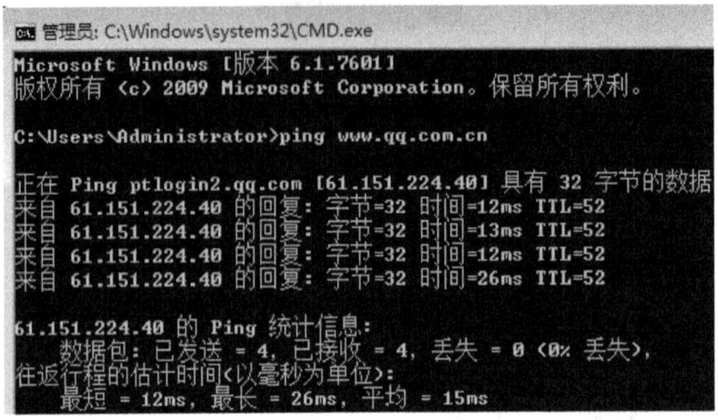

```
管理员: C:\Windows\system32\CMD.exe
Microsoft Windows [版本 6.1.7601]
版权所有 (c) 2009 Microsoft Corporation。保留所有权利。

C:\Users\Administrator>ping www.qq.com.cn

正在 Ping ptlogin2.qq.com [61.151.224.40] 具有 32 字节的数据
来自 61.151.224.40 的回复: 字节=32 时间=12ms TTL=52
来自 61.151.224.40 的回复: 字节=32 时间=13ms TTL=52
来自 61.151.224.40 的回复: 字节=32 时间=12ms TTL=52
来自 61.151.224.40 的回复: 字节=32 时间=26ms TTL=52

61.151.224.40 的 Ping 统计信息:
    数据包: 已发送 = 4, 已接收 = 4, 丢失 = 0 (0% 丢失),
往返行程的估计时间(以毫秒为单位):
    最短 = 12ms, 最长 = 26ms, 平均 = 15ms
```

图 2-53　使用【ping】命令测试到腾讯服务器的联通状态

2.【ping】命令使用方法

在开始菜单下，打开【运行】对话框，使用格式 ping IP。

图 2-54 所示为使用【ping】命令测试目标计算机的联通状态，显示网络不能联通。

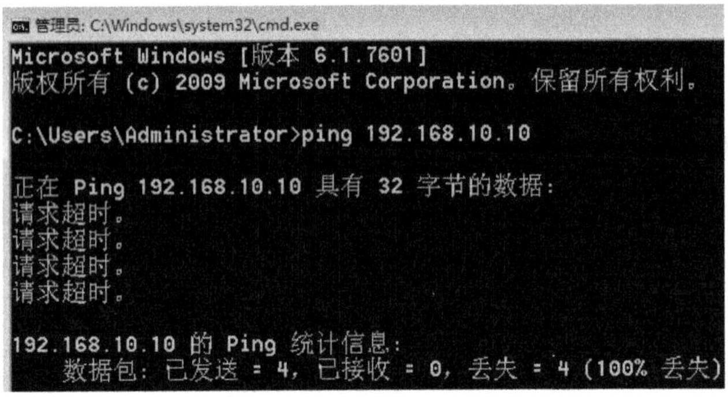

```
管理员: C:\Windows\system32\cmd.exe
Microsoft Windows [版本 6.1.7601]
版权所有 (c) 2009 Microsoft Corporation。保留所有权利。

C:\Users\Administrator>ping 192.168.10.10

正在 Ping 192.168.10.10 具有 32 字节的数据:
请求超时。
请求超时。
请求超时。
请求超时。

192.168.10.10 的 Ping 统计信息:
    数据包: 已发送 = 4, 已接收 = 0, 丢失 = 4 (100% 丢失)
```

图 2-54　网络不能联通

2.10　网络地址查询

1.【ipconfig】命令

【ipconfig】命令能显示当前计算机的 TCP/IP 配置信息，如 IP 地址、子网掩码和默认网关信息，如下所示。

```
Ethernet adapter:                                  ! 本地连接
Connection-specific DNS Suffix :                   ! 连接特定的 DNS 后缀
Description . . . . . : Realtek RTL8168/8111 PCI-E Gigabi  ! 网卡型号
Physical Address. . . . : 00-1D-7D-71-A8-D6        ! 网卡 MAC 地址
DHCP Enabled. . . . . . . . . . . : No             !动态主机设置协议是否启用
IP Address. . . . . . . . . : 192.168.90.114       ! IP 地址
Subnet Mask . . . . . . . . : 255.255.255.0        ! 子网掩码
Default Gateway . . . . . : 192.168.90.254         ! 默认网关
```

```
DHCP Server. . . . . . . . . : 192.168.90.88        ! DHCP 服务器地址
DNS Servers . . . . . . .. . . . : 221.5.88.88      ! DNS 服务器地址
```

2.【ipconfig】命令使用方法

打开计算机 Windows 操作系统，在【开始】菜单，找到【运行】，输入【CMD】命令，打开 DOS 窗口，在提示符中输入：

```
ipconfig    或者    ipconfig /all
```

图 2-55 所示为输入【ipconfig】命令查询时显示的本机 IP 地址信息，只显示本机的网卡信息。

```
以太网适配器 本地连接:

   连接特定的 DNS 后缀 . . . . . . . :
   本地链接 IPv6 地址. . . . . . . . : fe80::b1ac:f78:bdd0:f638%12
   IPv4 地址 . . . . . . . . . . . . : 192.168.23.59
   子网掩码 . . . . . . . . . . . . : 255.255.255.0
   默认网关. . . . . . . . . . . . . : 192.168.23.1
```

图 2-55 使用【ipconfig】命令只显示本机的网卡信息

使用【ipconfig/all】命令查询时，则显示更多的查询信息。图 2-56 所示为使用 all 参数查询到的本机的全部地址信息。

```
以太网适配器 本地连接:

   连接特定的 DNS 后缀 . . . . . . . :
   描述. . . . . . . . . . . . . . . : Intel(R) 82579LM Gigabit Network Connecti
on
   物理地址. . . . . . . . . . . . . : F0-DE-F1-89-31-1D
   DHCP 已启用 . . . . . . . . . . . : 是
   自动配置已启用. . . . . . . . . . : 是
   本地链接 IPv6 地址. . . . . . . . : fe80::b1ac:f78:bdd0:f638%12(首选)
   IPv4 地址 . . . . . . . . . . . . : 192.168.23.59(首选)
   子网掩码 . . . . . . . . . . . . : 255.255.255.0
   获得租约的时间 . . . . . . . . . : 2014年3月24日 13:15:11
   租约过期的时间 . . . . . . . . . : 2014年3月25日 13:15:10
   默认网关. . . . . . . . . . . . . : 192.168.23.1
   DHCP 服务器 . . . . . . . . . . . : 192.168.23.1
   DHCPv6 IAID . . . . . . . . . . . : 267443953
```

图 2-56 使用【ipconfig/all】命令显示本机的全部信息

网络实践

网络实践 1：制作双绞线

双绞线制作工具

【任务场景】

把两台计算机对联起来，组建双机互联对等网络。组建双机互联对等网络，首先需要制作连接网线。

【设备清单】

卡线钳（一把）、测线仪（一台）、水晶头（若干个），双绞线（若干根）。

【工作过程】

步骤一：剥线。

图 2-57 所示为卡线钳，最前端是剥线口，中间是压制 RJ-45 接头工具槽，离手柄最近端是切线刀。用切线口将线头剪齐，再将双绞线端头伸入剥线口，使线头触及前挡板。

用卡线钳慢慢旋转双绞线，将双绞线外套剥离，露出 15 ~ 20mm 的内芯，如图 2-58 所示。

步骤二：排序。

剥离双绞线，拆开，拉直，如图 2-59 所示。按 568A 或 568B 标准排列，用切线口将前端修齐，露出约 15mm 的内芯。

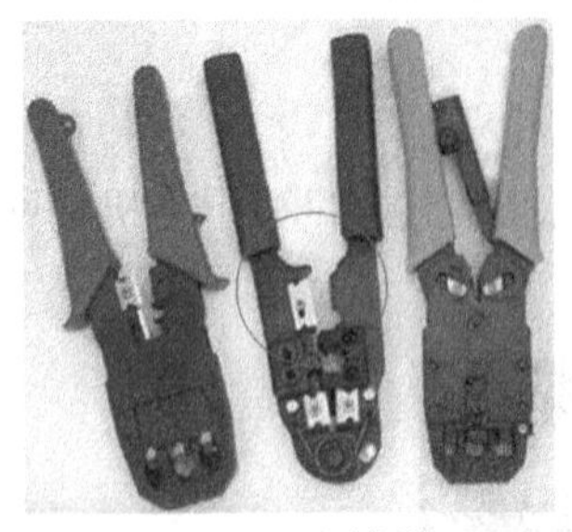

图 2-57　卡线钳

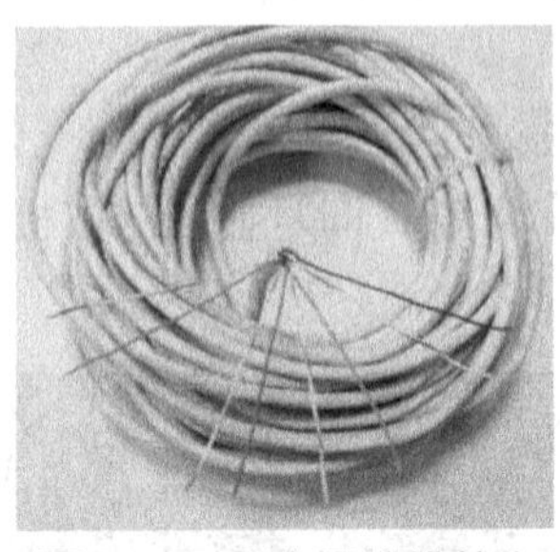

图 2-58　剥离双绞线外套

图 2-59　剥线、排序

制作的双绞线有直通线和交叉线两种。

双绞线工具使用

● 直通线

直通线也就是生活中的网线，两端遵循 568A 或 568B 的统一标准，能够实现异型设备连接。

● 交叉线

交叉线一端遵循 568A 标准，另一端则采用 568B 标准，能够实现同型设备连接，如图 2-60 所示。

步骤三：插入。

把修齐的双绞线插入到水晶头，用力平行地插入线槽顶端，如图 2-61 所示。

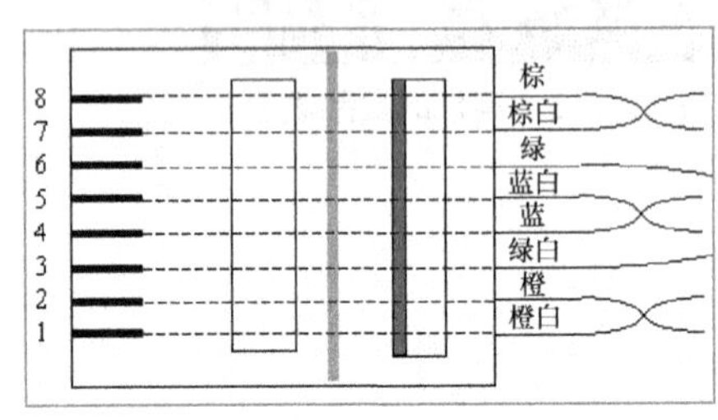

图 2-60　双绞线的 568B 排序

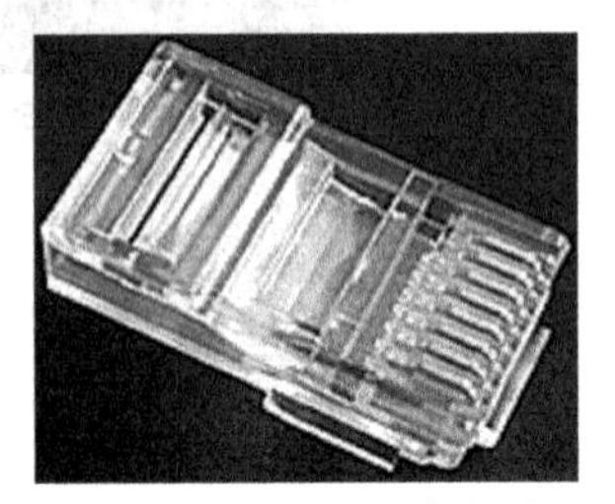

图 2-61　RJ-45 水晶头

步骤四：压线。

把插好的水晶头送入压线槽中，用力压紧线头即可，如图 2-62 所示。

重复以上步骤，制作另一个水晶头，形成完整的双绞线，如图 2-63 所示。

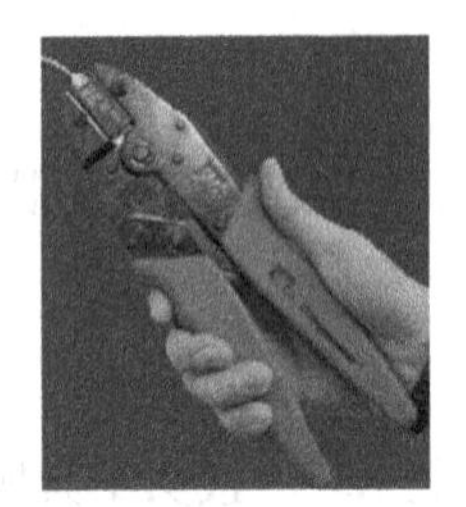

图 2-62　压线

图 2-63　完整的双绞线

步骤五：测试。

制作好的线路，最好用测线仪检查一下。测线仪由两部分组成：主控端和测线端。其中，主控端有开关，具有和线序相同的 1 ~ 8 指示灯，用于显示测试线缆的联通情况。测线端有一个 RJ-45 接口，与主控端线缆连接，如图 2-64 所示。

把双绞线的水晶头插在测线仪的两个插口上，打开测线仪的主控端开关，如果看到 8 盏指示灯顺序闪亮，表明网线正常，如果有某盏指示灯不亮，表明线序有问题。

双绞线的制作

交叉线的测试方法同上。但 8 盏指示灯闪亮过程有所不同，闪亮过程如图 2-65 所示，也就是说主控端 1 灯亮时，测试端 3 灯亮。

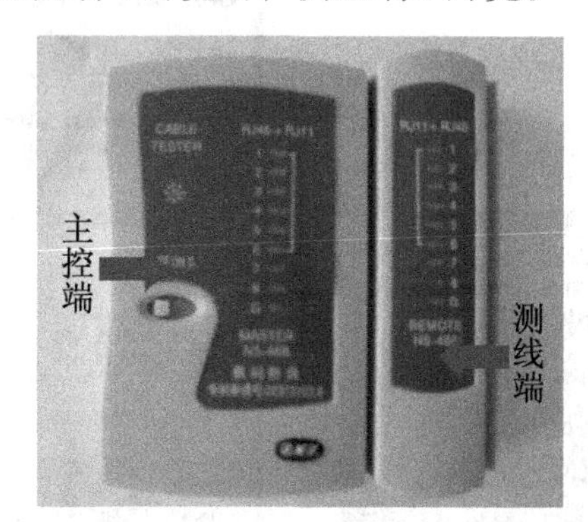

图 2-64　测线仪

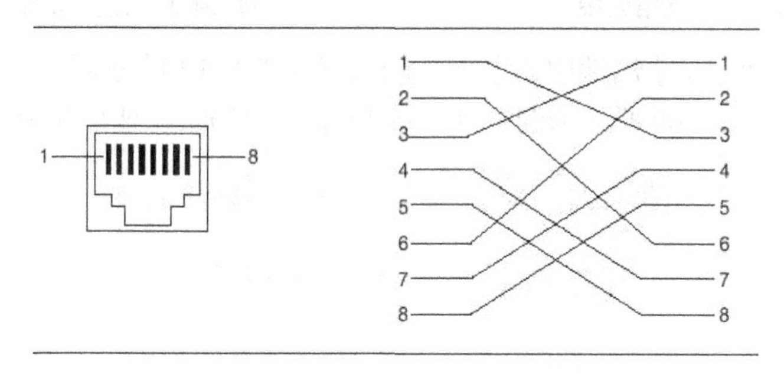

图 2-65　交叉线线序信号

网络实践 2：组建双机互联对等网

【任务场景】

林先生更换了一台新电脑，想把旧电脑中的资料复制出来，使用 U 盘来回复制非常麻烦，希望把两台计算机对联起来，组建双机互联网络，完成资料复制，图 2-66 所示为组建双机互联对等网络的场景。

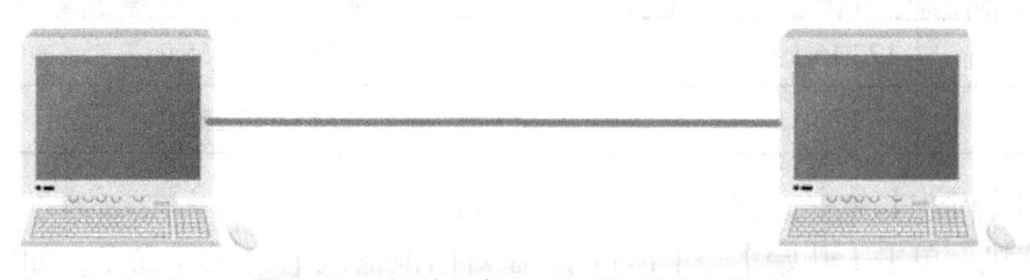
图 2-66　组建双机互联对等网络的场景

【设备清单】

测线计算机（两台）、双绞线（若干根）。

【工作过程】

步骤一：准备好双绞线（默认为交叉线，吉比特智能网卡使用普通网线）。

步骤二：为计算机配置 IP 地址，使网络具有测试和管理功能，配置过程如下。

（1）打开计算机网络连接，如图 2-67 所示。

（2）选择【本地连接】，按右键单击，选择快捷菜单中的【属性】选项，如图 2-68 所示。

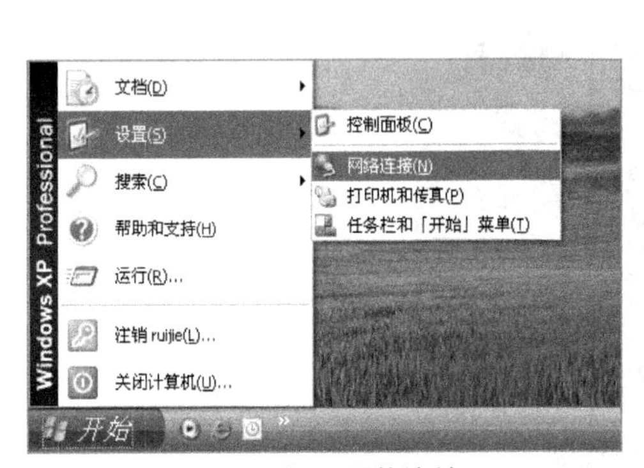

图 2-67　打开网络连接

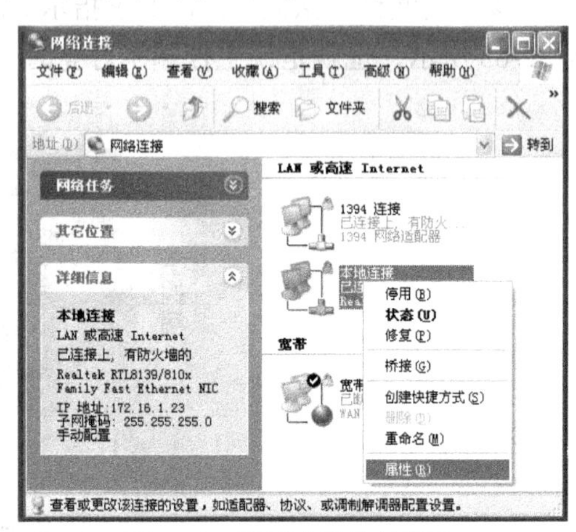

图 2-68　配置本地连接属性

（3）选择【本地连接】属性中的【Internet 协议（TCP/IP）】选项，单击【属性】按钮，设置 TCP/IP 属性。图 2-69 所示为配置计算机 IP 地址的场景，地址如表 2-4 所示。

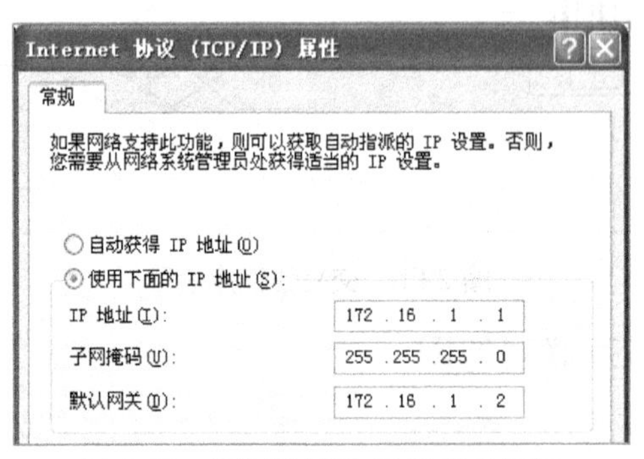

图 2-69　配置计算机 IP 地址的场景

表 2-4　网络内部 IP

设备	网络地址	子网络掩码
PC1	172.16.1.1	255.255.255.0
PC2	172.16.1.2	255.255.255.0

（4）使用【ping】命令，测试对等网络的联通状态。

打开计算机，单击【开始】→【运行】，在对话框输入【CMD】命令，如图 2-70 所示。

图 2-70　进入命令管理状态

使用【ping】命令 ping 172.16.1.1，如图 2-71 所示，表示对等网络实现联通。

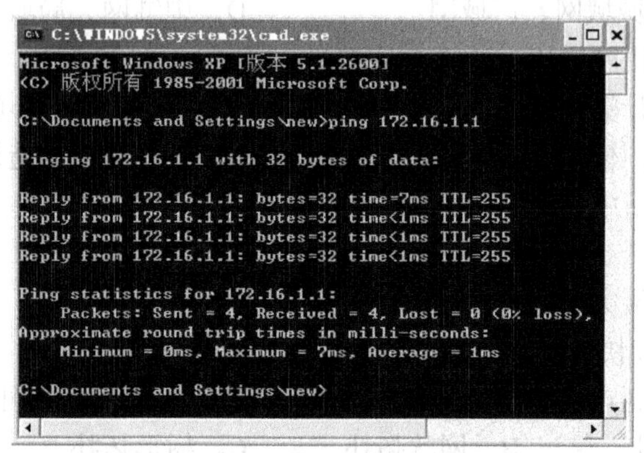

图 2-71　测试两台 PC 的联通性

备注：在测试过程中，关掉防火墙，防火墙会屏蔽测试命令。在【本地连接属性】对话框中，切换到【高级】选项卡，单击【设置】选项，选择【关闭】选项，单击【确定】选项，完成设置。

认证测试

以下每道选择题中，都有一个或多个正确答案（最优答案），请选择出正确答案（最优答案）。

1. 在计算机网络中，所有的计算机均连接到一条通信传输线路上，在线路两端连有防止信号反射的装置，这种连接结构被称为（　　）。

　A. 总线型结构　　B. 环形结构　　C. 星形结构　　D. 网状结构

2. 属于集中控制方式的网络拓扑是（　　）。

　A. 星形结构　　B. 环形结构　　C. 总线型结构　　D. 树形结构

3. 在 IP 地址方案中，159.226.181.1 是一个（　　）。

　A. A 类地址　　B. B 类地址　　C. C 类地址　　D. D 类地址

4. 所有站点均连接到公共传输媒体上的网络结构是（　　）。

　A. 总线型　　B. 环形　　C. 树形　　D. 混合型

5. 对局域网来说，网络控制的核心是（　　）。

　A. 工作站　　B. 网卡　　C. 网络服务器　　D. 网络互联设备

6. 以下对局域网的性能影响最为重要的是（　　）。

　A. 拓扑　　B. 传输介质

C．介质访问控制方式　　D．网络操作系统

7．计算机局域网中，通信设备主要指（　　）。

A．计算机　　B．通信适配器

C．终端及各种外部设备　　D．以上都是

8．OSI/RM 是由（　　）机构提出的。

A．IETF　　B．IEEE　　C．ISO　　D．Internet

9．网络按通信范围分为（　　）。

A．局域网、城域网、广域网　　B．局域网、以太网、广域网

C．电缆网、城域网、广域网　　D．中继网、局域网、广域网

10．第二代计算机网络的主要特点是（　　）。

A．计算机-计算机网络　　B．以单机为中心的

C．国际网络体系结构标准化　　D．各计算机制造厂商网络结构标准化

11．在计算机网络中，共享的资源主要是指硬件、软件与（　　）。

A．外设　　B．主机　　C．通信信道　　D．数据

12．计算机网络最突出的优点是（　　）。

A．运算速度快　　B．运算精度高　　C．存储容量大　　D．资源共享

13．节点通过点到点的通信线路与中心节点连接，这种网络拓扑属于（　　）。

A．环形拓扑　　B．网状拓扑　　C．树形拓扑　　D．星形拓扑

14．在一所大学中，每个系都有自己的局域网，则连接各个系的校园网是（　　）。

A．城域网　　B．局域网　　C．地区网　　D．广域网

15．结构简单、传输延时确定，但系统维护工作复杂的网络拓扑是（　　）。

A．环形拓扑　　B．网状拓扑　　C．树形拓扑　　D．星形拓扑

16．目前，实际存在与使用的广域网基本都采用（　　）。

A．网状拓扑　　B．树形拓扑　　C．星形拓扑　　D．环形拓扑

17．计算机网络分为广域网、城域网、局域网，其划分的主要依据是（　　）。

A．网络的作用范围　　B．网络的拓扑结构

C．网络的通信方式　　D．网络的传输介质

18．（　　）命令用来检查应用层的工作情况。

A．【ping】　　B．【tracert】　　C．【telnet】　　D．【ipconfig】

19．用双绞线制作交叉线的时候，如果一端的标准是 568B，那么另外一端的线序是（　　）。

A．绿白 绿 橙白 蓝 蓝白 橙 棕白 棕

B．橙白 橙 绿白 蓝 蓝白 绿 棕白 棕

C．棕白 棕 蓝白 绿 绿白 蓝 橙白 橙

D．棕 棕白 绿 蓝白 蓝 绿白 橙 橙白

20．在常用的传输介质中，（　　）的带宽最宽，信号传输衰减最小，抗干扰能力最强。

A．双绞线　　B．同轴电缆　　C．光纤　　D．微波

第3章 掌握以太网基础知识

以太网技术正式提出是在1973年，它源于该技术的研发人梅特卡夫（Metcalfe）博士在一篇文章中的一句话：“电磁辐射是可以通过发光的以太来传播的。”

其中，“以太”一词是英文Ether或Aether的音译，最早是古希腊哲学家亚里士多德设想出来的一种传输媒质。17世纪后，物理学家为解释光的传播及电磁和引力的相互作用而又重新提出，后又被Xerox公司借用为局域网产品名称。

1980年，由DEC公司、Intel公司和Xerox公司组成的企业联盟（DIX）共同制定了以太网规范，后来被国际电气电子工程师学会（IEEE）采纳，作为IEEE 802.3标准收入IEEE 802协议族，成为国际公认标准并逐步发展壮大，也是最主要的局域网组网技术。

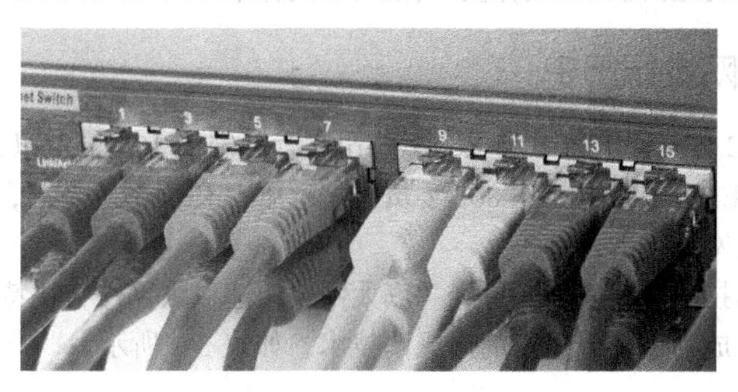

本章要求掌握以太网的基础知识和通信原理，为后续的网络工程组网打下基础。

- 了解以太网基础知识和发展历史
- 了解以太网通信原理
- 认识以太网中的组网设备
- 了解以太网数据帧
- 组建SOHO办公网络

3.1 什么是以太网

以太网最早出现在20世纪70年代中期，Xerox基于总线型网络，实现了公司内部多台终端共享打印机，这就是以太网原型，后来由Xerox、Intel和DEC公司联合开发、规范，如图3-1所示。

最初以太网使用同轴电缆作为传输媒体，采用载波监听多路访问和冲突检测（CSMA/CD）访问机制，传输速率仅为3Mbit/s。

以太网采用CSMA/CD共享访问机制，即多台计算机连接在公共总线上，所有计算机都向总线发出监听，同一时刻只有一台计算机利用总线传输，其他计算机等待传输结束后，再竞争总线进行传输，如图3-2所示。

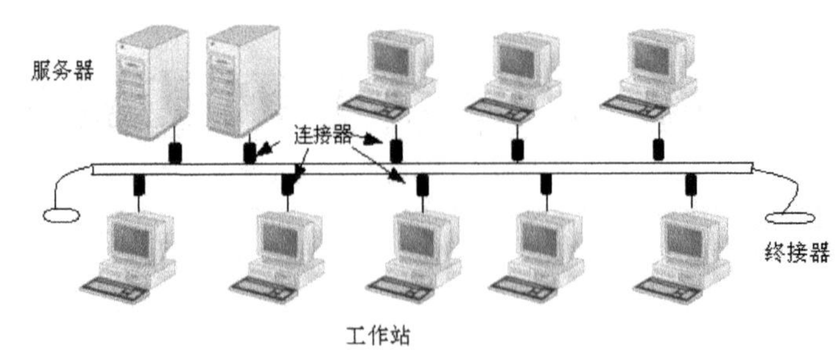

图 3-1　早期以太网场景

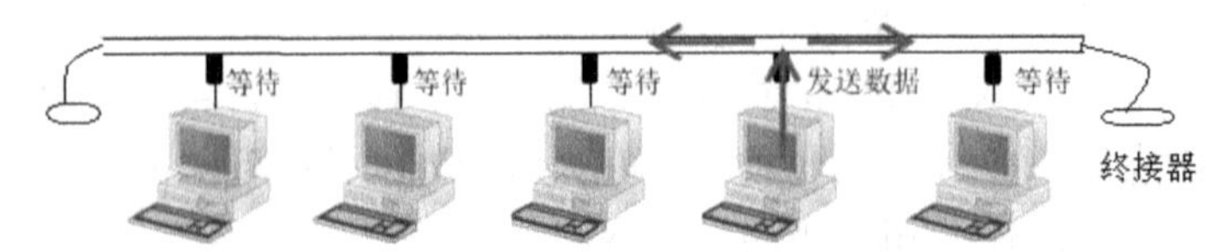

图 3-2　CSMA/CD 传输机制

后来，IEEE 组织规范了以太网标准，给出以太网标准——IEEE 802.3 标准。以太网是当前应用最普遍的局域网技术，取代了其他局域网标准。

3.2　以太网发展历史

1980 年，DEC 公司、英特尔和 Xerox 公司联合制定了 10Mbit/s 以太网规范。

1983 年，IEEE 组织推动 IEEE 802 委员会规范了 IEEE 802.3 标准，速率为 10Mbit/s，极大地推动了以太网技术的发展。

此后，以太网技术不断发展，历经"以太网→快速以太网→吉比特以太网→万兆以太网"的发展过程，成为当前最主要的局域网技术，如表 3-1 所示。

表 3-1　以太网技术的发展历史

年份	事件	速率
1973	Metcalfe 博士在施乐实验室发明了以太网，并开始进行以太网拓扑的研究工作	2.94Mbit/s
1980	DEC、Intel 和施乐联手发布 10Mbit/s DIX 以太网标准提议	10Mbit/s
1983	IEEE 802.3 工作组发布 10Base-5"粗缆"以太网标准，这是最早的以太网标准	
1986	IEEE 802.3 工作组发布 10Base-2"细缆"以太网标准	
1991	加入了无屏蔽双绞线（UTP），称为 10Base-T 标准	
1995	IEEE 通过 IEEE 802.3u 标准	100Mbit/s
1998	IEEE 通过 IEEE 802.3z 标准（集中制定使用光纤和对称屏蔽铜缆的吉比特以太网标准）	1000Mbit/s
1999	IEEE 通过 IEEE 802.3ab 标准(集中解决用五类线构造吉比特以太网的标准)	
2002	IEEE 802.3ae 10Gbit/s 以太网标准发布	10Gbit/s

1. 10Base-5 以太网

10Base-5 以太网标准使用直径为 10mm 的 50Ω粗同轴电缆，总线拓扑，网卡接口为 DB-15 连接器，通过 AUI 电缆和 MAU 接口栓接到同轴电缆上，末端用 50Ω/1W 的电阻端接（一端接在电气系统地线上），如图 3-3 所示。

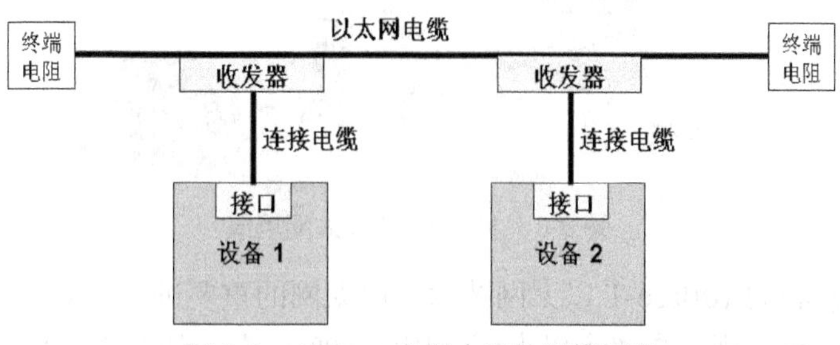

图 3-3　10Base-5 以太网的网络标准

2. 10Base-2 以太网

10Base-2 标准降低了 10Base-5 标准的安装成本和复杂性，使用图 3-4 所示的廉价 R9-58 型 50Ω细同轴电缆，使用总线型拓扑。

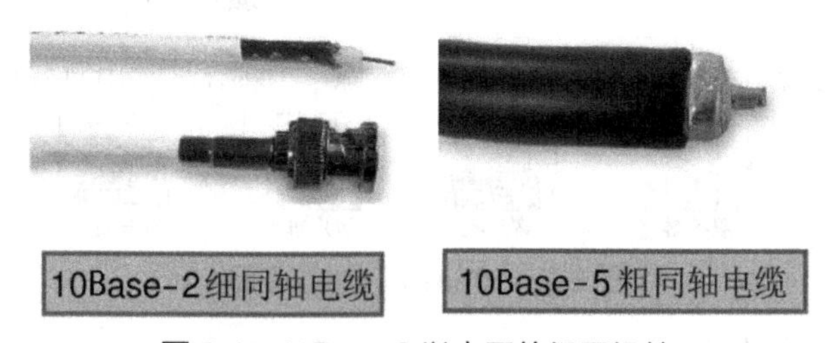

图 3-4　10Base-2 以太网的组网组件

10Base-2 以太网通过 BNC 的 T 形接头连接到细同轴电缆上，末端连接 50Ω端接器，如图 3-5 所示。

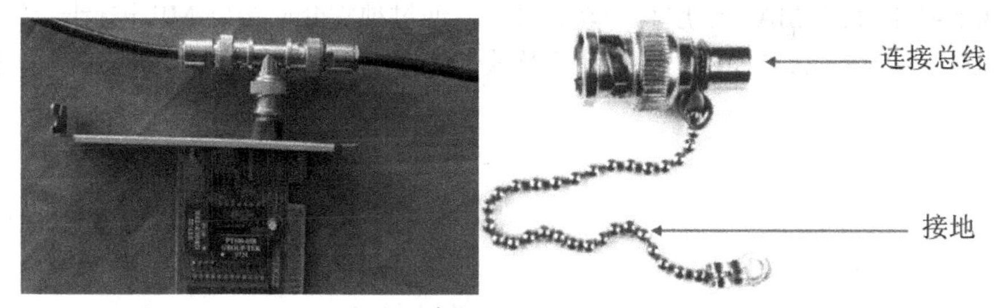

图 3-5　10Base-2 以太网中 BNC 的 T 形接头和 BNC 末端终结器

10Base-2 标准中每个网段允许 30 个站点，每个网段的最大距离为 185m，具有 4 台中继器和 5 个网段设计能力，10Mbit/s 传输速率。与 10Base-5 相比，10Base-2 以太网更容易安装，更容易增加新站点，大幅度降低了费用，如图 3-6 所示。

3. 10Base-T 以太网

1990 年通过了 10Base-T 以太网标准，10Base-T 以太网使用星形拓扑，采用非屏蔽双绞线，RJ-45 接口连接。

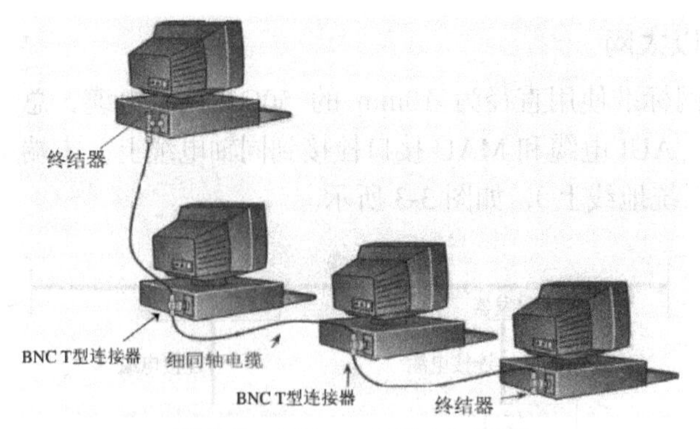

图 3-6　10Base-2 以太网场景

以双绞线为核心的 10Base-T 以太网技术是以太网的重要进步，双绞线因为价格便宜、安装简单且易于管理，现在占整个以太网应用的 80%以上，如图 3-7 所示。

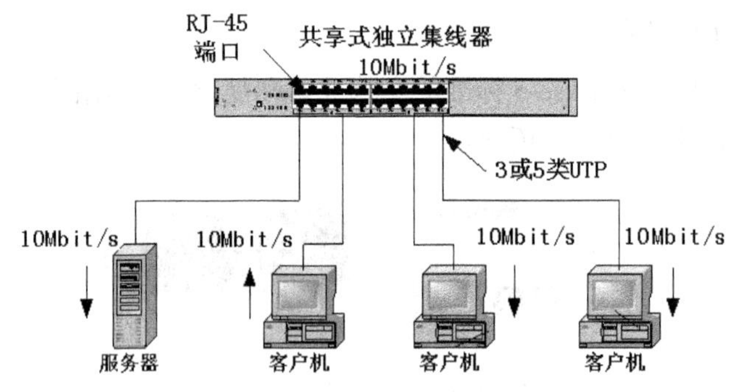

图 3-7　10Base-T 以太网标准

4. 100Base-T 以太网

1995 年 5 月，IEEE 组织通过了快速以太网 100Base-T 技术规范，即 IEEE 802.3u 标准，标准的 100Mbit/s 技术规范。100Base-T 标准采用星形拓扑，使用 CSMA/CD 协议。

100Base-T 标准在 MAC 子层和物理层之间，通过独立介质接口 MII 进行隔离，使用多种传输介质，可以在不改变布线、网络管理及软件的情况下，直接兼容快速以太网，如图 3-8 所示。

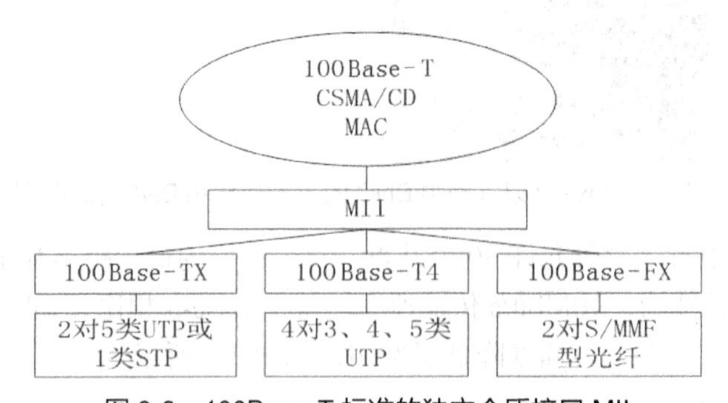

图 3-8　100Base-T 标准的独立介质接口 MII

100Base-TX 组网技术中采用“5-4-3 规则”，网络总长度不得超过 5 个区段，最多使用 4 台网络延长设备，且 5 个区段中只有 3 个区段可以连接网络设备，如图 3-9 所示。

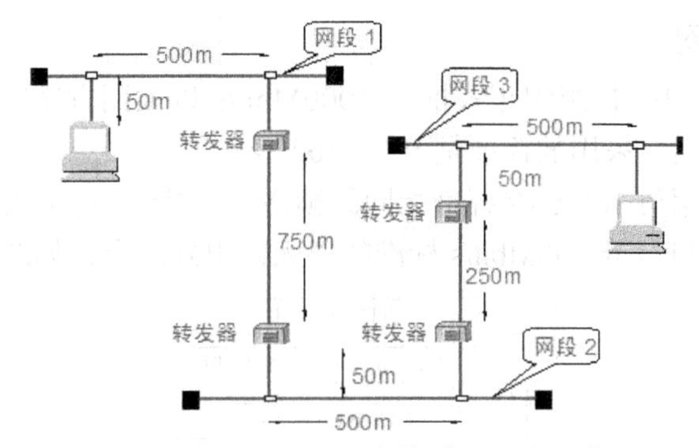

图 3-9　10Base-TX 网络的“5-4-3 规则”

100Base-TX 标准允许使用两台集线器进行组网，两台集线器之间的最大连接长度不能超过 5m，如图 3-10 所示。当端口不足时可以采用可堆叠集线器的方式扩充端口数量。

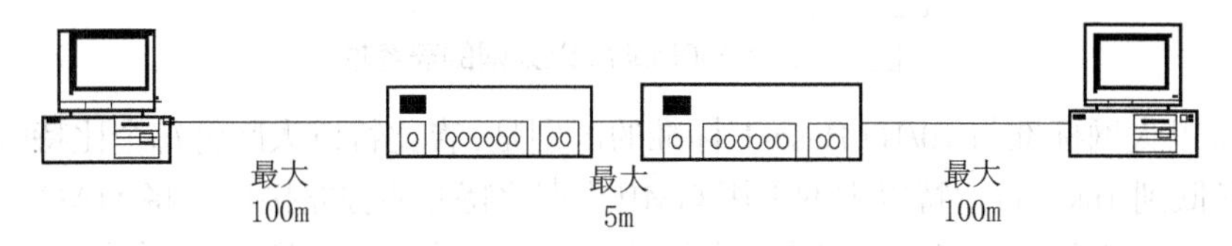

图 3-10　100Base-TX 网络的扩展模型

5. 100Base-FX 以太网

100Base-FX 标准以太网使用多模或单模光纤，连接器可以是 MIC/FDDI 型光纤连接器、ST 型光纤连接器或 SC 型光纤连接器，如图 3-11 所示。

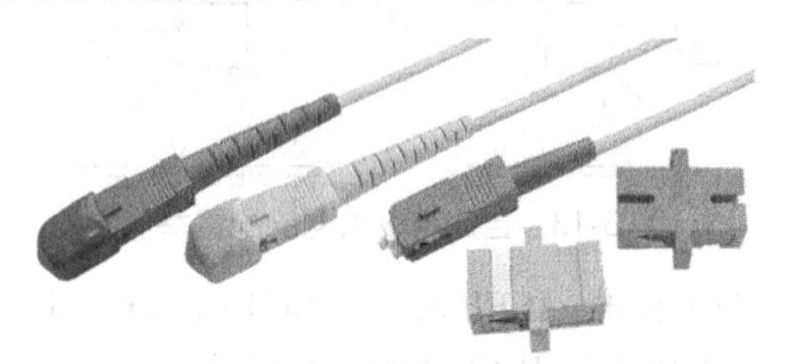

图 3-11　SC 型光纤连接器

表 3-2 所示为快速以太网的主要技术规范。

表 3-2　快速以太网的主要技术规范

标　准	传输介质	特性阻抗	最大网段	说　明
100Base-TX	2 对 5 类 UTP	100Ω		采用全双工工作方式，1 对用于发送数据，1 对用于接收数据
	2 对 STP	150Ω		
100Base-FX	1 对单模光纤	8/125μm	40	主要用作高速主干网
	1 对多模光纤	62.5/125μm	2	
100Base-T4	4 对 3 类 UTP	100Ω		3 对用于数据传输，1 对用于冲突检测
100Base-T2	2 对 3 类 UTP	100Ω		

6. 吉比特以太网

在 1998 年 6 月，IEEE 组织正式推出 1000Mbit/s 以太网方案。吉比特以太网是现有 IEEE 802.3 标准的扩展，采用的标准是 IEEE 802.3z。

吉比特以太网采用与 10Mbit/s 标准相同的帧格式、帧结构、网络协议、流控模式以及布线系统，可与 10Mbit/s 或 100Mbit/s 标准的以太网很好配合，如图 3-12 所示。

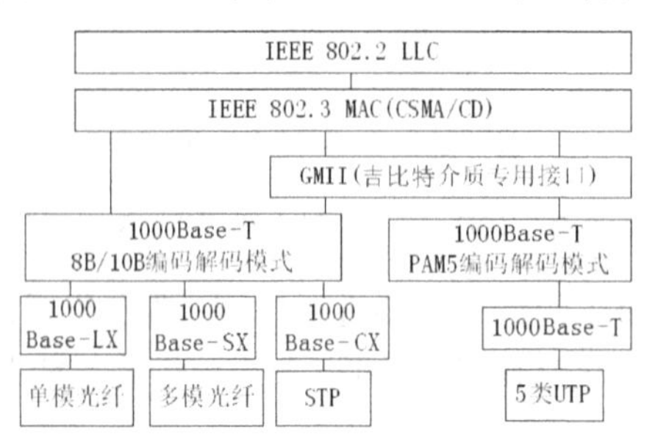

图 3-12 1000Mbit/s 以太网的兼容性

吉比特以太网标准与 10/100Base-T 标准的区别是，吉比特以太网将每个比特的发送时间由 100ns 降低到 1ns，吉比特以太网采用 GMII（吉比特介质独立接口）将 MAC 子层与物理层分隔开来，介质和信号编码的变化不会影响到 MAC 子层，如图 3-13 所示。

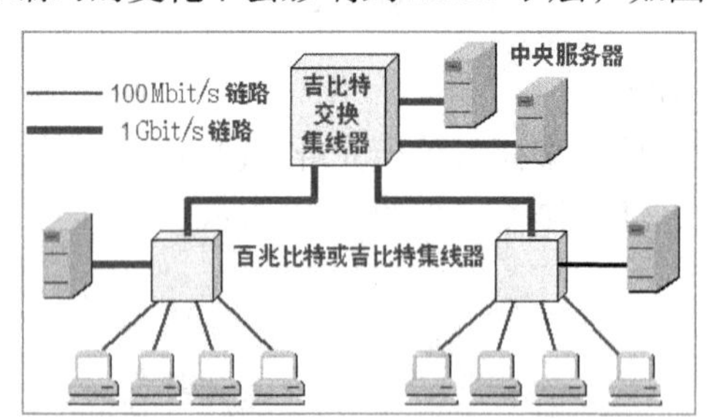

图 3-13 吉比特以太网的配置举例

吉比特以太网技术有两个标准：IEEE 802.3z 和 IEEE 802.3ab。其中，IEEE 802.3z 标准制定了光纤和短程铜缆连接的标准，IEEE 802.3ab 标准制定了 5 类双绞线在较长距离连接的标准。

表 3-3 所示为吉比特以太网的主要技术规范。

表 3-3 吉比特以太网的主要技术规范

标 准	传输介质	信号源	说 明
1000Base-SX	50μm 多模光纤	短波长激光	全双工工作方式，最长传输距离为 550m
	62.5μm 多模光纤		全双工工作方式，最长传输距离为 275m
1000Base-LX	9μm 单模光纤	长波长激光	全双工工作方式，最长传输距离为 550m
	62.5μm 或 50μm 多模光纤		全双工工作方式，最长传输距离为 3000m
1000Base-CX	铜缆		最长有效传输距离为 25m，使用 9 芯 D 型连接器连接电缆
1000Base-T	5 类 UTP		最长有效传输距离为 100m

7．光以太网

2000 年下半年，包括北电网络在内的电信设备商提出了光以太网方案。这一方案的核心是利用光纤巨大的带宽资源和以太网的成熟技术，为运营商建造新一代宽带城域接入网，满足市场对带宽的巨大需求，图 3-14 所示为光以太网交换机。

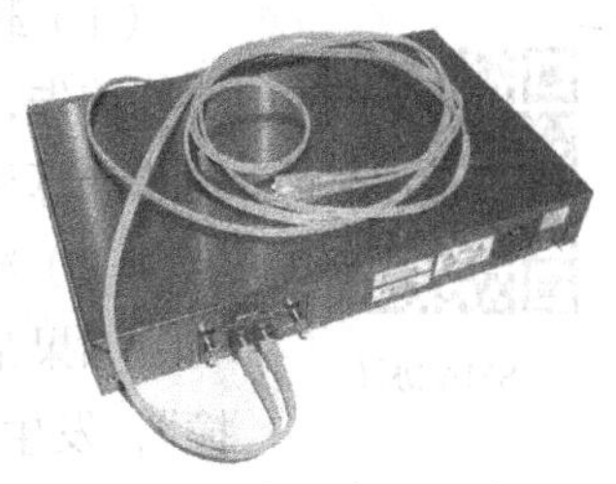

图 3-14　光以太网交换机

光以太网将以太网的优越性扩展到城域网，如低成本以太网接口（100Mbit/s、1000Mbit/s、10Gbit/s），大大降低了运营商的网络建设成本。

3.3 以太网通信原理

1．什么是 CSMA/CD 协议

以太网的基本特征是采用共享访问方案，通常把这种以太网通信机制，称为带有冲突检测的载波监听多址访问（CSMA/CD）协议。图 3-15 所示为 CSMA/CD 协议的传输过程。

2．CSMA/CD 传输原理

可以将 CSMA/CD 比做生活中的谈话。有人想说话，应先听听是否有其他人在说（即载波监听），如果有人在说话，他应该耐心等待，直到对方结束，然后，他才可以发表意见。

广播通信

此外还有一种场景，两个人在同一时间都想说话。如果两个人同时说话，这时很难辨别出每个人在说什么。如果两个人发现同时说话（即冲突检测），这时说话立即终止。随机等待一段时间后，说话才开始。

说话时，由第一个开始说话的人对交谈控制，而第二个开始说话的人将等待，直到第一个人说完，然后，他才能说话。

连接在以太网中的计算机互相通信的方式与上面的谈话方式相同。

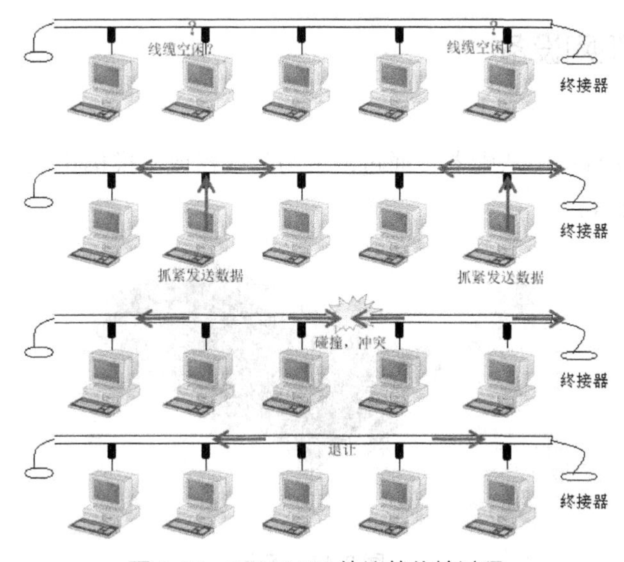

图 3-15　CSMA/CD 协议的传输过程

（1）载波监听

CSMA 协议

首先，传送数据的计算机对线缆监听，称为载波监听。如果此时有另外的计算机正在传送，监听计算机将等待，直到通信结束。

（2）冲突检测

如果某时，恰好有两台计算机同时准备传送，信号就在线缆上产生“碰撞”，发生“冲突”时，线缆上的电压超出标准电压，线缆上所有的计算机都检测到“冲突”信号。

“冲突”产生后，两台“冲突”计算机立即发出“拥塞”信号，线缆带宽为 0Mbit/s。然后，网络恢复，在恢复的过程中，线缆上将不传送数据。

（3）避让

CSMA/CD 中的冲突检测

所有的计算机都要等到“冲突”结束后，才能传送数据。两台产生“拥塞”信号的计算机随机等待一段时间后，便开始将信号恢复到零位。

第一个达到零位的计算机，首先对线缆监听，当监听到没有任何信息传输时，便开始传输数据。第二台计算机恢复到零位后，也对导线监听，当监听到第一台计算机已经开始传输数据后，就只好再次等待，图 3-16 所示为 CSMA/CD 协议的传输流程。

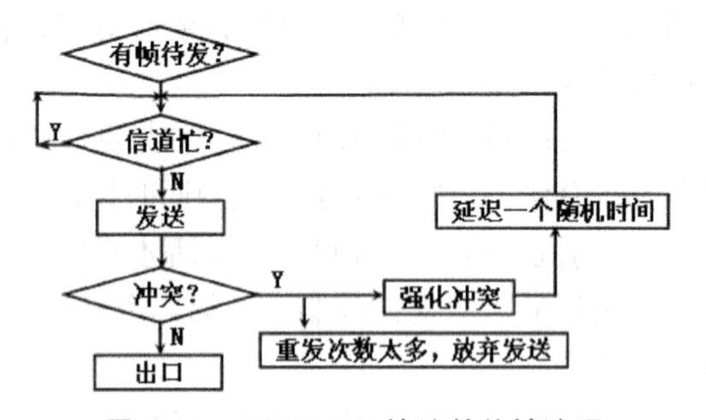

图 3-16　CSMA/CD 协议的传输流程

3.4 认识组网设备

1. 网卡

网卡（NIC）又称网络适配器，通过网线与集线器或交换机相连，将计算机接入局域网中，如图 3-17 所示。

图 3-17　网卡

（1）网卡功能

网卡能够接收和发送网络中的数据，实现全双工通信。接收数据时，网卡将来自传输介质的数据暂存于网卡 RAM 中，再传送给主机；发送数据时，将来自主机的数据暂存于 RAM 中，再经过传输介质发送到网络。图 3-18 所示为网卡的硬件组成。

此外，网卡还承担封装帧，拆分帧，缓存帧以及校验等任务。

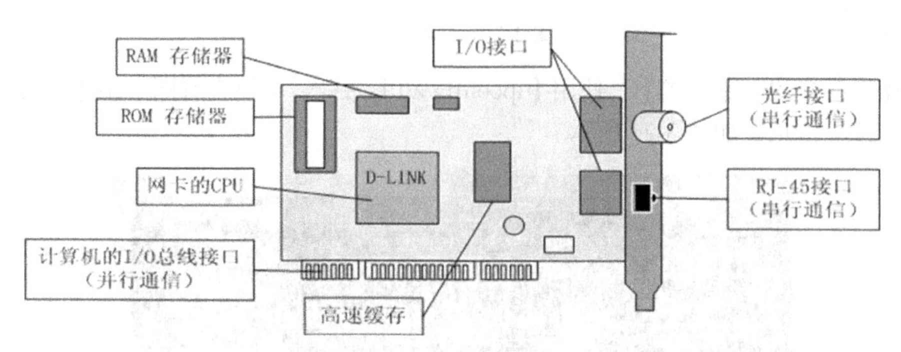

图 3-18 网卡的硬件组成

打开计算机系统的【控制面板】→【设备管理器】，图 3-19 所示为网卡的工作状态。

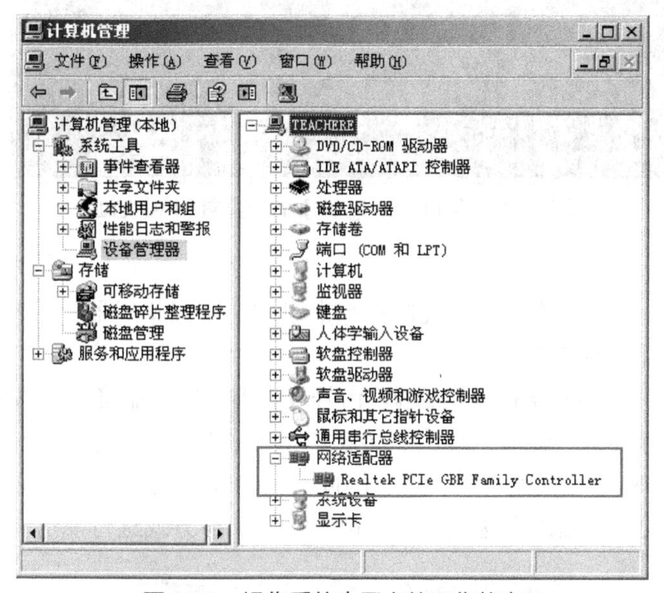

图 3-19 操作系统中网卡的工作状态

（2）网卡地址

每块网卡 ROM 中都烧录了全球唯一的 ID 号，即 MAC 地址，也称为物理地址，以太网中的计算机通过该物理地址进行通信。

MAC 地址由 48 位二进制组成，使用十六进制表示，如“00:17:42:6F:BE:9B”。地址由两部分组成，分别是生产商代码和产品序列号。其中，前 24 位是生产商代码，由 IEEE 组织分配，后 24 位是产品序列号，如图 3-20 所示。

网卡驱动程序的安装

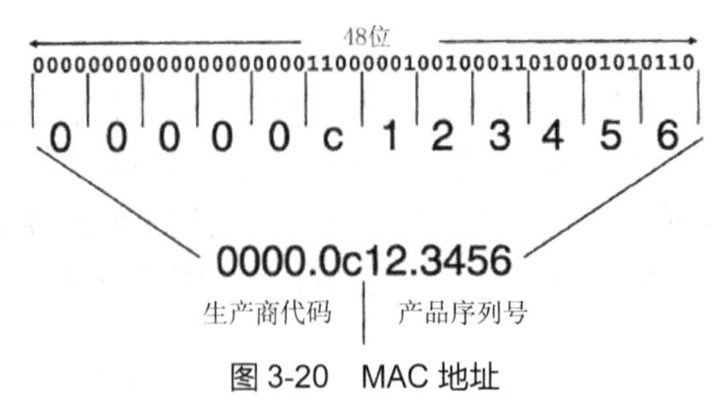

图 3-20　MAC 地址

在操作系统的命令方式下，使用【ipconfig/all】命令，可以查看网卡型号、MAC 地址和网络连接等信息，如图 3-21 所示。

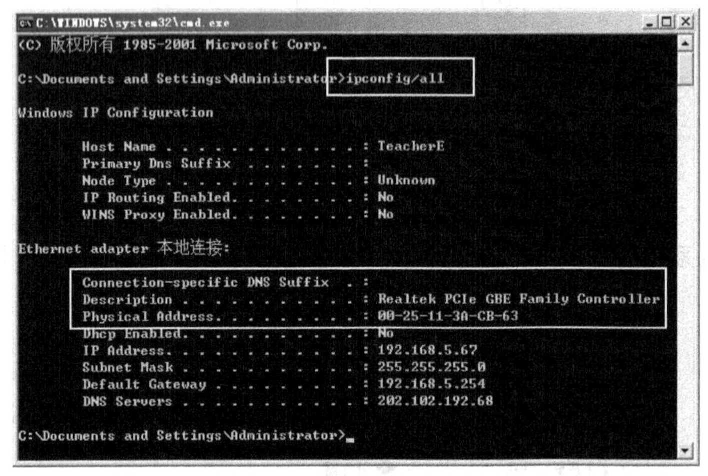

图 3-21　用【ipconfig/all】命令查看 MAC 地址

2. 集线器

集线器工作原理

集线器将计算机连接起来组成一个以集线器为中心的网络，图 3-22 所示为集线器。

集线器是一个多端口信号放大器，集线器将从网络中接收的信号，进行再生、整形、放大、传输，从而扩展网络的传输距离。集线器工作在 OSI 参考模型的第一层，因此又称为物理层设备。集线器不具有信号识别功能，因此发送数据时，都是采用广播方式进行发送。

图 3-22　集线器

通过集线器与上联设备相连，从而延伸和扩展网络的距离，把远程计算机接入网络中，是解决计算机接入的最经济方案，如图 3-23 所示。

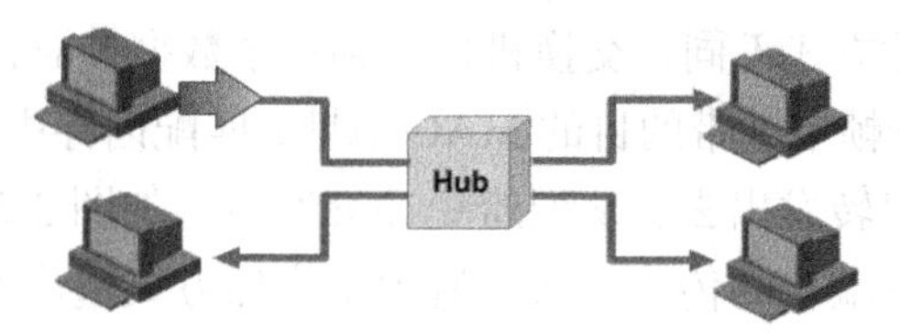

图 3-23 集线器扩展和延伸网络的距离

图 3-24 所示为集线器的广播传输。集线器处于网络中心，连接了 3 台电脑，对信号进行广播式转发，从而实现了网络联通。

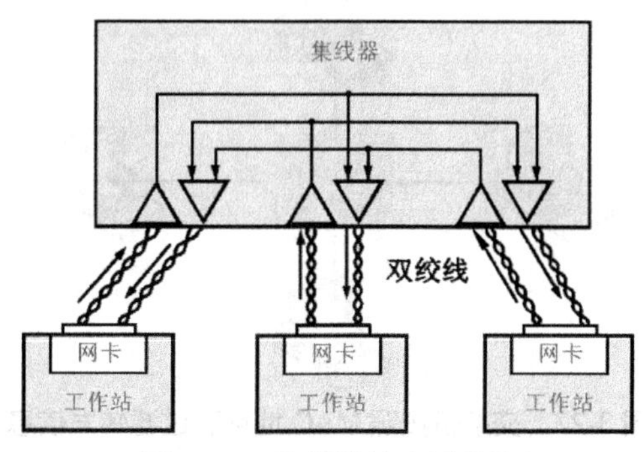

图 3-24 集线器的广播传输

3. 交换机

交换机是以太网中重要的网络互联设备。交换机能够将收到的信息进行解析，识别信息中携带的目标 MAC 地址，并将目标 MAC 地址与学习到的 MAC 地址表匹配后，将信息转发至指定端口，图 3-25 所示为交换机。

图 3-25 交换机

交换机在通信过程中，不断地收集 MAC 地址，构建一张 MAC 地址表（Mac Address Table），标明某个 MAC 地址（主机）连接在哪个端口上，图 3-26 所示为交换机的智能学习方式。

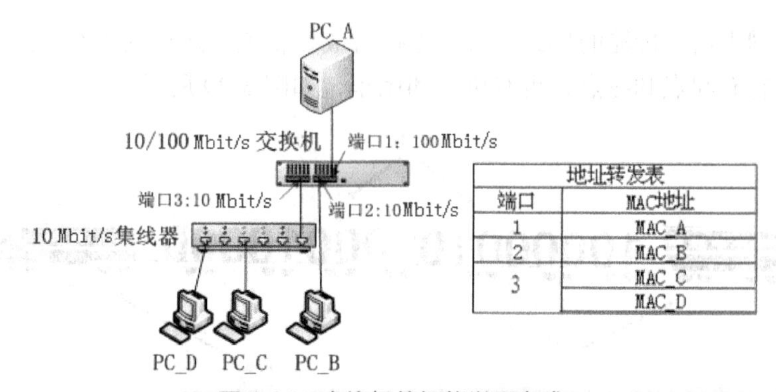

图 3-26 交换机的智能学习方式

与集线器的广播传输方式不同，交换机接收到一个数据帧时，通过专业的 ASIC 芯片解析数据帧，检查该数据帧中携带的目的 MAC 地址，匹配内存中更新的 MAC 地址表，再选择目标地址的连接端口转发出去，从而避免冲突发生，如图 3-27 所示。

从源端口交换到目的端口的传输方式，避免了广播方式造成的端口碰撞，提高了网络的吞吐量。在以太网中引入交换机，消除了无谓的碰撞检测和出错重发现象，提高了传输效率。

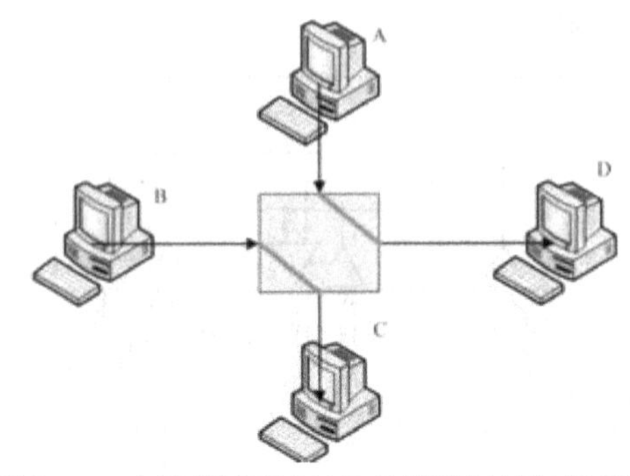

图 3-27　交换机按照 MAC 地址表过滤转发信息

交换机地址的学习过程

交换机工作原理

广播和交换的通信过程

3.5 了解以太网帧

1. 什么是帧

计算机通信过程中传输的信号是由“0”和“1”构成的二进制数据。但在传输过程中，设备需要将这些二进制封装成帧（Frame）才能传输，如图 3-28 所示。

8字节	6字节	6字节	2字节	可变字节	4字节
前导位	目的地址	源地址	类型	数据	帧检测序列

图 3-28　数据链路层封帧

帧是以太网中信息传输的形式，可以把帧看成在轨道上运行的火车，这辆火车只能在轨道上行驶，它有起点和终点，也有机车和尾车，如图 3-29 所示。

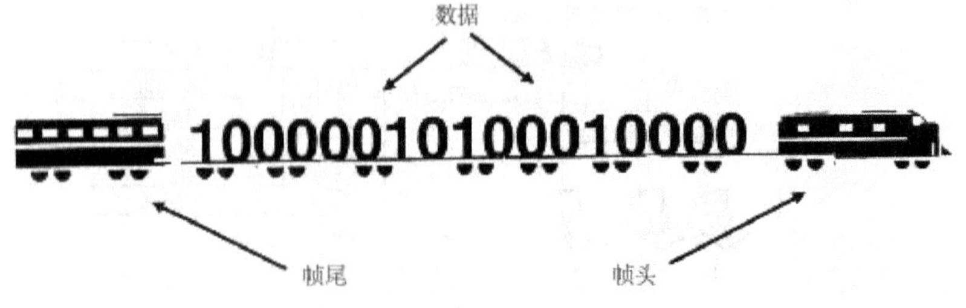

图 3-29　以太网帧

帧的起点称为帧头，帧头包含目地 MAC 地址。帧的终点称为帧尾，主要用于帧校验和纠错。

2. 帧的组成

数据帧的封装过程

帧是数据链路层的数据单元，包括 3 部分：帧头、数据部分、帧尾。其中，帧头和帧尾包含数据控制信息，如同步信息、地址信息、差错控制信息等，数据部分则包含网络层的 IP 数据包。以太网帧的基本格式如图 3-30 所示。

3. 帧的传输

为什么必须要把链路层的数据封装成帧?

因为在实际传输中，用户数据一般都比较大，有的可达到 MB 级，同时发送出去十分困难，于是就需要把数据分成许多小份，再按照一定的次序进行发送。以太网帧的大小，总是在一定范围内浮动，最大帧是 1518 字节，最小帧是 64 字节。

在实际应用中，帧的大小是由设备的最大传输单元（MTU），即设备每次能传输的最大字节数来确定的，如图 3-30 所示。

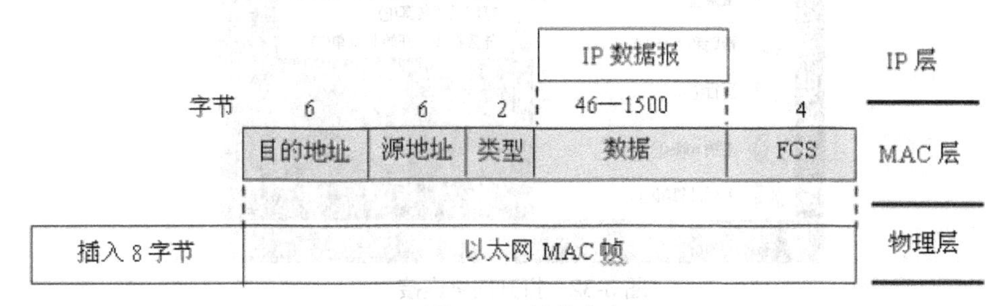

图 3-30 帧的大小

网络实践

网络实践 1：组建 SOHO 办公网络

【任务场景】

锐锋电子商务公司是一家童鞋网购公司，根据日常办公的需要要将所有电脑互联起来，组建 SOHO 办公网络，图 3-31 所示为 SOHO 办公网络的连接场景。

【设备清单】

集线器（一台）、计算机（≥两台）、双绞线（若干根）。

【工作过程】

步骤一：组网。

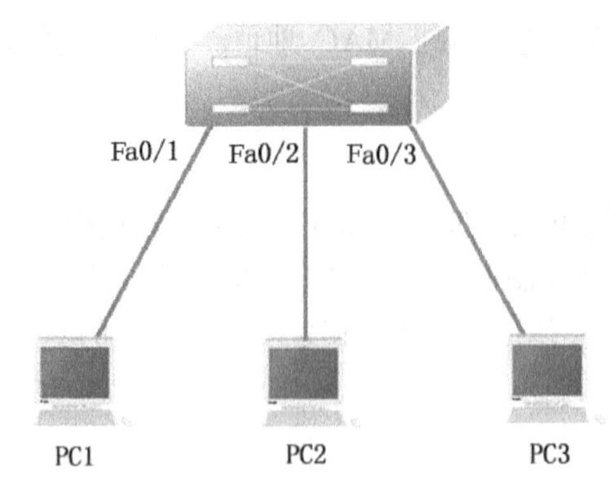

图 3-31　SOHO 办公网络的连接场景

按照图 3-31 所示的拓扑组建网络，给所有设备加电。

步骤二：配置 SOHO 网络。

（1）打开计算机的【开始】菜单，选择【设置】→【网络连接】，如图 3-32 所示。

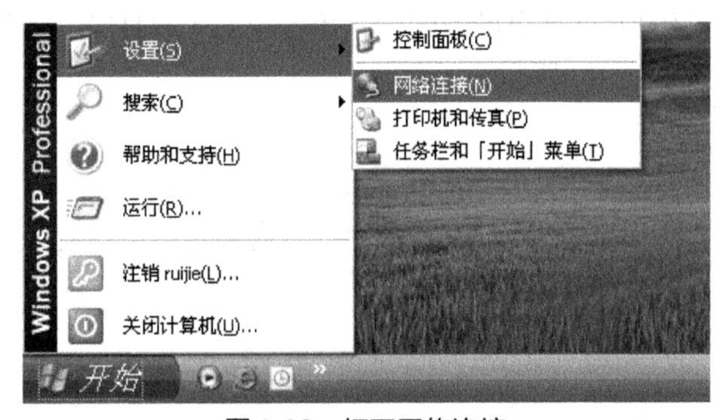

图 3-32　打开网络连接

（2）选择【本地连接】，右键单击，选择快捷菜单中的【属性】选项，如图 3-33 所示。

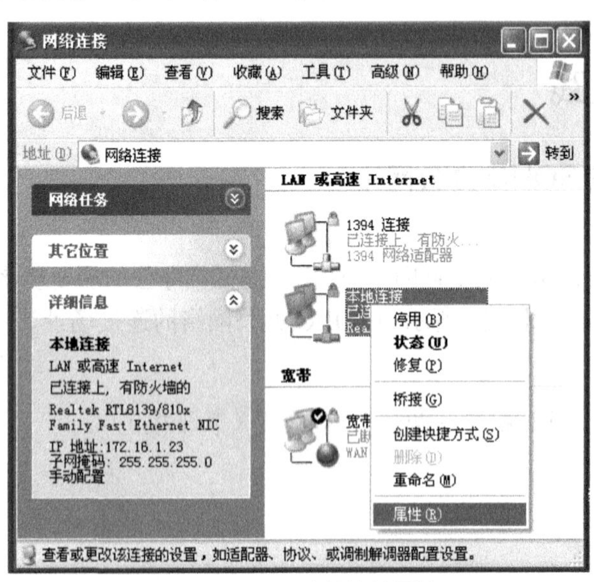

图 3-33　配置本地连接属性

（3）选择【常规】属性中【Internet 协议（TCP/IP）】选项，单击【属性】按钮，图 3-34 所示为配置计算机 IP 地址，地址规划如表 3-4 所示。

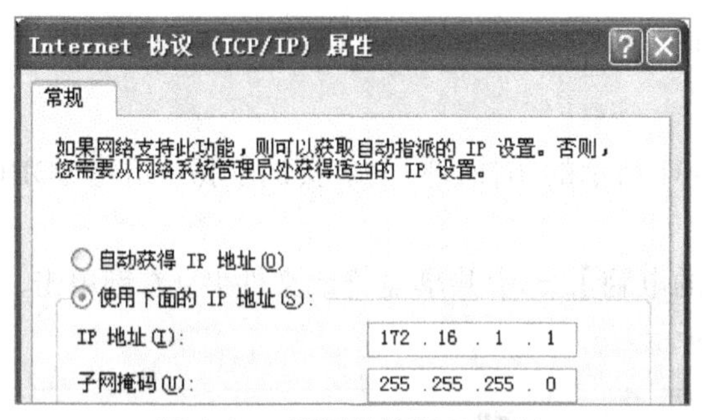

图 3-34　配置计算机 IP 地址

表 3-4　SOHO 办公网络的内部 IP 规划

设备	网络地址	子网掩码
PC1	172.16.1.2	255.255.255.0
PC2	172.16.1.3	255.255.255.0
PC3	172.16.1.4	255.255.255.0

步骤三：SOHO 办公网络测试。

打开计算机，选择【开始】→【运行】，输入【CMD】命令，转到命令操作状态。

输入【ping】命令，图 3-35 所示为测试网络联通状态。

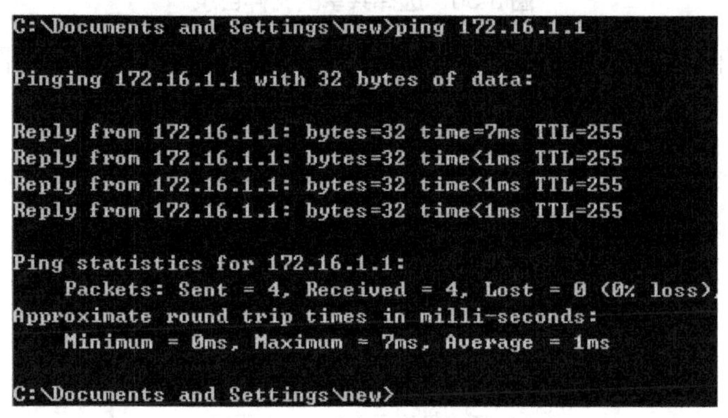

图 3-35　测试网络联通状态

网络实践

网络实践 2：共享 SOHO 办公网络

【任务场景】

锐锋电子商务公司组建 SOHO 办公网络，一方面是为了接入 Internet，另一方面是为了共享网络资源。图 3-31 所示为 SOHO 办公网络的连接场景，需要共享办公网络资源。

【设备清单】

集线器（一台）、计算机（≥两台）、双绞线（若干根）。

【工作过程】

步骤一：按照图 3-31 所示的拓扑，同上节实训步骤，组建 SOHO 办公网络，保证网络联通。

步骤二：打开【我的电脑】，选中共享盘符或文件夹，右键单击，选择快捷菜单中的【属性】选项，如图 3-36 所示。

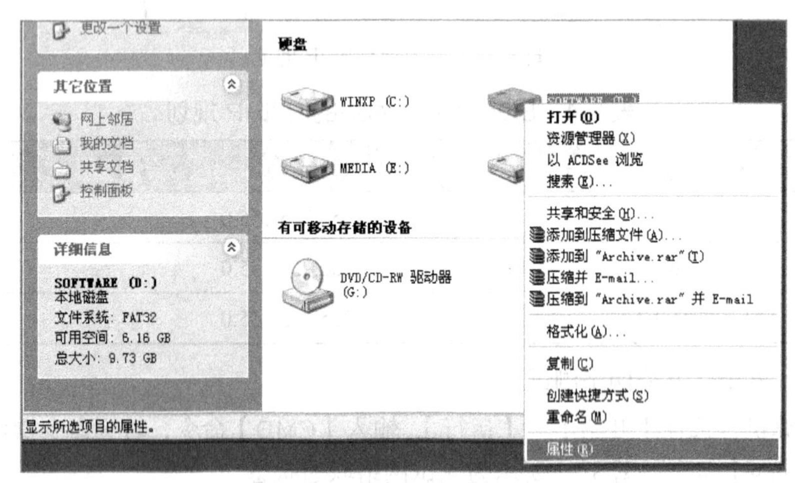

图 3-36　选择共享的文件目录

步骤三：打开【属性】对话框，选择对话框中的【共享】选项，如图 3-37 所示。

图 3-37 【共享】选项

步骤四：在【共享】栏，选择【网络共享和安全】区域，选中【在网络上共享这个文件夹】选项，如图 3-38 所示。

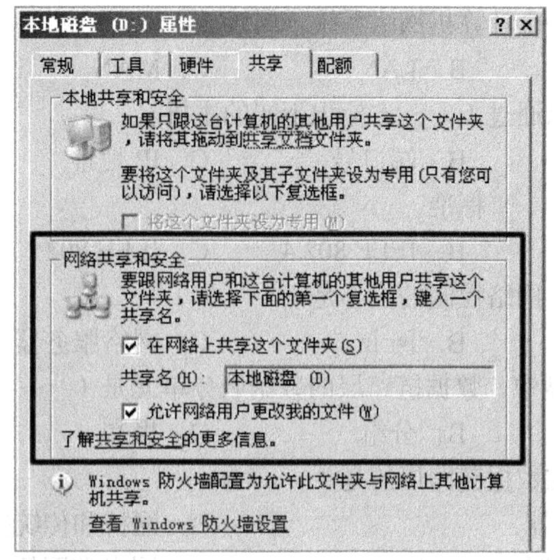

图 3-38　共享文件的参数配置

步骤五：完成共享设置后，在网络中其他计算机上，打开【网上邻居】，即可看到共享磁盘或文件夹。双击即可像在本地一样打开共享资源，如图 3-39 所示。

也可选择【网上邻居】中的【查看工作组计算机】，打开目标计算机，查看共享资源。

图 3-39　共享的网络资源

或在【网上邻居】窗口，直接输入【\\对方 IP】或【\\对方计算机名】，如【\\172.16.1.2】，也可看到设置的共享资源。

共享文件夹

认证测试

以下每道选择题中，都有一个或多个正确答案（最优答案），请选择出正确答案（最优答案）。

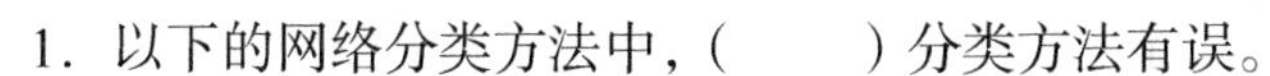

1．以下的网络分类方法中，（　　）分类方法有误。

A．局域网/广域网　　　　B．对等网/城域网

C．环状网/星状网　　　　D．有线网/无线网

2. 一座大楼内的一个计算机网络系统，属于（　　）。
   A. PAN　　B. LAN　　C. MAN　　D. WAN
3. 数据链路层可以通过（　　）标识不同的主机。
   A. 物理地址　　B. 端口号　　C. IP 地址　　D. 逻辑地址
4. 以太网采用（　　）标准。
   A. IEEE 802.3　　B. IEEE 802.4　　C. IEEE 802.5　　D. Token Ring
5. 对局域网来说，网络控制的核心是（　　）。
   A. 工作站　　B. 网卡　　C. 网络服务器　　D. 网络互联设备
6. 在 OSI 参考模型中，数据链路层的数据服务单元是（　　）。
   A. 比特序列　　B. 分组　　C. 报文　　D. 帧
7. 下列设备工作在数据链路层的是（　　）。
   A. 网桥和路由器　　B. 网桥和传统交换机
   C. 网关和路由器　　D. 网卡和网桥
8. 下面网络设备工作在 OSI 模型第二层的是（　　）。
   A. 集线器　　B. 交换机　　C. 路由器　　D. 网卡
9. 通常数据链路层交换的协议数据单元称为（　　）。
   A. 报文　　B. 帧　　C. 报文分组　　D. 比特
10. 在 10Base-2 以太网中，使用细同轴电缆作为传输介质，最大的网段长度是（　　）。
   A. 2000m　　B. 500m　　C. 185m　　D. 100m
11. 以下对局域网的性能影响最为重要的是（　　）。
   A. 拓扑　　B. 传输介质
   C. 介质访问控制方式　　D. 网络操作系统
12. CSMA/CD 网络中冲突会在（　　）时发生。
   A. 一个节点进行监听，没监听到什么东西
   B. 一个节点从网络上收到讯息
   C. 网络上某个节点有物理故障
   D. 两节点试图同时发送数据
13. 在以太网中，帧的长度有一个下限，这主要是出于（　　）方面的考虑。
   A. 载波监听　　B. 多点访问
   C. 冲突检测　　D. 提高网络带宽利用率
14. 在 IEEE 802.3 物理层标准中，10Base-T 标准采用的传输介质为（　　）。
   A. 双绞线　　B. 基带粗同轴电缆
   C. 光纤　　D. 基带细同轴电缆
15. 以太网使用的通信协议是（　　）。
   A. TCP/IP　　B. SPX/IPX　　C. CSMA/CD　　D. CSMA/CA
16. 局域网的典型特性是（　　）
   A. 高数据速率，大范围，高误码率　　B. 高数据速率，小范围，低误码率
   C. 低数据速率，小范围，低误码率　　D. 低数据速率，小范围，高误码率

17. IPv4 将 IP 地址划分为（　　）类。

A. 4　　B. 2　　C. 3　　D. 5

18. 屏蔽双绞线（STP）的最大传输距离是（　　）。

A. 100m　　B. 185m　　C. 500m　　D. 2000m

19. 对局域网来说，网络控制的核心是（　　）。

A. 工作站　　B. 网卡　　C. 网络服务器　　D. 网络互联设备

20. 局部地区通信网络简称局域网，英文缩写为（　　）。

A. WAN　　B. LAN　　C. SAN　　D. MAN

第 4 章 掌握 TCP/IP

计算机网络的建设和维护是一个非常复杂的系统工程，为了直观地说明其中的工作机制，人们通过建立网络模型，使用分层原理，形象地描绘计算机网络的组成体系。

常见的计算机网络模型有 OSI 网络互联模型、TCP/IP 互联网模型和 IEEE 802 局域网模型。其中，TCP/IP 是互联网通信基础协议，规范了网络中的所有通信设备之间的数据通信方式。

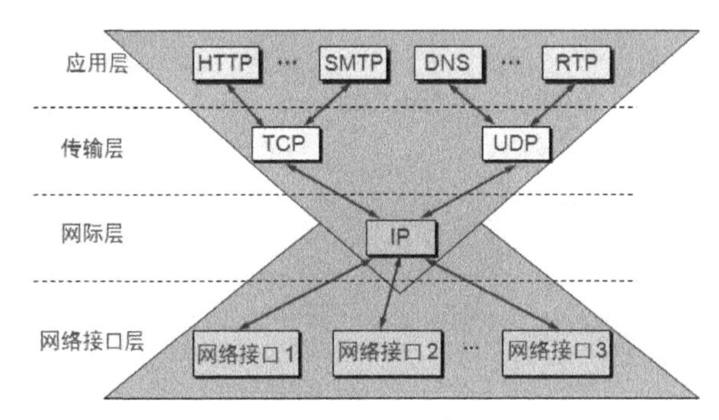

本章主要了解和掌握 TCP/IP 知识，为后续网络组网打下扎实的基础。

- 了解 OSI 网络参考模型
- 掌握 TCP/IP 参考模型
- 详细了解 TCP/IP 各层协议
- 学会使用 IP 地址
- 熟悉 Wireshark 协议分析工具软件

4.1 网络体系结构介绍

为了减少网络设计的复杂性，大多数网络都采用分层设计方法。

所谓分层设计方法，就是按照信息的流动过程，将网络分解为一个个功能模块，同等功能层之间采用相同的传输协议，相邻功能层之间通过接口进行信息传递，如图 4-1 所示。

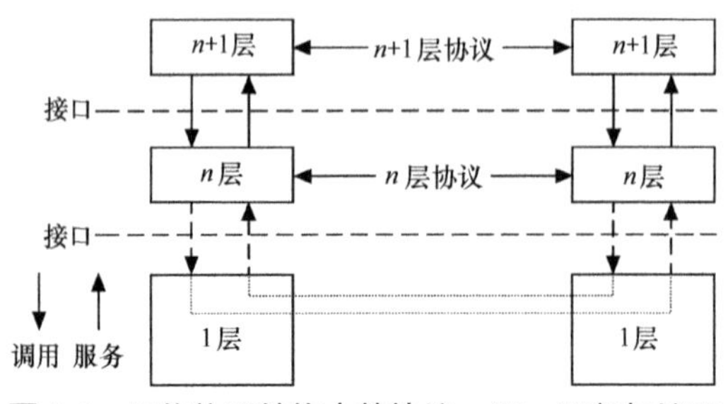

图 4-1 网络体系结构中的协议、层、服务与接口

图4-2所示为网络体系结构中主流的OSI、IEEE 802、TCP/IP分层模型，每一个协议的分层结构模块，以及它们之间的相关关系。

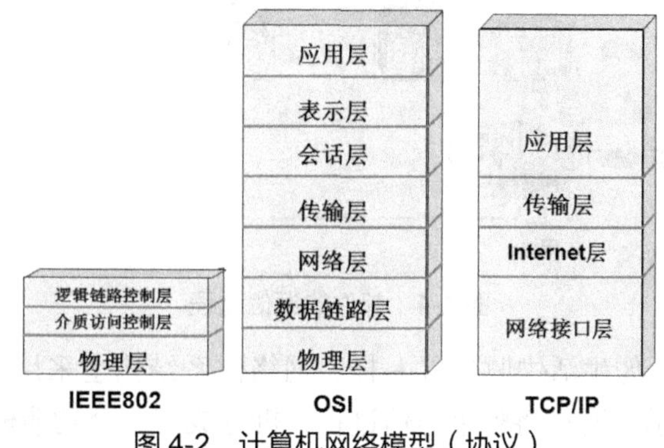

图4-2 计算机网络模型（协议）

1. 什么是网络体系结构

为了完成网络中计算机之间的通信合作，网络体系结构把网络功能分成明确层次，规定相同层次之间通信的规则（协议），以及上下相邻层之间的服务（接口）标准。

网络中同等层之间的通信规则就是该层的协议，如有关第 n 层的通信规则的集合，就是第 n 层协议。而上下功能层之间的通信规则称为接口，在第 n 层和第（n+1）层之间的接口称为 n/（n+1）层接口，如图4-3所示。

其中，协议是不同设备的同等层之间的通信约定，而接口是同一台设备相邻层之间的服务约定。这些层、同等层通信的协议、相邻层的接口统称为网络体系结构。

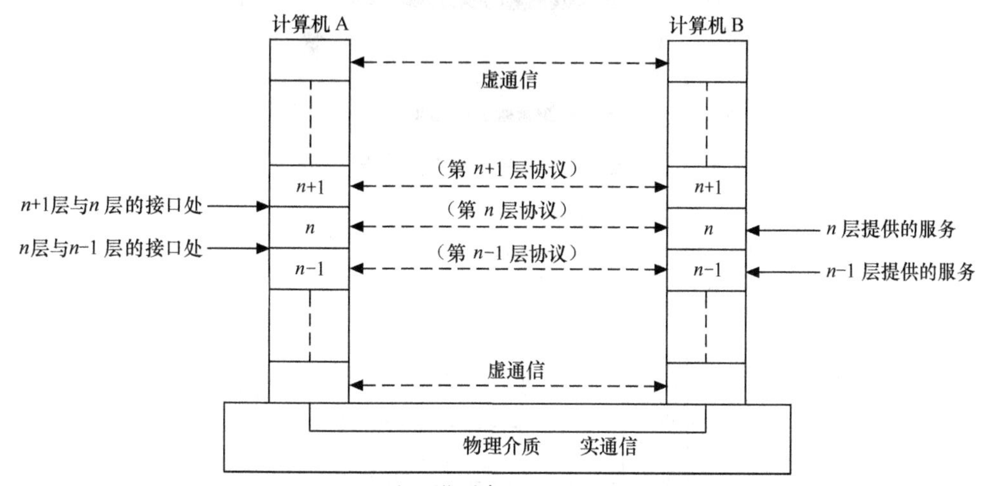

图4-3 分层模型中的层、接口和协议

网络通信是一个复杂的过程，为了把抽象的网络通信过程直观地描述出来，图4-4所示为邮件的通信过程，各人可承担不同的工作，来处理若干个通信子过程。

首先，写好信，装入信封，在信封外写收件人地址、收件姓名、发件地址、发件姓名。然后，邮递开始（数据封装完成，确定源地址和目的地址，建立起一个连接），把信投递到邮局进行邮递。

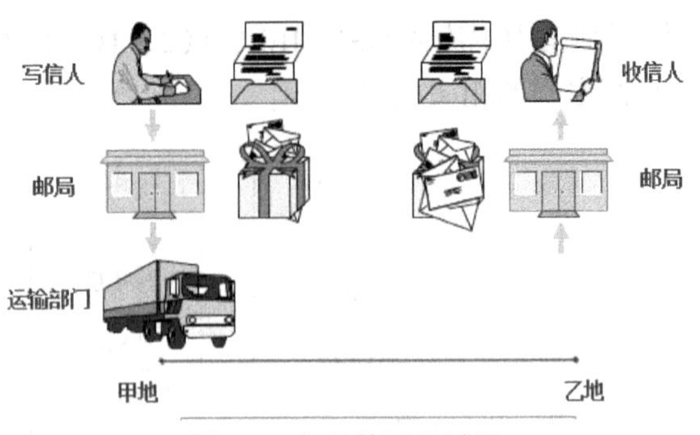

图 4-4　邮件的通信过程

生活中的翻译通信过程

像生活中收信件一样，网络体系结构也采用层次化结构，如图 4-5 所示。通过将整个通信过程，拆分成若干个功能模块，每个层次功能模块都承担通信过程中的一部分任务，从而简化网络中的通信任务。

通信过程中，每一个底层模块，又向上层提供服务。通信过程中对等层之间使用统一的通信规则（也称为协议），上下层之间使用标准化的接口，下一层为上一层提供服务，如图 4-6 所示。

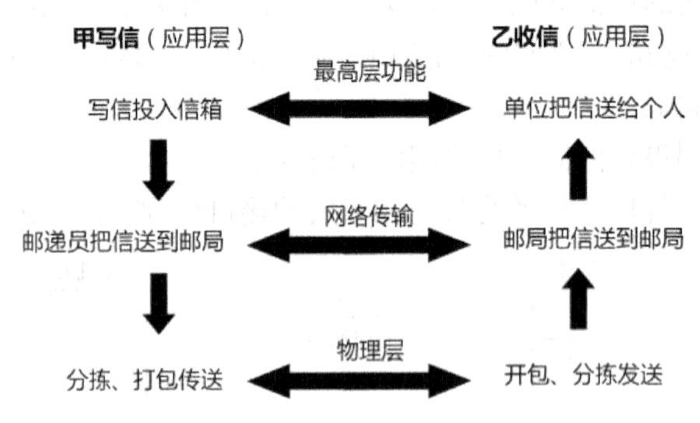

图 4-5　邮件分层通信流程

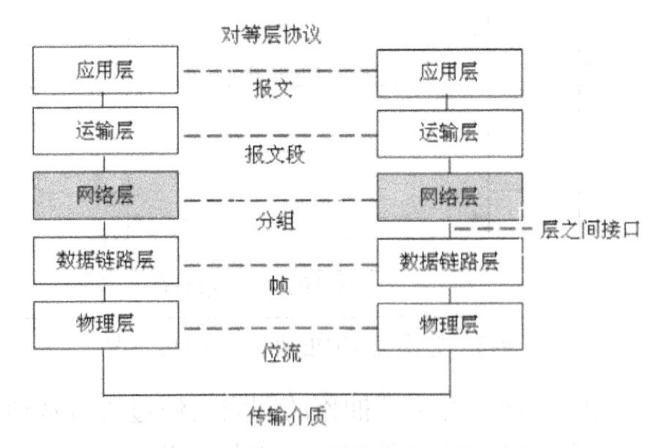

图 4-6　网络体系结构中各层的形态

2. 网络体系结构组成

网络体系由分层、协议、接口、服务等几个要素组成，各部分内容如图 4-7 所示。

分层：把通信过程划分成不同的模块，每个模块承担通信中的一部分功能。

协议：网络设备互相遵守的通信规则就是网络协议（Network Protocol）。协议规范了互相连接的网络中通信数据的表示，数据的发送，以及数据的接收，反映了两个实体之间的通信关系。

接口：通信中相邻两层之间互相连接的标准。

服务：通信中相邻两层之间的关系，通信的下一个过程为上一个过程提供支持。

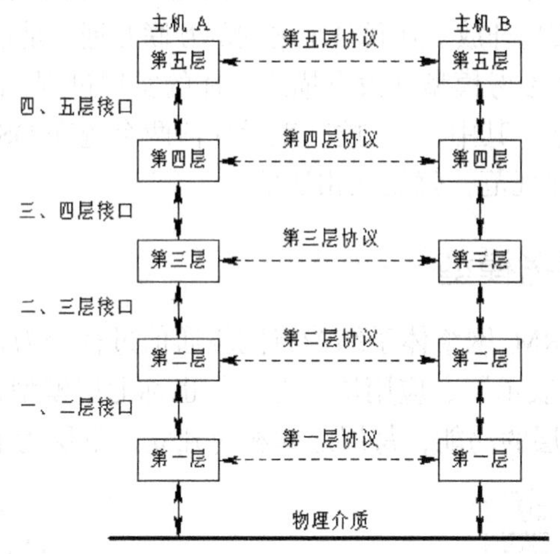

图 4-7　网络体系中的层、接口、协议和服务

3. 分层设计优点

图 4-8 所示为采用分层方式说明 OSI 参考模型体系结构中各模块之间的组成关系，以及各个功能模块承担的整体通信中的功能。

分层模型中的层、接口和协议

在网络通信中，使用分层设计的优点是：

- 允许不同类型的硬件之间通信；
- 使网络通信过程中各个环节标准化，不同厂商生产不同层的网络产品；
- 某层功能改动时，不会影响其他层的功能。

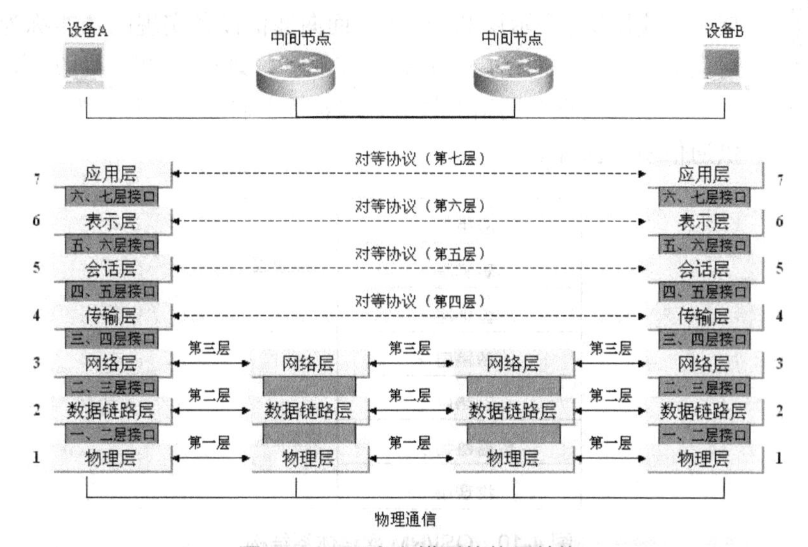

图 4-8　OSI 参考模型的体系结构

4.2 网络体系结构的发展历史

世界上第一个网络体系结构是 IBM 于 1974 年提出的 SNA 网络体系结构，此外还有 DECnet 的 Digital 网络体系结构（DNA）、ISO 的 OSI/RM 参考模型。

七层模型

其中，开放系统互联 OSI/RM（Open System Interconnection）模型，由国际标准化组织（ISO）在 20 世纪 80 年代规范，旨在保证所有网络互相兼容，实现开放、互联系统之间的互联互通，是最为经典的网络体系结构。

OSI 参考模型并没有描述具体的实现过程，而是一个为制定标准而提供的框架。其中，“开放”表示任何两个遵守 OSI 模型和有关标准的系统只要遵守规范，就能互相通信。

4.3 OSI 网络参考模型

根据网络功能，OSI/RM 网络体系结构将网络通信过程分为物理层、数据链路层、网络层、传输层、会话层、表示层、应用层共七层，也称七层模型，如图 4-9 所示。

OSI 模型阐述了每一层的功能，每层之间相对独立，下层为上层提供服务。

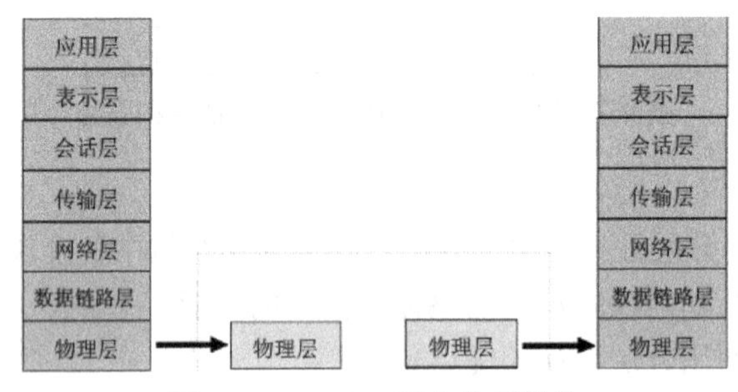

图 4-9　OSI/RM 网络体系结构

OSI

根据通信功能，整个网络分为数据处理模块（资源子网）和数据传输模块（通信子网）。其中，面向用户实现的功能称为数据处理，对应上三层——应用层、表示层和会话层。面向通信设备实现的功能称为数据传输，对应下三层——网络层、数据链路层和物理层，如图 4-10 所示。

传输层是整个网络的核心，起着承上启下的工作，为全部通信过程提供通信质量保证。

层次	功能
应用层	数据处理
表示层	
会话层	
传输层	
网络层	数据传输
数据链路层	
物理层	

图 4-10　OSI/RM 网络体系结构

1. OSI模型上三层功能介绍

（1）应用层（Application Layer）（第七层）

应用层为应用程序提供接口，使得应用程序能够使用网络服务，如图4-11所示。

应用层直接面对用户的具体应用，包含应用程序执行通信任务所需要的协议，如电子邮件、文件传输、万维网服务等。

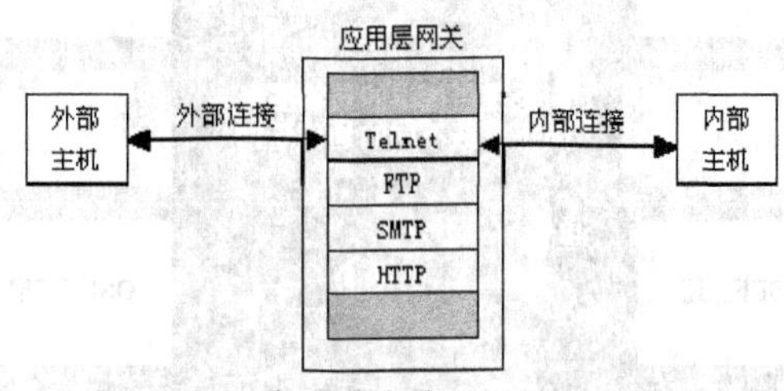

图4-11　应用层为应用程序提供接口

（2）表示层（Presentation Layer）（第六层）

表示层考虑的是两个通信系统之间交换信息的语法和语义，数据管理的表示方式等，如文本的ASCII表示形式。如果通信双方用不同的数据表示方法，就不能互相通信。

表示层的功能有数据解码和编码、数据语法转换、数据语法表示、表示连接管理、数据加密和数据压缩，图4-12所示为表示层为应用程序提供表示方法。

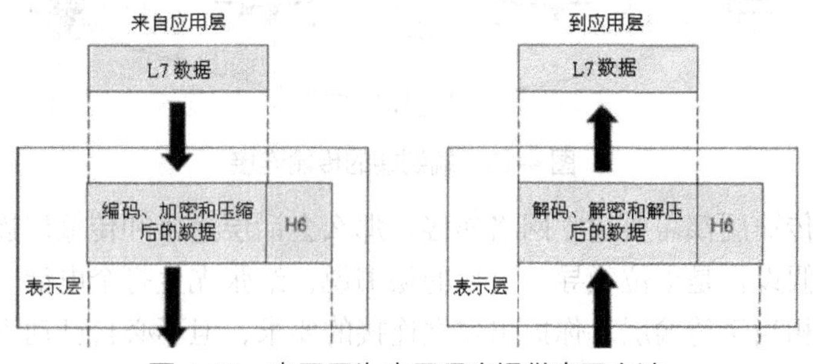

图4-12　表示层为应用程序提供表示方法

（3）会话层（Session Layer）（第五层）

会话层在两个节点间建立、维护和释放面向用户的连接，并对会话进行管理和控制，保证会话数据的可靠传送。

会话层的作用主要是在网络中不同用户、节点之间建立和维护通信通道，同步两个节点之间的会话，决定通信是否被中断，以及中断时决定从何处重新发送，图4-13所示为节点之间的会话连接。

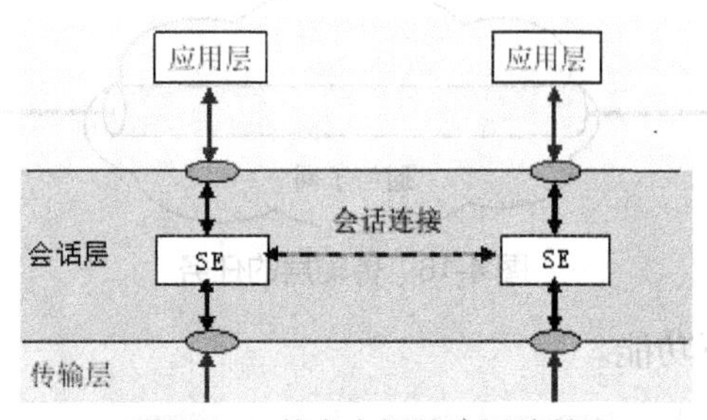

图4-13　节点之间的会话连接

2. OSI模型传输层和下三层功能介绍

（1）传输层（Transport Layer）（第四层）

传输层位于第四层，是承上启下的一层，是OSI模型中重要的一层，如图4-14所示。

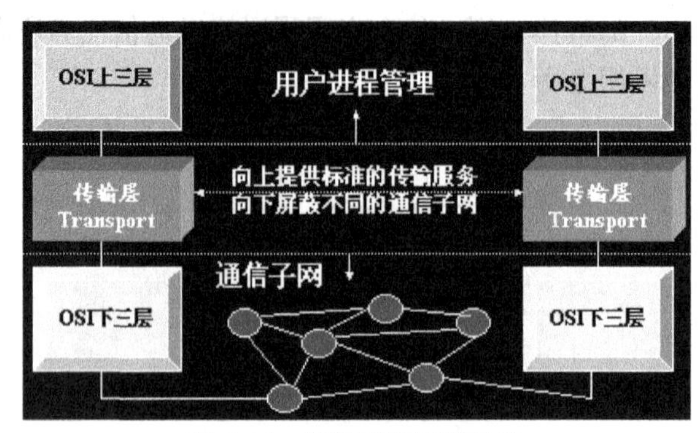

图4-14　传输层的重要地位

传输层负责将报文准确、可靠、顺序地进行从源端到目的端（端到端，end-to-end）的传输。如图4-15所示，这两个节点可以在同一子网中，也可以在不同子网中。

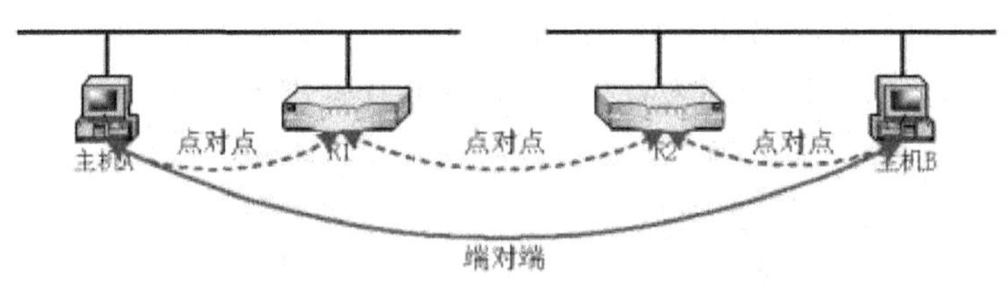

图4-15　端到端的传输连接

在会话层和传输层都需要建立网络连接，那么会话层连接和传输层连接有什么区别？

在生活中，假设你是单位领导，对你的秘书说，给张先生打个电话。这时，你相当于会话层，而秘书相当于传输层。你提出建立连接的要求，但不必自己动手查找电话号码、拨号，该项请求就相当于请求1个会话。

接下来，秘书开始打电话，建立传输连接。当拨号成功，对方拎起话筒，传输连接建立起来。然后，你接过电话，此时会话层（连接）建立成功。

传输层解决数据在网络之间的传输质量，提升网络层的服务质量，提供可靠的端到端的传输，如图4-16所示。

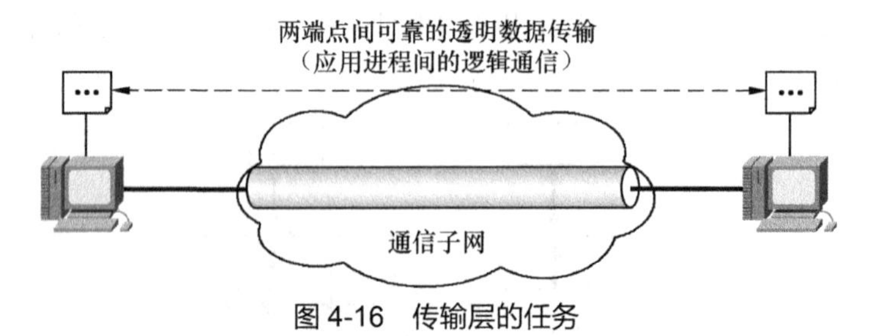

图4-16　传输层的任务

传输层主要负责以下功能。

- 服务点编址

计算机在同一时间运行多个程序，需要标明从某台计算机上的特定进程，传输到另一台计算机上的特定进程，这个特定进程就叫作端口地址，如图4-17所示。

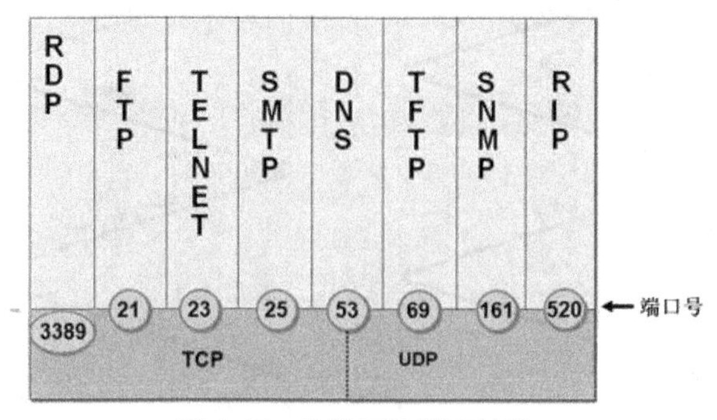

图4-17 传输层的端口地址

- 分段与重组

首先，传输层根据网络处理能力，把一些大的数据包，分割成小的数据单元，如图4-18所示，一个大的报文要分成若干个传输报文段。

然后，为每个数据单元（也称数据片）分配一个序列号，保证数据单元到达接收方时，能够正确地排序、重组。

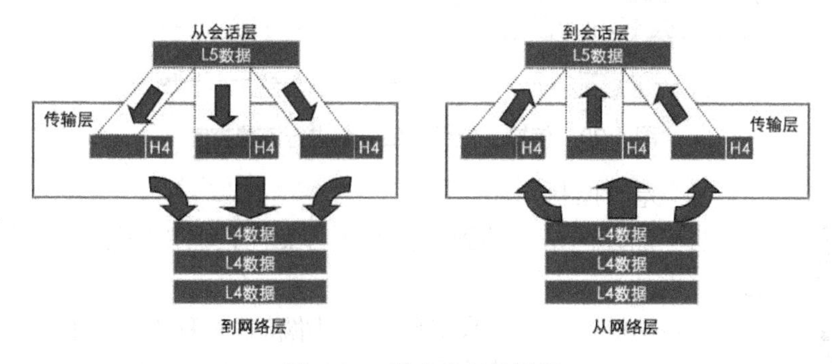

图4-18 报文分段与重组

- 连接控制

传输层可以是无连接的传输，也可以是面向连接的传输。无连接的传输将每个报文看成是独立的数据报，直接传给目的机器传输层。

面向连接的传输在发送之前，先和目的机器传输层建立一条连接，如同生活中两个人之间交流，需要通过多次确认完成沟通。面向连接的通信也需要通过三次握手建立通信连接，等全部数据传送完成后，连接才被释放，如图4-19所示。

- 流量控制

如果接收端设备接收数据的速率小于发送端设备发送数据的速率，那么可能因过载而无法工作。图4-20所示为传输层使用窗口工作机制，控制端对端的传输流量。

传输层在端到端的连接基础上，实现通信过程中的流量限制。

传输层通过三次握手方式建立连接

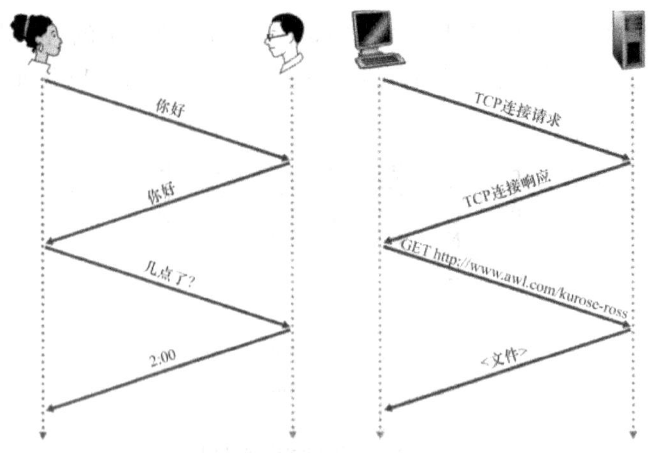

图 4-19　传输层通过三次握手方式建立连接

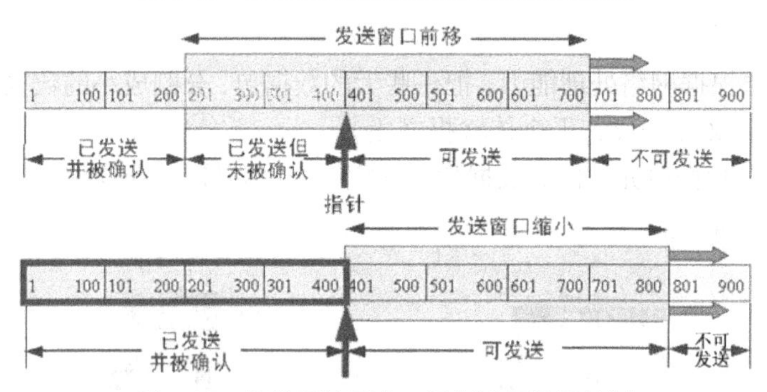

图 4-20　传输层使用窗口机制进行流量控制

- 差错控制

滑动窗口

为了加强网络中端到端传输的可靠性，在传输层上还增加了纠错功能。

纠错功能通过重传来实现。在网络传输过程中，如果接收方正确接收到信息，那么接收方的传输层会发送 1 个 ACK（应答）来通知发送方，如图 4-21 所示。

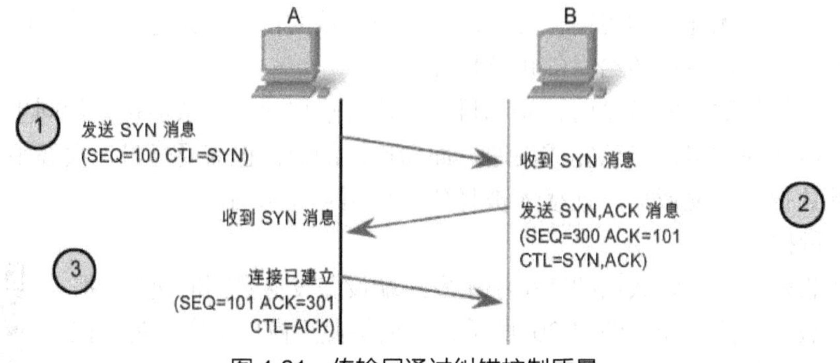

图 4-21　传输层通过纠错控制质量

如果出现了错误，接收方的传输层也会发消息给发送方，要求重新发送数据。如果发送方设备发送的数据在一定时间内没有被应答，发送方设备的传输层会认为数据已经丢失，需要重新发送数据。

（2）网络层（Network Layer）（第三层）

TCP 建立和释放过程

网络层将数据包从源发送端传输到目的端，这可能要跨越多个网络。

传输层负责将完整的数据报文在传输过程中实现端到端连接，而网络层则需要确保每一个数据分组包能够从源端传输到目的端，如图 4-22 所示。

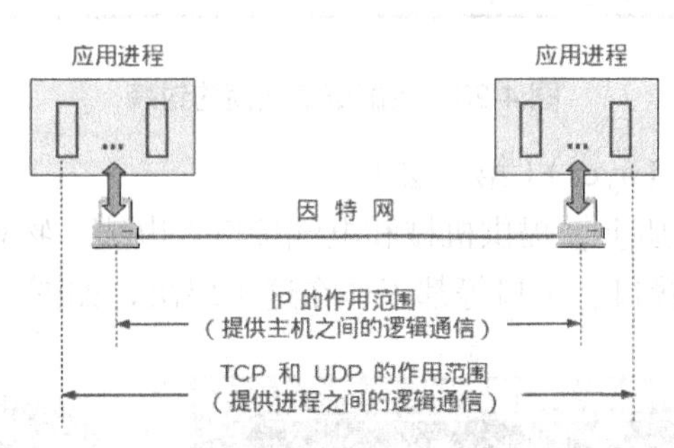

图 4-22 网络层和传输层负责通信的范围

如果两台设备连接在同一个子网中（局域网），那么就不需要网络层。如果两台设备连接在不同的子网中，那么就需要网络层来完成从源端到目的端的传输，如图 4-23 所示。

数据在网络层的封装

网络层的主要功能是提供网络通信路由，即选择到达目标主机的最佳路径，并沿该路径传送数据。除此之外，网络层还有消除网络拥挤、流量控制和阻塞控制等能力。图 4-24 所示为工作在网络层的路由器提供网络路由功能。

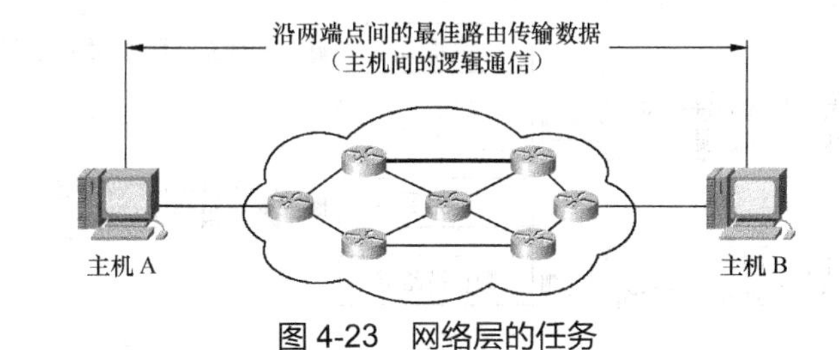

图 4-23 网络层的任务

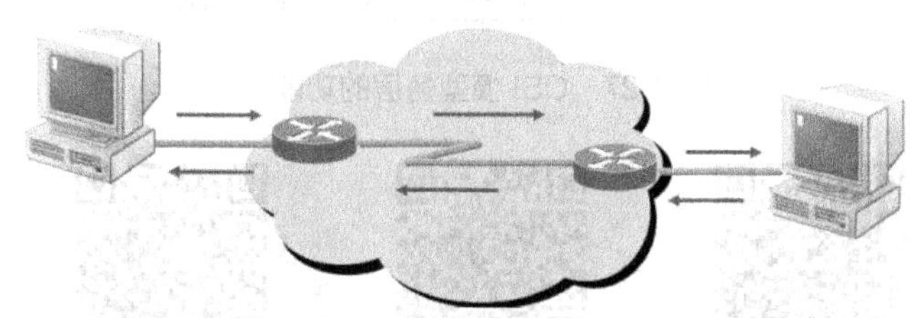
图 4-24 路由器连接在不同的子网设备

（3）数据链路层（Data Link Layer）（第二层）

数据链路层建立在物理网络传输的基础上，以帧为单位传输数据。数据链路层的主要任务是进行数据帧封装，数据链路建立与释放，顺序和流量控制，差错检测和恢复等，如图 4-25 所示。

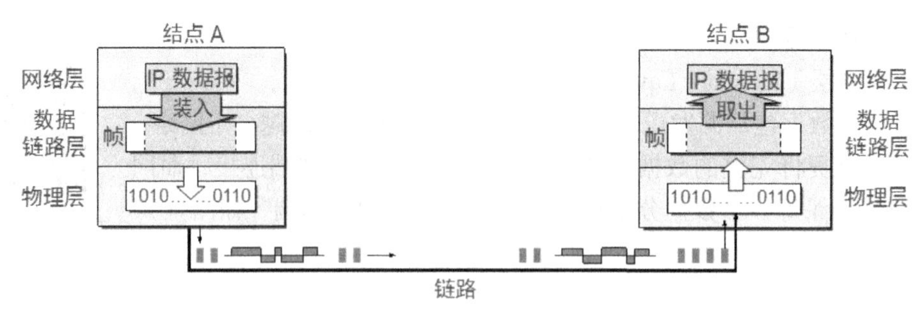

图 4-25　数据链路层帧的封装

（4）物理层（Physics Layer）（第一层）

物理层在物理传输介质上，提供机械和电气接口。电缆、物理端口和附属设备，如双绞线、同轴电缆、RJ-45 接口、串口等都工作在这个层次，如图 4-26 所示。

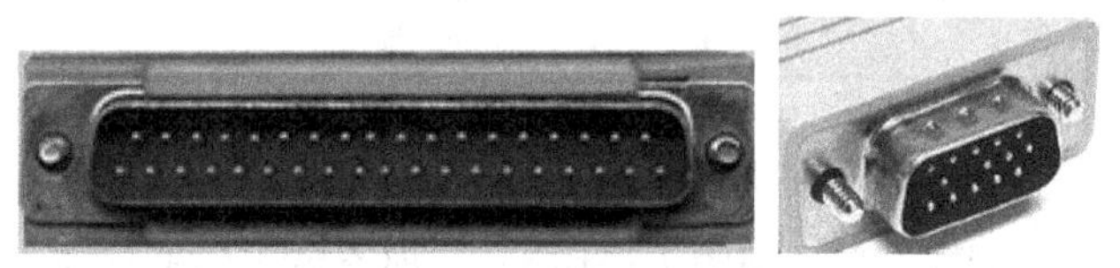

图 4-26　物理层的传输接口

以上简单介绍了 OSI 模型的七层内容，并对各层的功能进行了简单介绍，图 4-27 所示为用一句话总结各层的功能。

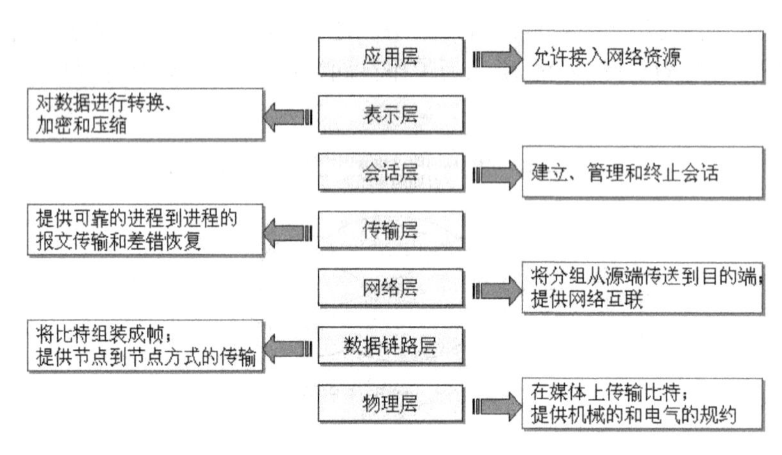

图 4-27　OSI 模型各层的功能

数据链路层帧的封装

数据在物理层的封装

数据在各层之间的传递

3．数据传输的封装及拆封机制

数据在网络传输的过程中，在各层传输之前，均被附加一些该层的控制信息，这个过程称为数据封装。

接收数据时，分别在其对应层清除掉对方层添加的各种传输控制信息，把封装的信息还原出来，这个过程称为拆封。图 4-28 所示为数据在 OSI 模型中的封装及拆封过程。

OSI 模型中的数据封装过程

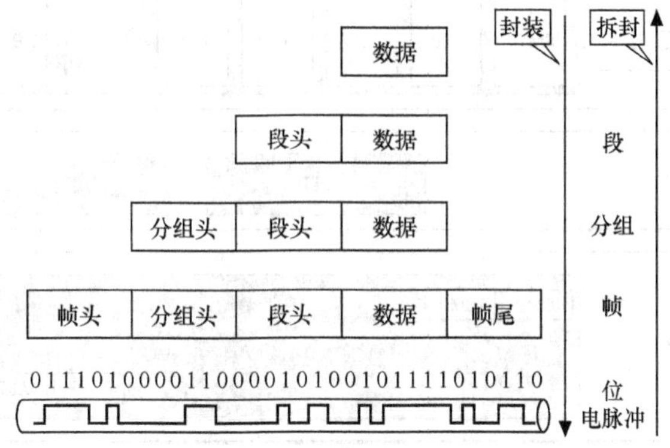

图 4-28 数据的封装及拆封过程

4.4 TCP/IP 参考模型

1. 什么是 TCP/IP

TCP/IP 得名于两个最重要的协议：传输控制协议（Transmission Control Protocol，TCP）和网际协议（Internet Protocol，IP）。TCP/IP 由美国国防部在 20 世纪 60 年代末为 ARPAnet 开发，后随 Internet 的发展成为网络互联工业标准。

2. TCP/IP 分层内容

OSI 协议课程综述

TCP/IP 和 OSI 协议一样，也采用分层结构，如图 4-29 所示，TCP/IP 将 OSI 协议中的应用层、表示层、会话层三层统一整合成应用层，从而使数据表示、会话建立和应用软件更紧密地结合起来，使通信中的数据处理部分更集中，也更实用和简单。

虽然从名字上看 TCP/IP 只包括两个协议，即 TCP 和 IP，但 TCP/IP 实际上是一组协议，包括上百个各种功能的协议，如远程登录、文件传输和电子邮件等。

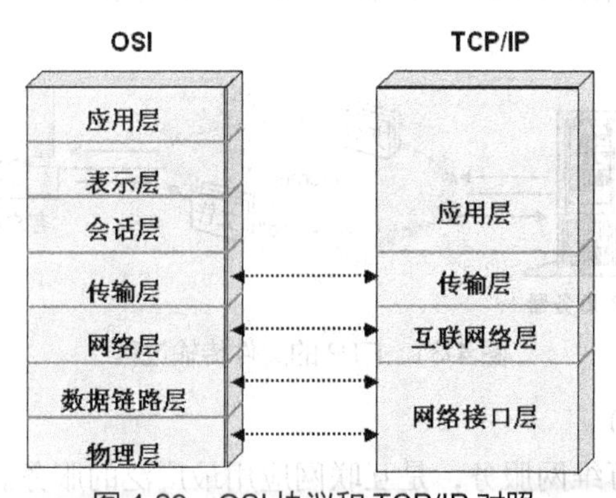

图 4-29 OSI 协议和 TCP/IP 对照

4.5 TCP/IP 各层协议介绍

在 TCP/IP 协议族中，每一种协议负责网络通信中的一部分工作，为网络中的数据传输提供一部分服务功能，从而使得 TCP/IP 协议族能协调统一工作，如图 4-30 所示。

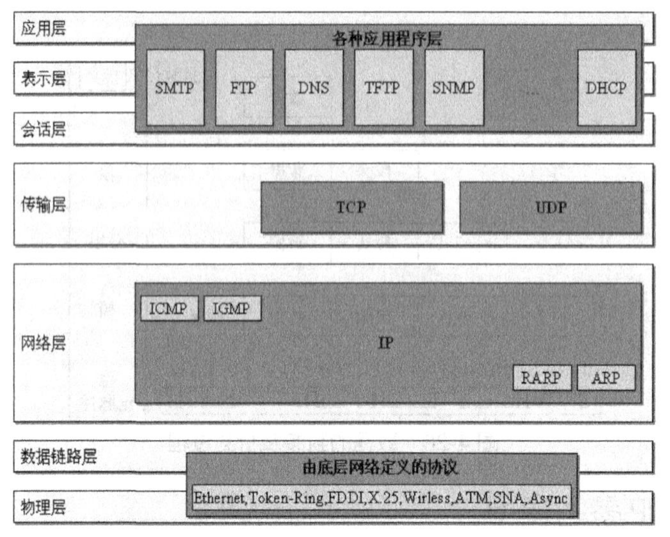

图 4-30　TCP/IP 协议族

1．应用层

应用层相当于 OSI 参考模型中应用层、表示层和会话层的综合，是面向用户的使用层，为终端用户提供使用网络的服务，如远程登录（Telnet）、文件传输（FTP）、电子邮件（SMTP、POP3）、WWW（HTTP）等。

（1）远程登录（Telnet）

FTP 访问服务器

登录到远程计算机进行信息访问。用户首先要在本地终端上使用 Telnet 协议与远程主机之间建立 TCP 连接，连接建立并完成登录后，用户开始向远程主机发送命令，并阅读远程主机的屏幕。

（2）文件传输（FTP）

FTP 可以把文件上传，也可以从网上下载应用程序，通过 FTP 为用户提供下载任务的软件站点称为 FTP 服务器，如图 4-31 所示。

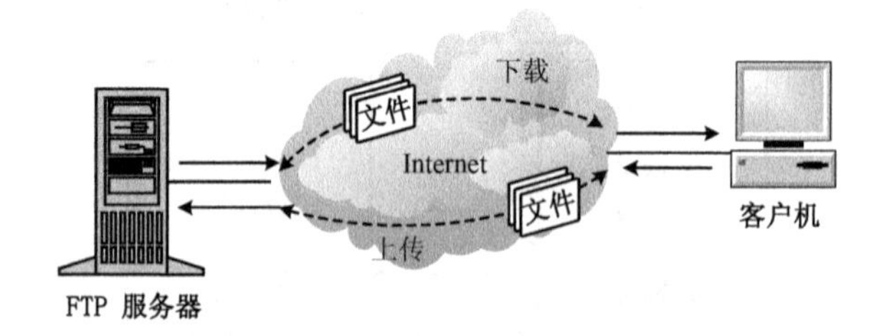

图 4-31　FTP 的文件传输过程

（3）WWW（HTTP）

WWW 服务也称为万维网服务，是互联网应用最广泛的服务。WWW 服务通过浏览器

（如 IE）为用户提供上网服务。WWW 服务使用超文本链接（HTML）技术，可以很方便地从一个信息页跳转到另一个信息页，如图 4-32 所示。

WWW 的工作过程

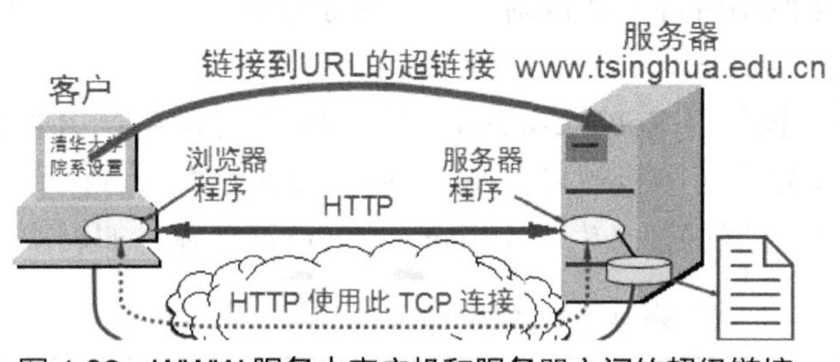

图 4-32 WWW 服务中客户机和服务器之间的超级链接

（4）电子邮件（SMTP、POP3）

电子邮件服务包含邮件发送和邮件接收两个过程，分别由 SMTP 和 POP3 完成。其中，SMTP 负责发送邮件和存储邮件，POP3 负责将邮件通过 SLIP/PPP 进行连接，传送到用户计算机上，如图 4-33 所示。

电子邮件的通信原理

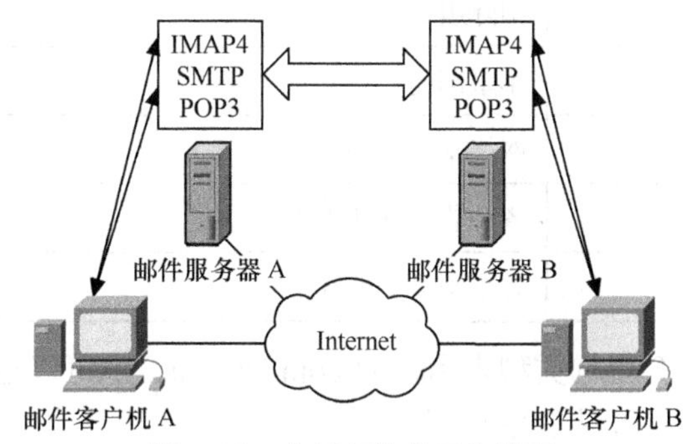

图 4-33 电子邮件的工作原理

（5）动态主机配置协议（DHCP）

该协议允许一台计算机加入新的网络时能自动获取到 IP 地址。DHCP 使用客户/服务器方式，当一台计算机启动时就广播一个 DHCP 地址请求报文，DHCP 服务器收到请求报文后，就从地址池中返回一个 DHCP 回答报文。

DHCP 服务器先在其数据库中查找该计算机的配置信息。若找到，则返回找到的信息。若找不到，则从地址库中取一个地址分配给该计算机，如图 4-34 所示。

DHCP 服务获取 IP 地址

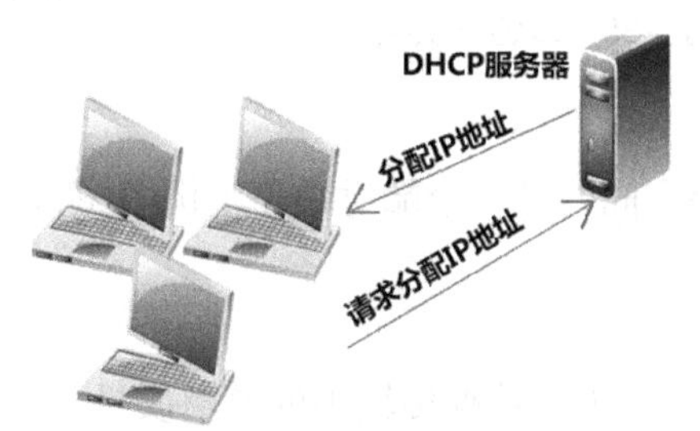

图 4-34 客户机使用 DHCP 服务向服务器请求地址

（6）域名系统（DNS）

DNS 解析域名地址

DNS 协议的主要功能是将易于记忆的域名与 IP 地址进行转换。DNS 域名系统是网络资源命名机制，该系统将网络名称分类，形成 Internet 名称数据库。

其中，根域（Root Domain）位于域结构顶层，互联网信息中心（InterNIC）定义了顶级域名：gov/政府，edu/教育，com/商业，Mil/军队，org/组织……这些顶级域名由互联网信息中心（InterNIC）负责管理，如表 4-1 所示。

表 4-1 顶级域名

顶级域名	域名类型
com	商业组织
edu	教育机构
gov	政府部门
int	国际组织
mil	军事部门
net	网络支持中心
org	各种非营利性组织
国家代码	各个国家和地区

在根域下是顶级域，可用一个机构类型表示，如 com 或 edu，也可以是国家双字母代号，从国名中提取，如 uk 或 cn，如图 4-35 所示。

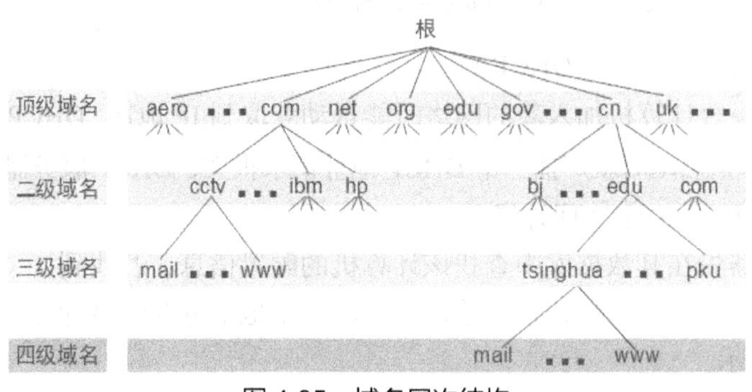

图 4-35 域名层次结构

2. 传输层

传输层位于通信子网和资源子层之间，是一个端对端（主机-主机）层。在 TCP/IP 协议中起到承上启下的作用。

（1）传输层功能

传输层是 TCP/IP 中最关键的一层，负责数据传输中的通信质量，其主要目的如下。

首先，为通信双方提供可靠的端到端通信。

其次，向应用层提供独立于网络的传输服务，如图 4-36 所示。

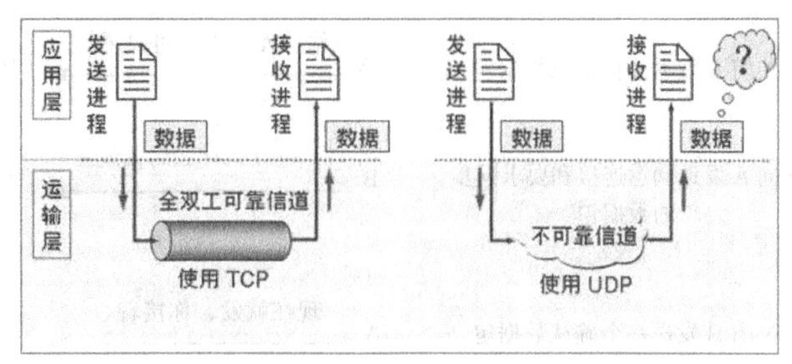

图 4-36　传输层提供独立于网络的传输服务

传输层为应用层提供服务，把应用层处理好的数据流，分割成在网络中传输的数据段（Segment）。在分割的数据段段前和段后，添加可以被其他设备识别的控制信息，完成数据封装，如分段重组序号、出错提示信息、接收确认方法等控制信息。

DNS 解析域名地址过程

最后，在通信双方建立的端到端链路上实现可靠传输，如图 4-37 所示。

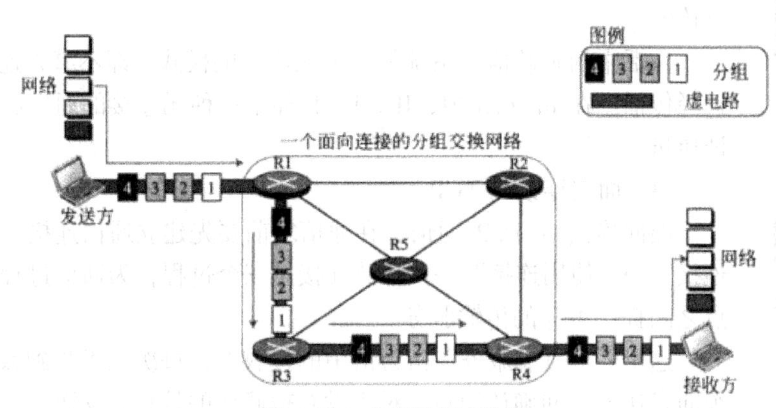

图 4-37　分组数据流传输

（2）传输连接服务

传输层是整个网络通信中的质量控制层，为了帮助数据在复杂的网络中准确传输不出差错，根据不同传输内容的需求，提供两种传输服务：面向连接通信（TCP）和面向无连接通信（UDP），如图 4-38 所示。

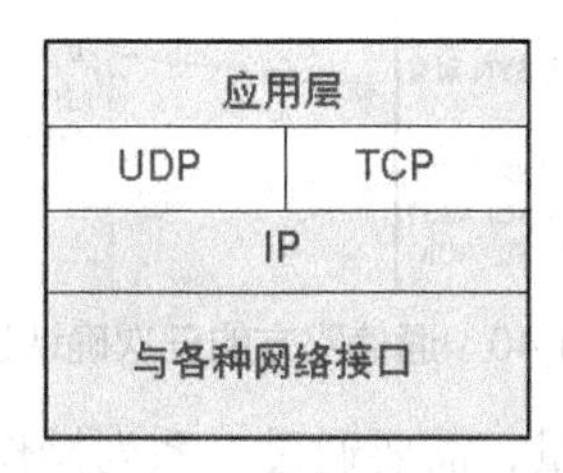

图 4-38　两种不同的传输连接

- 面向连接

面向连接通信指通信双方在通信过程中要建立一条虚拟通信链路。完整的通信由三个过程组成：建立连接、使用连接和释放连接，如图 4-39 所示。

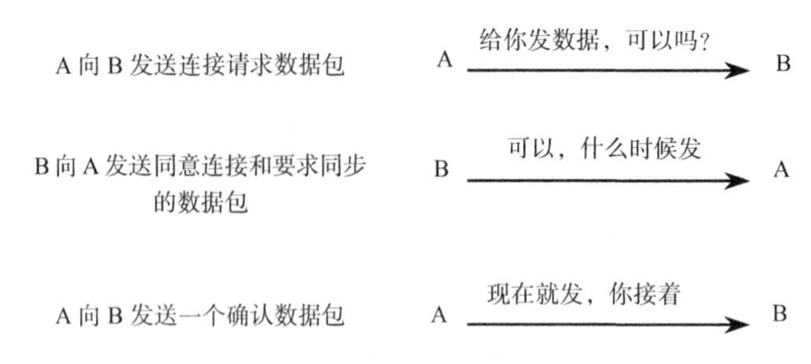

图 4-39　面向连接的三次通信过程

生活中的电话系统是一个经典的面向连接的通信模式，分别为拨号、通话、挂机。在 Internet 中，TCP 是重要的面向连接的通信协议，能够保证质量及可靠传输。

● 面向无连接

面向连接的分组数据流传输

面向无连接指通信双方不需要事先建立一条虚拟的通信链路，而是把每个带有目的地址的报文分组传输到通信链路上，由系统自主选定路线进行传输。

生活中的邮政信件系统是一个无连接的模式，即不事先连接，随机性选择传播。在 Internet 中，IP、UDP 都是一种无连接的通信协议，不能保证质量。

（3）面向连接的 TCP

面向连接和面向无连接的通信过程

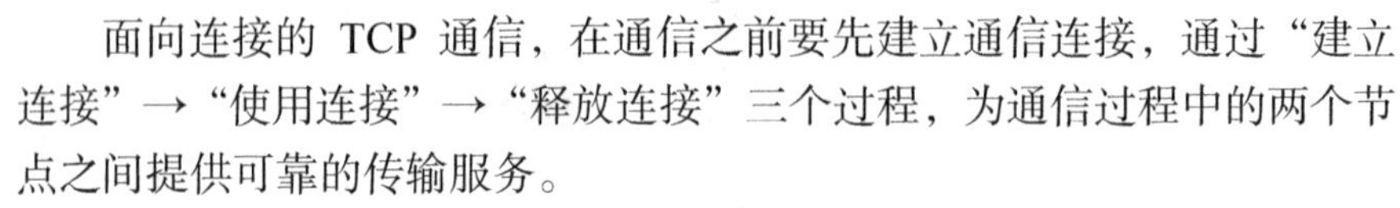

面向连接的 TCP 通信，在通信之前要先建立通信连接，通过“建立连接”→“使用连接”→“释放连接”三个过程，为通信过程中的两个节点之间提供可靠的传输服务。

这里的“可靠服务”指通信中的接收方，每次正确收到数据包后，必须向发送方返回确认消息；对于没有被确认的信息，发送方会再次向接收方传送，图 4-40 所示为通信双方的三次确认过程。

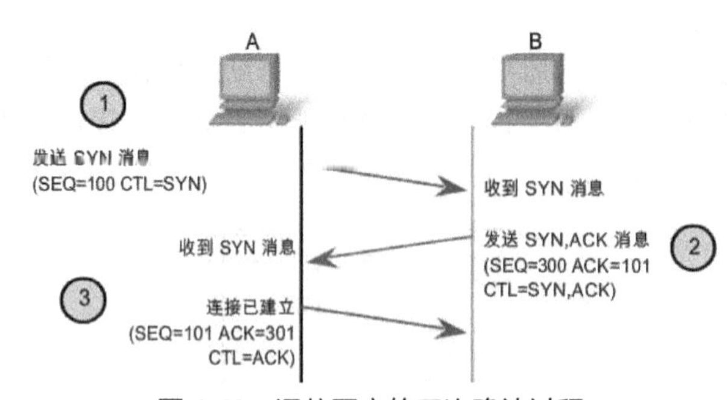

图 4-40　通信双方的三次确认过程

此外，TCP 为了保证通信质量，需要通过一系列操作保障通信的可靠性。TCP 面向连接服务的主要内容包括三次握手技术、差错校验机制、窗口工作机制。

① 三次握手技术

三次握手的目的是使数据段的发送和接收同步，告诉主机一次可接收的数据量，并建立虚连接，图4-41所示为三次握手的简单过程。

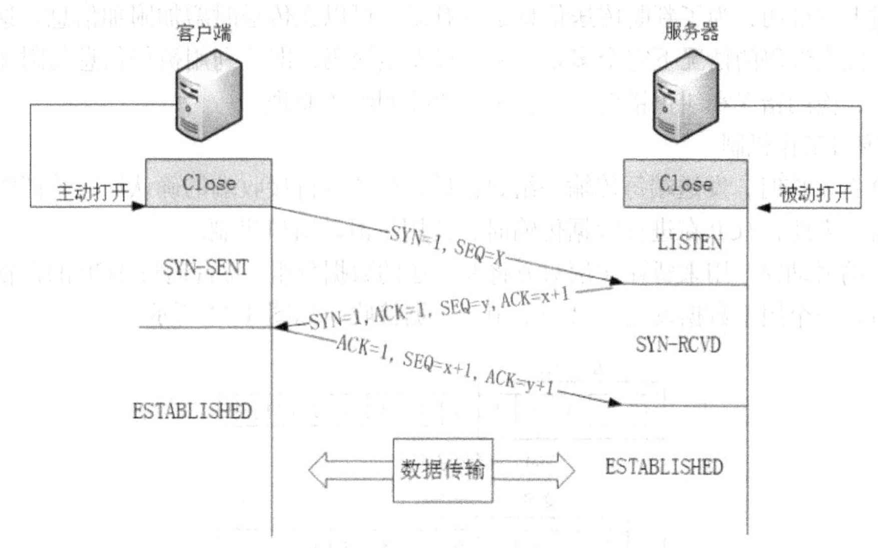

图4-41 面向连接的三次握手技术

第一次握手：初始化主机通过一个同步标志置位的数据段发出会话请求，客户端发送SYN包（SYN=j）到服务器，进入SYN_SEND状态，等待服务器确认。

TCP/IP参考模型的网络传输过程

第二次握手：服务器收到SYN包，确认客户SYN包（ACK=j+1），同时也发送一个SYN包（SYN=k），即同步标志置位，包括发送数据的起始顺序号、应答号和待接收的下一个数据的顺序号，此时服务器进入SYN_RECV状态。

面向连接的三次握手技术

第三次握手：客户端收到SYN+ACK包，向服务器发送确认包ACK（ACK=k+1），包括确认顺序号和确认号。

发送完毕，客户端和服务器进入ESTABLISHED状态，完成三次握手。

② 差错校验机制

先举一个日常生活中的实例。

发一个“明天14：00～16：00开会”的通知，但在传播中产生误传，变成“明天10：00～16：00 开会”。同事收到这个错误通知后，无法判断正确与否，就会按这个错误时间开会。

可以在通知内容中增加“下午”两个字，改为“明天下午14：00~16：00开会”。如果仍误传为“明天下午10：00~16：00开会”，收到通知的同事根据“下午”两个纠错字，即可判断其中“10：00开会”的信息有错误。

但仍不能自动纠错，因为无法判断错在何处。这时，同事要求发送端再发一次通知，这就是检错重发。

如何能判断错误（检错），同时还能纠正错误（纠错）？可以在通知内容再增加“两个小时”字样：“明天下午14：00~16：00两个小时会议”。如果还误传为“明天下午10：00~16：00 两个小时会议”。收到通知的同事从字面就能判断出有错误，还能自动纠正错误，可以判断正确时间为“14：00~16：00”，因为通知中增加了“两个小时”的纠错信息。

通过上例说明，为了判断传送信息是否有误，可以在传送时增加附加信息。这些附加信息在不发生误码的情况下完全多余，但如果发生误码，即可利用被传信息与附加信息之间的关系，检测错误和纠正错误，这就是误码控制编码原理。

③ 窗口工作机制

TCP 在工作时，发送端每传输一组数据后，必须等待接收端的确认后，才能够发送下一个分组。为此，TCP 在进行数据传输时，使用了滑动窗口机制。

TCP 的滑动窗口用来暂存通信双方将要传送的数据分组。每台运行 TCP 的设备有两个滑动窗口，一个用于数据发送，另一个用于数据接收，如图 4-42 所示。

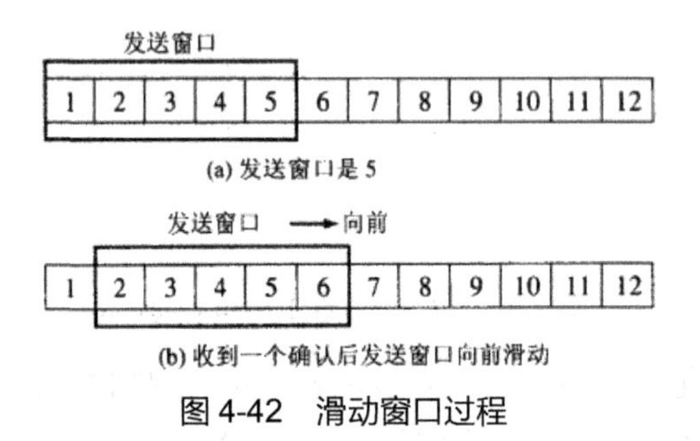

图 4-42　滑动窗口过程

滑动窗口机制

其中，发送数据的滑动窗口如图 4-43 所示，发送端待发数据分组在缓冲区排队，等待送出，被滑动窗口框入的分组，是未收到接收确认情况下能够最多送出的部分。

滑动窗口左端标志 X 的分组，是已经被接收端确认收到的分组。随着新确认的到来，窗口不断向右滑动。

互联网上传输的众多服务都使用 TCP 进行封装传输，以保证通信质量。图 4-44 所示为面向连接的 TCP 数据报封装格式。

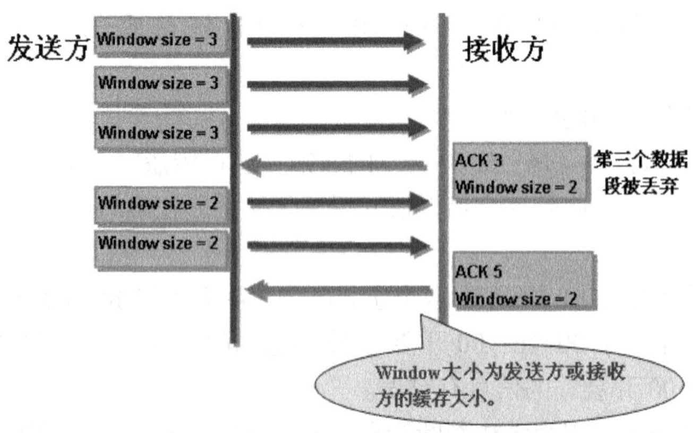

图 4-43　TCP 滑动窗口机制

（4）面向无连接的 UDP

无连接服务不能保障报文的丢失、重复或失序，不对通信过程中的质量进行保证。

UDP 是一种无连接的、不可靠的传输协议，提供进程到进程的通信，而不是主机到主机的通信。

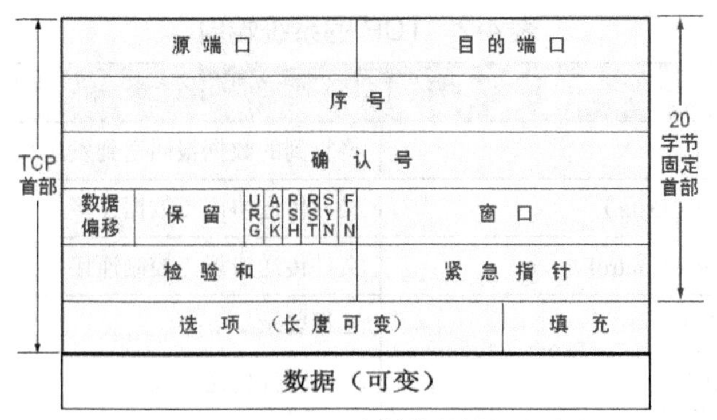

图 4-44 TCP 报文封装数据报确认号

UDP 服务由于无需建立连接和释放连接，因此减少了除数据通信外的其他开销，因而通信过程灵活、方便、迅速。UDP 注重的是服务的时效性，而不是可靠性。适合于传送对时间要求迅速的视频和语音通信，如图 4-45 所示。

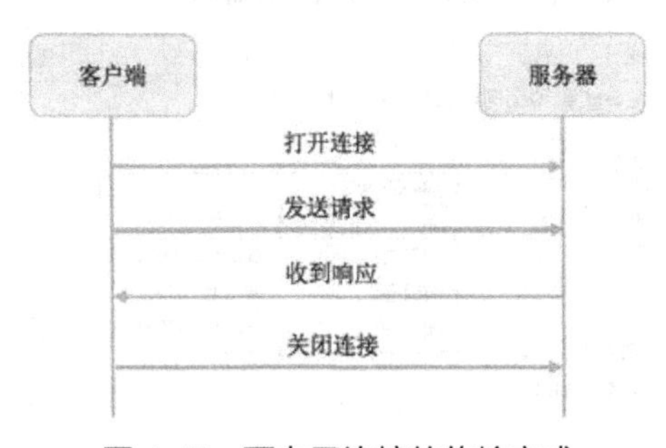

图 4-45 面向无连接的传输方式

UDP 报文在传输过程中可靠性较差，是因为 UDP 的控制选项少，在传输过程中延迟小、数据传输效率高，因此适合对可靠性要求不高的应用程序，如 DNS，TFTP，SNMP 等，UDP 报文的格式如图 4-46 所示。

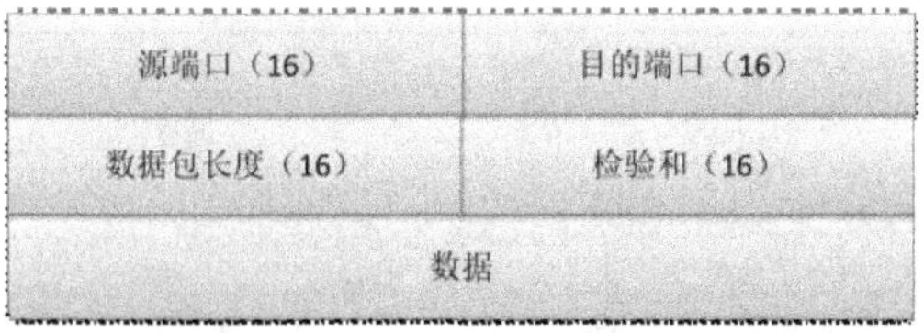

源端口（16）	目的端口（16）
数据包长度（16）	检验和（16）
数据	

图 4-46 UDP 报文无连接的封装格式

（5）传输端口服务

设备的应用层通常都安装有许多应用程序，提供不同服务。传输数据时，传输层如何知道服务由哪一个应用程序发出？或接收到的数据要提交给哪一个应用程序？

TCP/IP 使用端口技术解决这个问题，端口指网络中的通信服务，是一种抽象的结构，包括一些数据结构和 I/O（基本输入输出）缓冲区。

按端口号可分为两大类：

① 公认端口（Well Known Ports）：从 0 到 1023，这些端口提供系统服务，称为系统端

口。如 80 端口是 HTTP 服务，如表 4-2 所示。

表 4-2　TCP 的系统端口

端口	协议	说明
7	Echo	将收到的数据报回送到发送端
20	FTP（Data）	文件传送协议（数据连接）
21	FTP（Control）	文件传送协议（控制连接）
23	Telnet	远程登录
25	SMTP	简单邮件传送协议
53	Name server	域名服务
80	HTTP	超文本传送协议

② 注册端口（Registered Ports）：取值范围从 1024 到 49151。它们松散绑定于一些自定义服务。图 4-47 所示为某网站的远程登录注册端口。

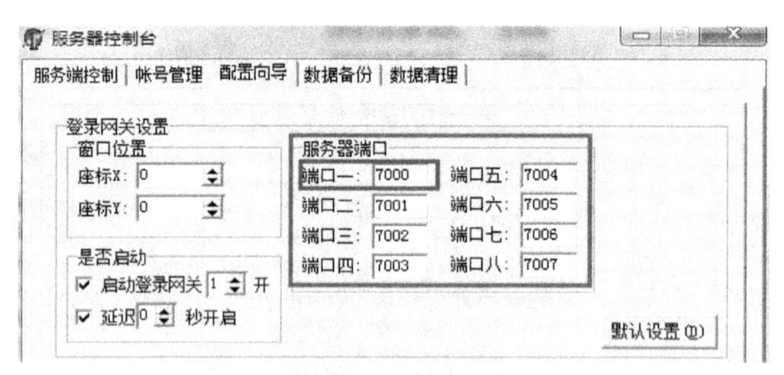

图 4-47　注册端口

计算机使用不同的端口号区别不同的服务进程，一个完整的通信过程包括以下要素：本地主机、本地进程、远程主机、远程进程。这里的每一项进程就是一项系统服务，通过端口服务形式呈现，如图 4-48 所示。

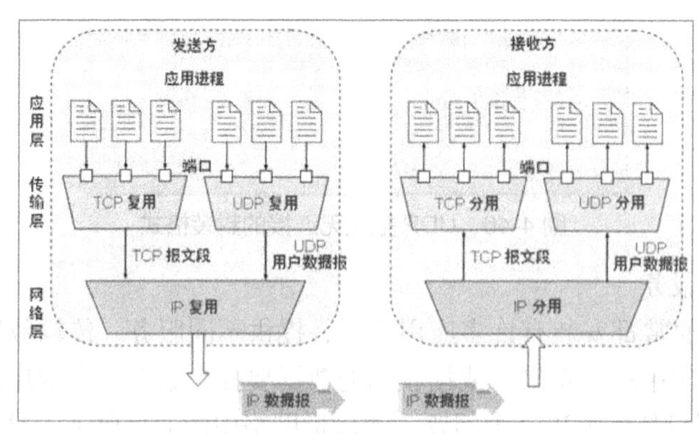

图 4-48　TCP 端口服务进程

3. 网络层

网络层也叫 Internet 层，是 TCP/IP 中面向通信（通信子网）的最复杂的一层。

网络层使用网络地址方式，将数据设法从源端经过若干个中间节点传送到目的端，为传输层提供端到端服务，实现资源子网访问通信子网，如图4-49所示。

网络层能够实现两个通信系统之间数据的透明、准确传送，在复杂网络中准确找到对方，功能包括路由选择、拥塞控制和网际互联等。

网络层有四个重要协议：互联网协议（IP）、互联网控制报文协议（ICMP）、地址转换协议（ARP）和反向地址转换协议（RARP）。

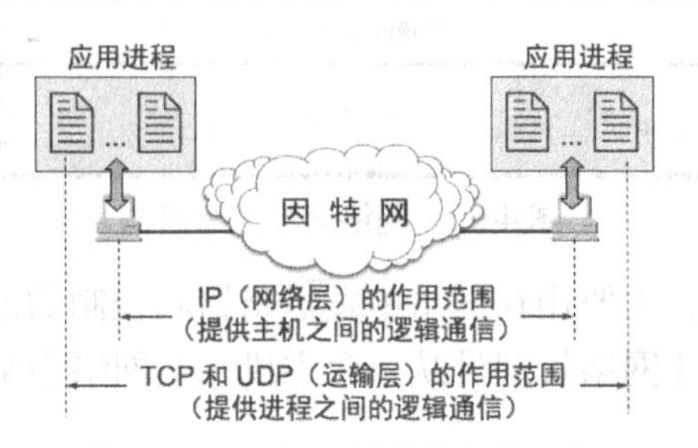

图4-49　网络层提供的传输服务

（1）互联网协议（Internet Protocol，IP）

IP是一种不可靠的、无连接的数据报协议，不能保证数据可靠传输。IP提供一种尽力而为的传输服务，就像邮局尽最大努力传递邮件，但不对每一封信跟踪，也不通知发信人信件丢失或损坏的情况，如图4-50所示。

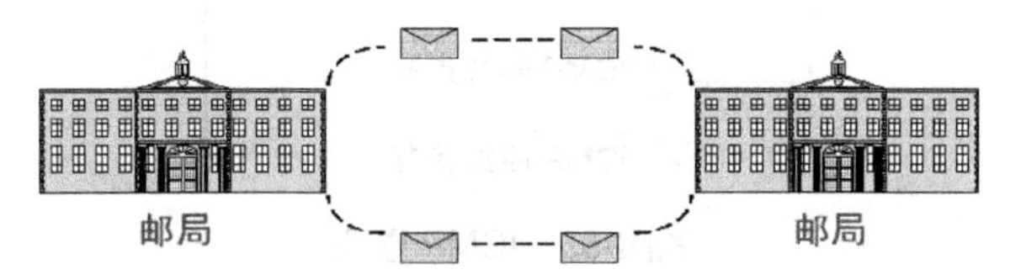

图4-50　IP传输和普通信件的无连接服务

IP的基本任务是在传输过程中，传输层将数据传到网络层，IP将数据封装为IP数据报，交给链路层传送。其中，若目的主机在本地，则将数据直接传给目的主机，若目的主机在远程网络，则由网关设备路由器转发，路由器通过网络将数据传送到下一台路由器，直到目的主机，如图4-51所示。

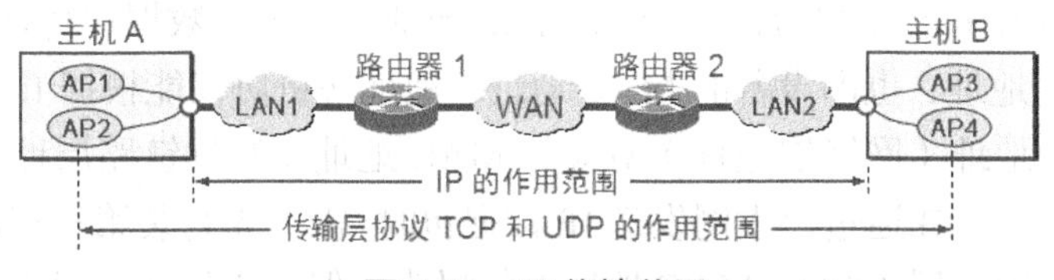

图4-51　IP传输范围

IP层的分组叫作数据包（Packet）。图4-52所示的IP数据包格式由两部分组成：首部和数据。其中，首部有20～60字节，包含路由选择和交互信息。

（2）互联网控制报文协议（Internet Control Message Protocol，ICMP）

IP提供不可靠的、无连接的数据分组传送服务。为了使互联网能报告差错，提供传输中的报错信息，需要在网络层增加报文报错机制，即互联网控制报文协议。

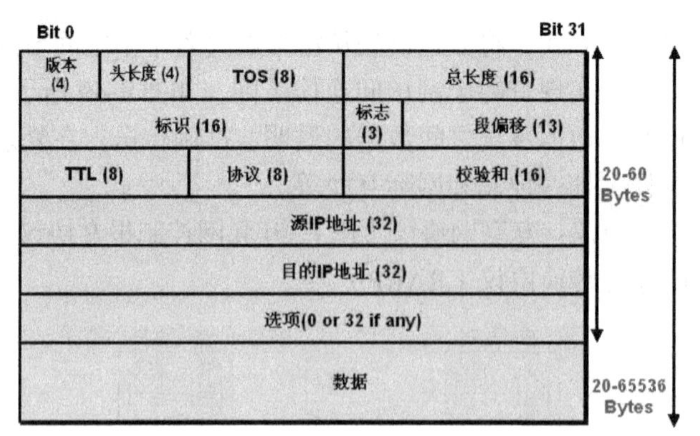

图 4-52　网络层数据包格式

互联网控制报文协议，主要用在网络中发送出错和控制的消息，提供在通信中可能发生的各种问题的反馈，或让网络管理员从一台主机知道网络中某台路由器的联通信息，如图 4-53 所示。

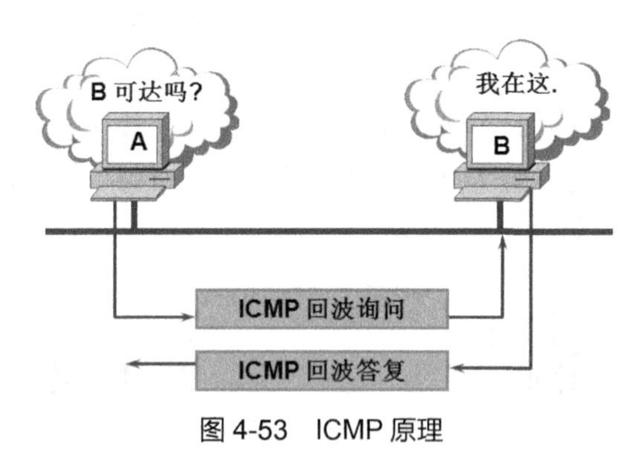

图 4-53　ICMP 原理

典型的 ICMP 应用有：

- Ping：利用 ICMP 检查网络层的地址联通状态，能了解网络层网络通信问题；
- Tracert：显示网络传输过程中的沿途节点信息，有利于定位网络传输过程中的故障点。

（3）地址解析协议（Address Resolution Protocol，ARP）

TCP/IP 为网络中每台主机分配一个 32 位 IP 地址，但为让数据在物理网上传送，还必须知道对方的物理地址，也即设备的 MAC 地址。地址解析协议能根据 IP 地址，获取该 IP 地址（网络层地址）对应的 MAC 地址（数据链路层地址）。

ICMP 测试网络联通.

在通过以太网发送 IP 数据包时，需要先封装第三层（32 位 IP 地址）、第二层（48 位 MAC 地址）的报头，但由于发送时只知道目标 IP 地址，不知道其 MAC 地址，所以需要使用地址解析协议。使用地址解析协议，可根据网络层 IP 数据包包头中的 IP 地址信息，解析出目标物理地址（MAC 地址）信息，以保证通信的顺利进行。

此时，主机在本地发送 ARP 查询报文，包含目标 IP 地址的 ARP 请求在网络上广播，网络上的所有主机接收该广播，目标主机返回消息，确定目标主机的物理地址，如图 4-54 所示。

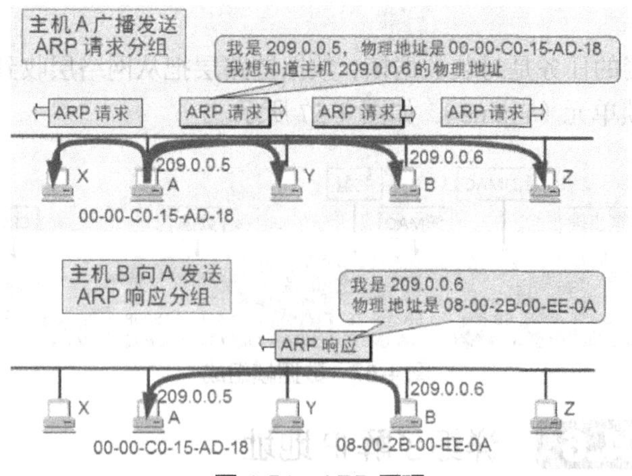

图 4-54　ARP 原理

（4）反向地址转换协议（Reserve Address Resolution Protocol，RARP）

ARP 原理

反向地址转换协议用于一种特殊情况，站点初始化后，如果只有自己的物理地址而没有 IP 地址，则它可以通过 RARP，发出广播请求，请求自己的 IP 地址。

反向地址转换协议服务器负责回答，如图 4-55 所示。

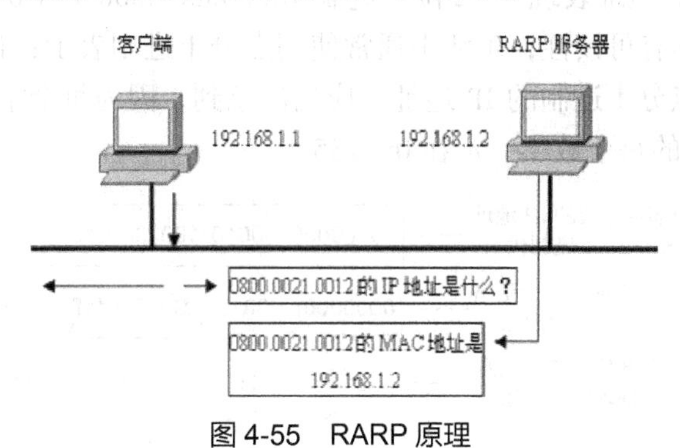

图 4-55　RARP 原理

4．网络接口层

网络接口层负责接收 IP 数据包信息，并通过网络发送，或者从网络上接收物理帧，解析 IP 数据包信息，交给 IP 层传输。

网络接口层直接控制着网络层与介质通信，相当于 OSI 模型中数据链路层和物理层的综合。

在网络接口层，数据以帧的形态表现。图 4-56 所示为简化的帧结构。

数据在物理层的传输形态

8字节	6字节	6字节	2字节	46-1500字节	4字节
前导码	目的地址	源地址	类型	数据	帧检测序列

图 4-56　简化的帧结构

帧用来移动 IP 数据包，帧的构成类似于火车，中间的车厢负责运送旅客（相当于数据），前面的车厢是车头（帧头），后面的车尾（帧尾）保证列车运行过程中的控制（帧的控制信息）。

网络接口层负责的任务是封装数据帧，数据链路层把从网络层收到的 IP 数据包，封装成可以处理的数据帧单元（Frame），如图 4-57 所示。

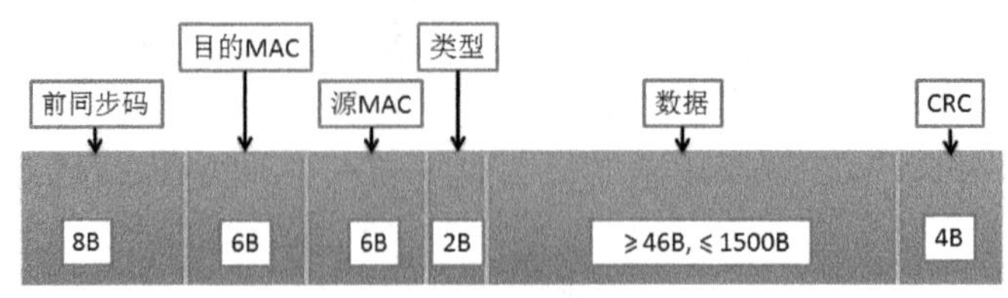

图 4-57　数据帧组成

4.6　详细了解 IP 地址

TCP/IP 工作过程模型

1. IP 地址的概述

在 Internet 中，需要唯一地标识 Internet 上的每一台设备，确保设备之间通信。好像电话系统一样，每一部电话都拥有唯一的电话号码，同样，Internet 中的任意两台设备，不会有相同的 IP 地址。

2. IP 地址的表示方法

在 Internet 中，IP 地址表现为 32 位二进制 10000000 00001011 00000011 00011111。

为了使 IP 地址具有可读性，生活中通常使用点分十进制表示：128.11.3.31。

图 4-58 所示为点分十进制的 IP 地址。应当注意到，因为每个字节仅有 8 位，因此，点分十进制表示法中的每个数字一定在 0 ~ 255。

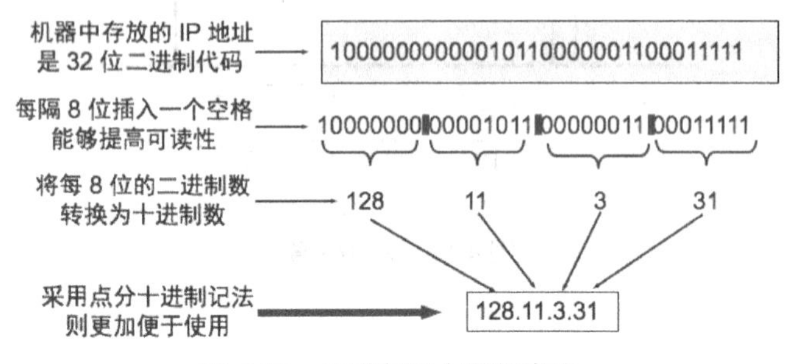

图 4-58　二进制和十进制换算

3. IP 地址的分类

在 IP 地址使用早期，IP 地址使用分类概念，这种地址结构叫做有类编址。有类 IP 地址技术将 IP 地址分成 5 类：A 类、B 类、C 类、D 类和 E 类，如图 4-59 所示。

一个简单的识别有类 IP 地址的方式是：

A 类地址以 1 ~ 126 开始；B 类地址以 128 ~ 191 开始；C 类地址以 192 ~ 223 开始；D 类地址以 224 ~ 239 开始。

如图 4-60 所示，A 类地址中的最高位 0 和随后 7 位表示网络号，剩下 24 位表示主机号。

Internet 内共有 126 个 A 类网络（网络号 1 ~ 126，号码 0 和 127 保留），每一个 A 类网络有 1600 万个节点。

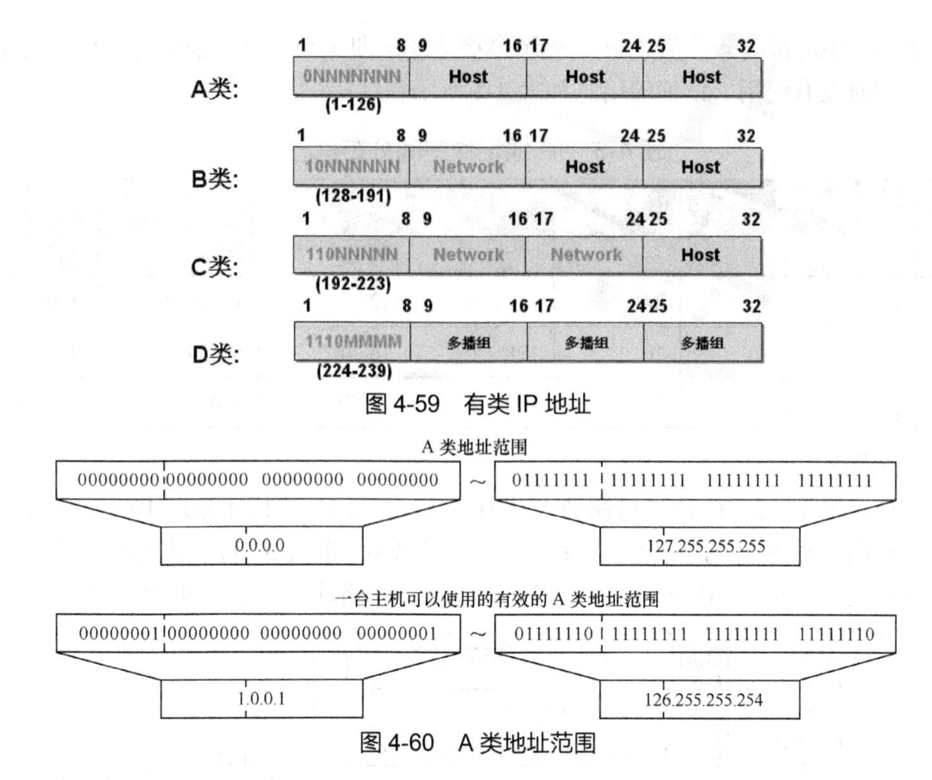

图4-59　有类IP地址

A类地址范围

图4-60　A类地址范围

如图4-61所示，B类地址中的最高16位表示网络号，剩下16位表示主机号。Internet内大约有16000个B类网络，每个B类网络有65000多个节点。

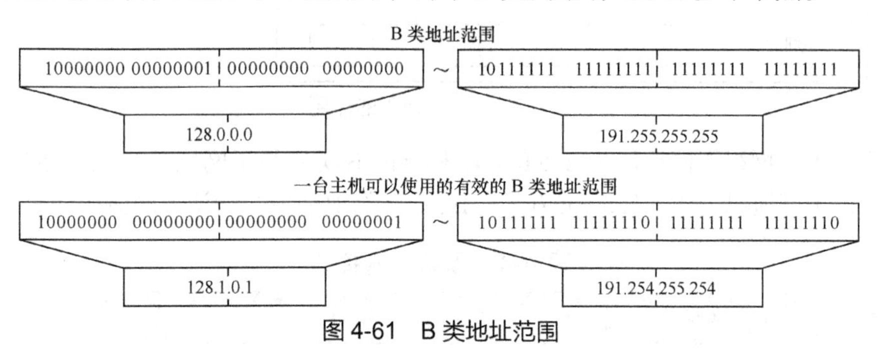

图4-61　B类地址范围

如图4-62所示，C类地址中的最高24位表示网络号，剩下8位表示主机号。Internet内大约有200万个C类网络，每个C类网络最多有254个节点。

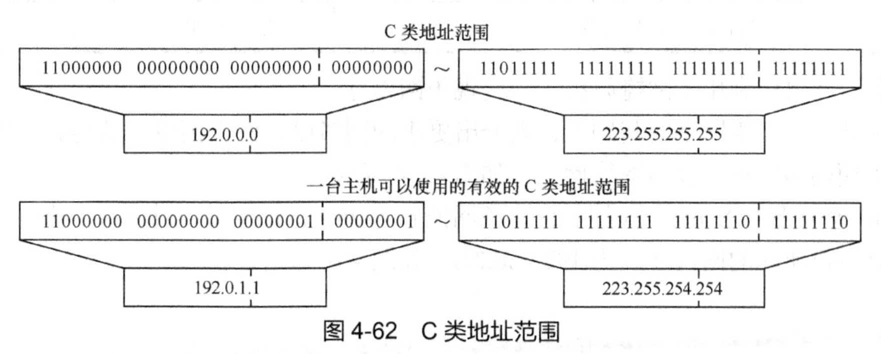

图4-62　C类地址范围

D类地址中的最高4位为1110，表示多播地址，即1个多播组的组号。E类地址是实验地址，暂时没有使用，详细的信息如表4-3所示。

表4-3　IP地址的空间分布信息

地址类别	高位字节特点	网络标识位数	主机标识位数	网络标识范围	可支持的网络数目	每个网络支持的主机数	适用的网络规模
A	0------	8	24	1 ~ 126	126	16777214	大型网络
B	10----	16	16	128 ~ 191	16348	65534	中型网络
C	110----	24	8	192 ~ 223	2097152	254	小型网络

4．子网掩码

子网掩码也是一组32位二进制数，和IP地址配对出现，用于获取IP网络地址。

子网掩码将网络地址部分置1，主机地址部分置0，形成32位二进制码。使用子网掩码和IP地址按位相与（AND）运算，得出该地址的网络地址，如图4-63所示。

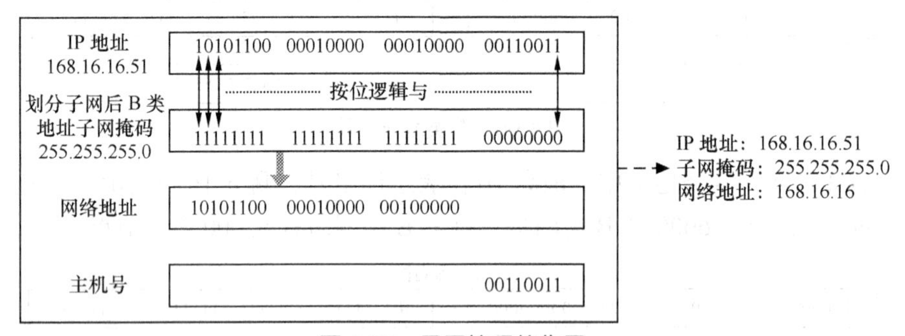

图4-63　子网掩码的作用

标准的A类网络子网掩码为255.0.0.0；标准的B类网络子网掩码为255.255.0.0；标准的C类网络子网掩码为255.255.255.0。A、B、C三类地址中的默认子网掩码如表4-4所示。

表4-4　默认子网掩码

类	二进制表示的掩码	点分十进制掩码	网络后缀
A	11111111 00000000 00000000 00000000	255.0.0.0	/8
B	11111111 11111111 00000000 00000000	255.255.0.0	/16
C	11111111 11111111 11111111 00000000	255.255.255.0	/24

此外，还可以利用子网掩码技术，实现子网划分。

子网技术是在主网络的基础上，划分出更小的网络段，以方便更有效地利用网络地址空间，方便网络管理，提高网络性能，如图4-64所示。

如IP地址为192.168.2.45的主机，子网掩码为255.255.255.0，通过这个掩码，就可以计算出该主机所在的网络地址为192.168.2.0，如图4-65所示。

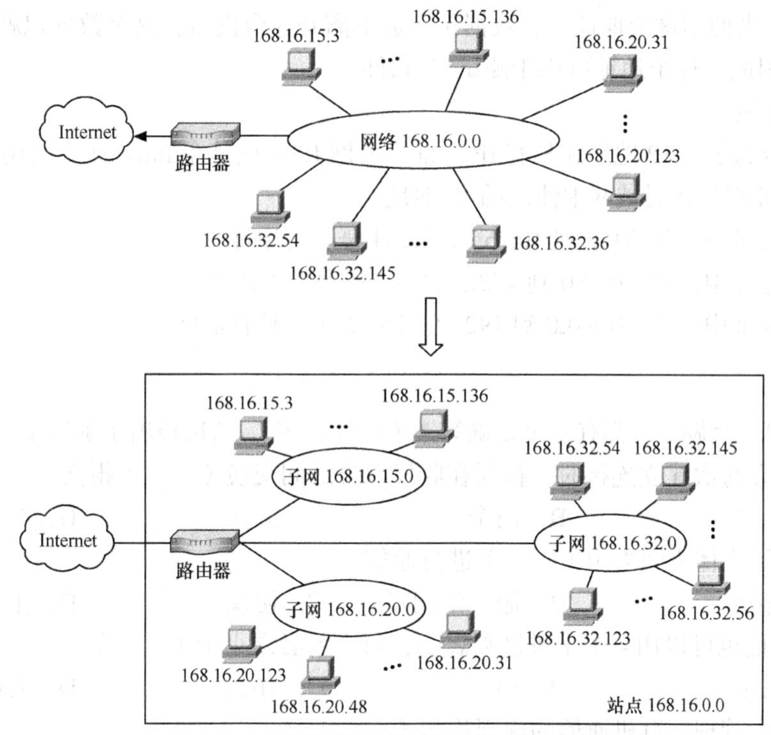

图 4-64 通过子网划分技术划分出多个子网

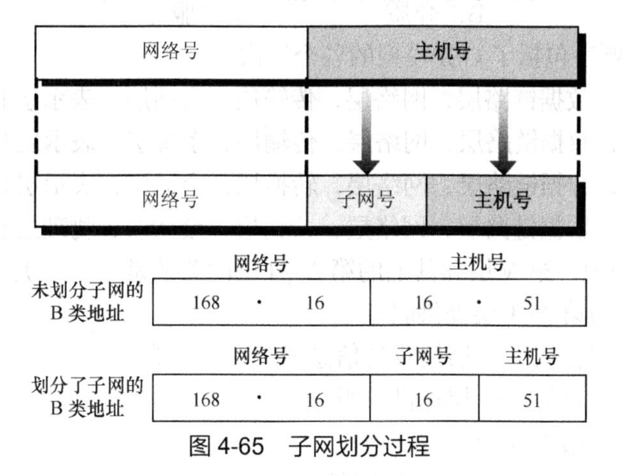

图 4-65 子网划分过程

5. 特殊 IP 地址

A 类、B 类和 C 类地址中的某部分地址空间，用于特殊的地址使用。

（1）网络地址

主机部分全是 0 的 IP 地址，用来标识一个网络，如 192.168.2.0。

（2）广播地址

在 A、B、C 类地址中，若主机位全为 1，则这个地址称为直接广播地址，用于网段内通信，如 192.168.2.255。

（3）环回地址

第一个字节等于 127 的 IP 地址用作环回地址，这个地址用来测试本机器的 TCP/IP 是否安装正常。当使用这个地址时，数据包永远不离开这台机器，这个数据包就简单地返回到 TCP/IP，因此，这个地址可用于测试 IP 软件。

（4）私有地址

IP 地址分为公网 IP 地址和私有 IP 地址。公网 IP 地址是在 Internet 中使用的 IP 地址，而私有 IP 地址则是在局域网中使用的 IP 地址。

在 A 类地址中，10.0.0.0 到 10.255.255.254 是私有地址。

在 B 类地址中，172.16.0.0 到 172.31.255.254 是私有地址。

在 C 类地址中，192.168.0.0 到 192.168.255.254 是私有地址。

认证测试

以下每道选择题中，都有一个正确答案（最优答案），请选择出正确答案（最优答案）。

1. TCP 在每次建立连接时，都要在收发双方之间交换（　　）报文。

   A．一个　　B．两个　　C．3 个　　D．4 个

2. 对等层实体之间采用（　　）进行通信。

   A．服务　　B．服务访问点　　C．协议　　D．上述三者

3. IP 地址也可以用 4 个十进制数表示，每个数必须小于（　　）。

   A．128　　B．64　　C．1024　　D．256

4. 网络中管理计算机通信的规则称为（　　）。

   A．协议　　B．介质　　C．服务　　D．网络操作系统

5. （　　）按顺序包括了 OSI 模型的各个层次。

   A．物理层，数据链路层，网络层，传输层，会话层，表示层和应用层

   B．物理层，数据链路层，网络层，传输层，系统层，表示层和应用层

   C．物理层，数据链路层，网络层，转换层，会话层，表示层和应用层

   D．表示层，数据链路层，网络层，传输层，会话层，物理层和应用层

6. 在 OSI 模型中，第 N 层和其上的第 $N+1$ 层的关系是（　　）。

   A．第 N 层为第 $N+1$ 层提供服务

   B．第 $N+1$ 层将从第 N 层接收的信息增加了一个头

   C．第 N 层利用第 $N+1$ 层提供的服务

   D，第 N 层对第 $N+1$ 层没有任何作用

7. 局域网中的 MAC 与 OSI 参考模型的（　　）相对应。

   A．物理层　　B．数据链路层　　C．传输层　　D．网络层

8. IP 提供的是（　　）类型。

   A．面向连接的数据报服务　　B．无连接的数据报服务

   C．面向连接的虚电路服务　　D．无连接的虚电路服务

9. 有类的 B 类地址中用（　　）位来标识网络中的主机。

   A．8　　B．14　　C．16　　D．24

10. 如果两个不同类型的计算机能在 Internet 上实现通信，则要求它们（　　）。

    A．都符合 OSI/RM

B. 都使用 TCP/IP

C. 都使用兼容的协议组

D. 一个是 Windows，另一个是 UNIX 工作站

11. 域名与（　　）一一对应。

A. 物理地址　　B. IP 地址　　C. 网络　　D. 以上都不是

12. ARP 的主要功能是（　　）。

A. 将 IP 地址解析为物理地址　　B. 将物理地址解析为 IP 地址

C. 将主机名解析为 IP 地址　　D. 将 IP 地址解析为主机名

13. 路由器通过（　　）进行网络互联。

A. 物理层　　B. 数据链路层　　C. 传输层　　D. 网络层

14. 标准的 IP 地址可分为（　　）类地址类型。

A. 2　　B. 3　　C. 4　　D. 5

15. 126.16.1.1 是（　　）类地址。

A. A　　B. B　　C. C　　D. D

16. IP 是基于（　　）的。

A. 网络主机　　B. 路由器　　C. 交换机　　D. 网卡

17. IP 和 TCP 分别提供的是（　　）。

A. 可靠的、面向连接的服务，可靠的、面向连接的服务

B. 可靠的、面向连接的服务，不可靠的、面向无连接的服务

C. 不可靠的、面向无连接的服务，可靠的、面向连接的服务

D. 不可靠的、面向无连接的服务，不可靠的、面向无连接的服务

18. 已知同一网段内一台主机的 IP 地址，通过（　　）方式可以获取其 MAC 地址。

A. 发送 ARP 请求　　B. 发送 RARP 请求

C. ARP 代理　　D. 路由表

19. 在 OSI 的七层模型中负责路由选择的是（　　）。

A. 物理层　　B. 数据链路层　　C. 网络层　　D. 传输层

20. 在 TCP/IP 网络中，传输层用（　　）进行寻址。

A. MAC 地址　　B. IP 地址　　C. 端口号　　D. 主机名

第5章 构建二层交换网络

二层交换机是局域网中应用非常广泛的网络互联设备，可以识别数据帧中的 MAC 地址信息，根据 MAC 地址进行转发，并能将 MAC 地址与端口信息记录在地址表中。

二层交换机只能识别 MAC 地址，不能识别 IP 地址，因此只能进行二层交换，不能进行三层路由。发生网络广播风暴时，容易导致网络大面积瘫痪，管理也比较麻烦。

为了减少局域网中的网络广播，可以在二层交换机上使用 VLAN 技术隔离广播风暴，减少网络广播域，加强网络的稳定性，使网络的管理更加简单。

本章主要了解二层交换机组网技术，掌握办公网组网实操技能。

- 二层交换网络介绍
- 了解交换机工作原理
- 使用交换机优化网络
- 会配置虚拟局域网
- 掌握虚拟局域网干道技术

5.1 二层交换网络概述

在二层交换网络中，使用二层交换机构建本地局域网络。由于二层交换机工作于 OSI 模型的第二层（数据链路层），故而称为二层交换网络，如图 5-1 所示。

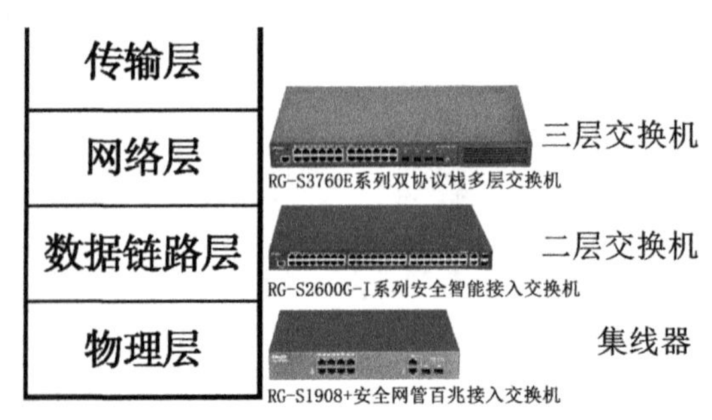

图 5-1 工作在不同层的交换机设备

二层交换网络以数据链路层的帧为交换单位，实现本地设备之间的通信。二层交换网络使用二层交换机设备通信，改善了早期共享型以太网存在的“冲突”和“碰撞”问题，允许多台设备同时通信，独占通道和带宽。

交换机

二层交换机是数据链路层设备，可以识别数据帧中携带的MAC地址，根据MAC地址映射的端口转发数据，同时还学习、更新数据转发的MAC地址映射表，实现本地局域网数据的高速转发，图5-2所示为不同层交换机的转发信息方式。

三层交换机	RG-S3760E系列双协议栈多层交换机	按照IP路由表转发信息
二层交换机	RG-S2600G-I系列安全智能接入交换机	按照MAC地址表转发信息
集线器	RG-S1908+安全网管百兆接入交换机	广播式转发信息

图5-2　不同层交换机的转发信息方式

5.2　使用交换机改进以太网

1. 碰撞和冲突

传统的以太网是共享传输，随着以太网范围的扩展，网络会变得越来越慢。网络速度变慢的原因是网络中的多台设备如果都想竞争抢占信道传输，容易形成“碰撞”和“冲突”。发生的“碰撞”越多，网络的传输效率就会越低，这就是“冲突”，如图5-3所示。

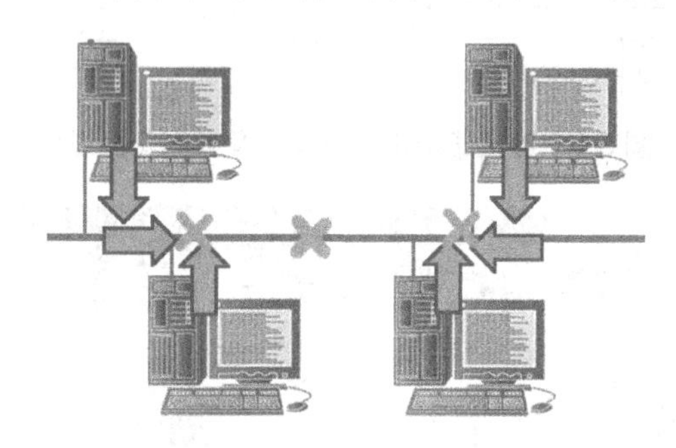

图5-3　“碰撞”和“冲突”

“冲突”来自以太网中的不同设备。在同一时刻，不同设备竞争使用同一传输介质时，造成信号叠加导致信息无法识别，图5-4所示为共享式网络传输方式。

分析广播域和冲突域数量

在早期的以太网中，“冲突”是以太网传输过程中的正常现象，但过度“冲突”会降低速度。因此当时在网络规划中，都尽量让网络最小化和“冲突”本地化来避免“冲突”，提升网络速度。

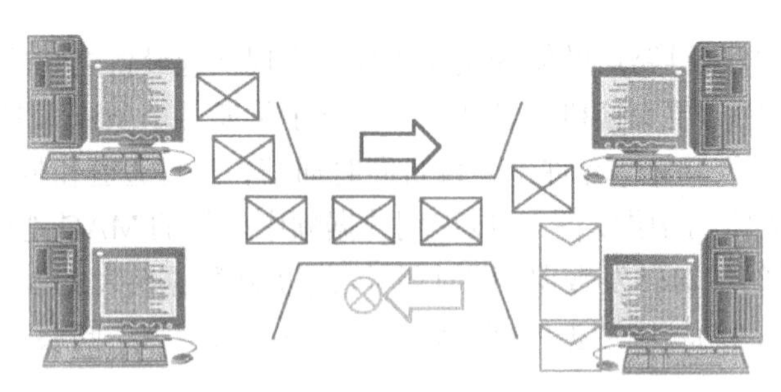

图 5-4　共享式网络传输

分组交换过程

早期的共享式网络，在网络规模增大的情况下，网络会拥挤不堪，速度也会越来越慢。20 世纪 90 年代，交换式以太网技术的应用大大地提高了局域网的性能。

图 5-5 所示为网络传输中，交换式网络的虚链路连接、传输及数据交换过程。

交换机工作原理

2. 交换式以太网技术

交换式以太网不需要改变传统的网络结构，包括布线和设备连接，仅使用二层交换机替代集线器即可，能够节省用户的网络升级费用，图 5-6 所示为使用交换机改造网络的场景。

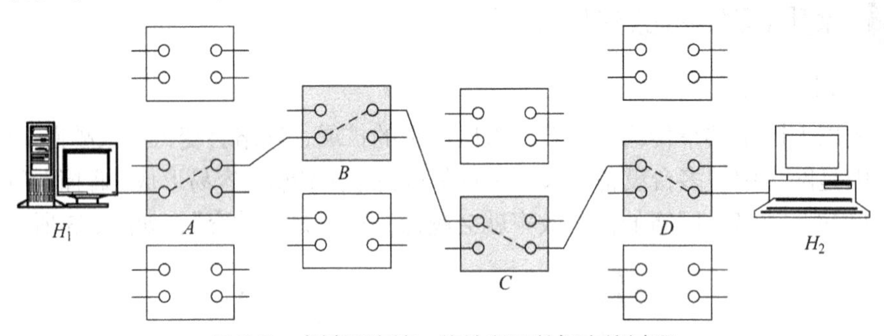

图 5-5　虚链路连接、传输以及数据交换过程

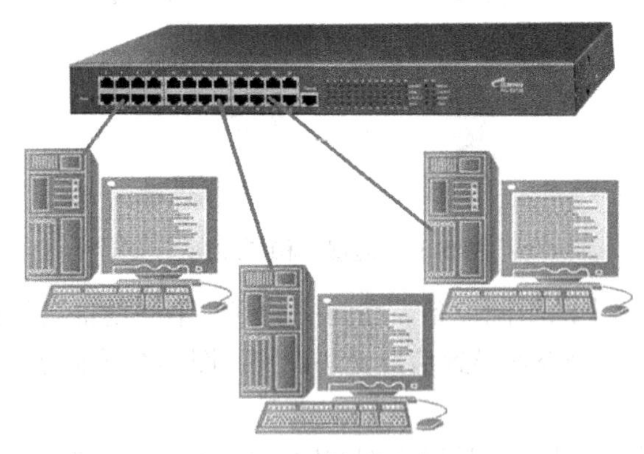

图 5-6　交换机组网场景

使用交换机设备能有效地改善传统网络的传输效率，交换机通过智能化学习，建立一张网络设备地址和接口映射表，交换式传输数据，如表 5-1 所示。

表 5-1　交换机连接计算机网卡地址和接口的映射表

网卡地址	转发接口	连接的设备
00-25-11-3A-CB-63	Fa0/1	PC1
00-25-11-43-3A-12	Fa0/2	PC2
00-25-11-6B-45-2C	Fa0/3	PC3
……	……	

交换机从端口收到数据后，首先解析数据帧中的目的 MAC 地址，然后查找 MAC 地址映射表，如果找到，就转发给指定端口，如果没有找到，就将帧广播给所有端口，图 5-7 所示为交换式网络传输独享带宽。

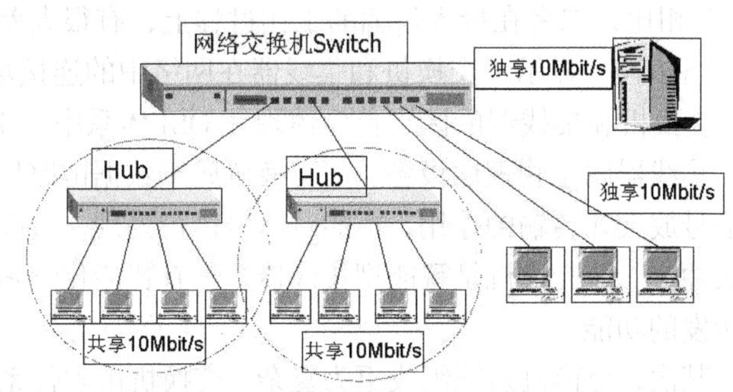

图 5-7　交换式网络传输独享带宽

5.3　交换机设备介绍

图 5-8 所示的交换机是一台简化、低价、高性能和高端口的网络互联设备，能大幅提高网络传输速度，优化网络传输环境。

图 5-8　交换机

1. 交换机和网桥的区别

交换机设备从早期的网桥设备演化而来，图 5-9 所示为连接不同网段的网桥。与网桥相比，交换机和网桥都具有通过识别 MAC 地址信息，屏蔽网络中的广播干扰，减少网络冲突的功能。

MAC 地址查找

但交换机比网桥有更多接入端口，具有更智能化的 MAC 地址识别功能。它对接收到的帧进行检查，读取帧源 MAC 地址，根据帧中的目的地址，按照 MAC 地址表进行转发，具有更快的交换速度。交换机通过智能学习，更新 MAC 地址表，有更大的 MAC 地址表存储空间。

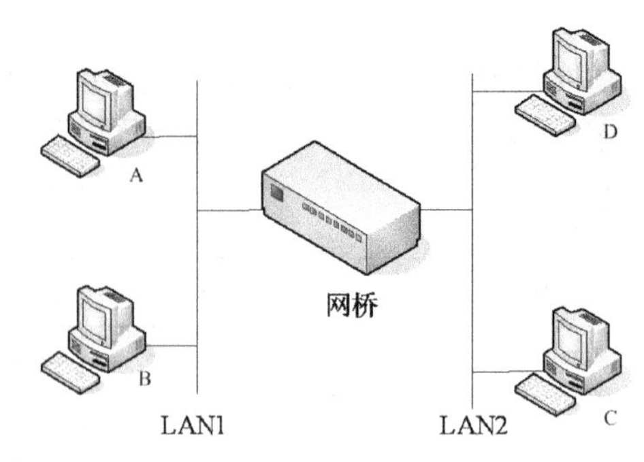

图 5-9　连接不同网段的网桥

2. 交换机和集线器的区别

此外，交换机和目前广泛应用的集线器也具有一定相似性，都能把本地终端设备接入网络。但与集线器设备相比，二者在接入传输的工作过程上，有很大差别。

图 5-10 所示为网络拓扑，显示了交换机和集线器在网络中的连接场景。

网桥工作原理

交换机和集线器的区别首先体现在 OSI 体系中，工作在不同的层。

集线器属于物理层设备，而交换机属于数据链路层设备。集线器只能起信号放大式传输的作用，不能对信号进行处理，所以在传输过程中容易造成冲突。而交换机是智能型集线器，具有智能化学习，自动寻址和交换式转发的功能。

其次，交换机系统组成更为复杂。交换机由硬件系统和软件操作系统组成。交换机转发信号通过 ASIC 芯片来实现，采用硬件芯片来加速数据信息的转发过程，在网络中的传输速度更快。

在星形以太网络中，交换机为所连接设备提供一条独享的点到点链接，避免了冲突发生，所以能够比集线器更高速地传输数据，图 5-11 所示为集线器和交换机的区别。

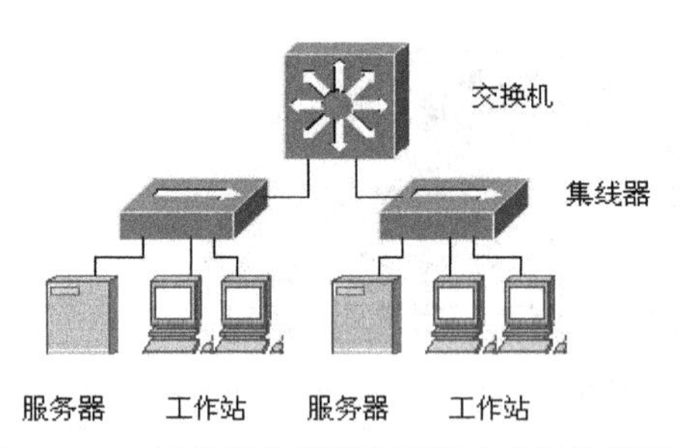

图 5-10　交换机和集线器在网络中安装的场景

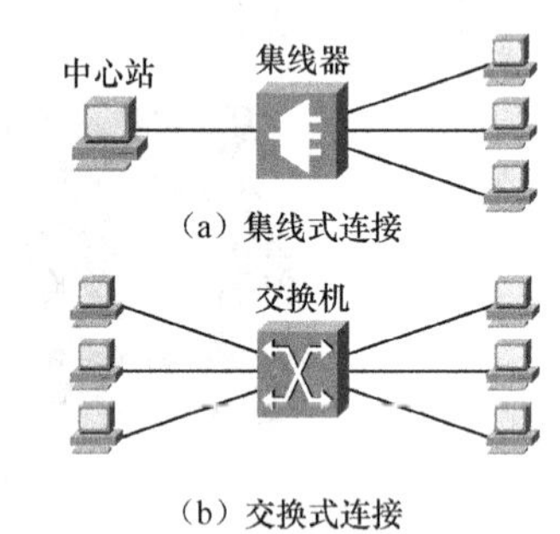

图 5-11　集线式连接和交换式连接

5.4 交换机基本功能

交换机采用星形拓扑进行组网，为连接设备提供一条独享带宽，避免冲突。图 5-12 所示为网络场景，显示交换机每个端口独享传输带宽，集线器端口共享传输带宽。交换机比集线器能更有效地传输数据，减少网络冲突，避免广播风暴产生。在局域网中使用交换机可以极大地改善网络传输效率。

交换机的基本功能包括智能化的地址学习、帧的转发及过滤、环路避免。

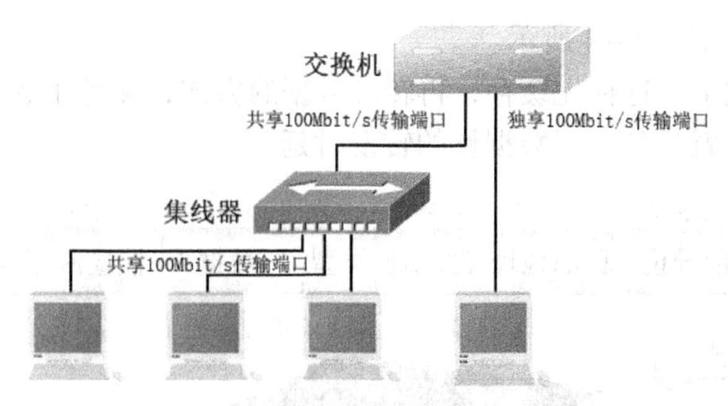

图 5-12　交换机和集线器的传输场景

广播通信过程 1

广播通信过程 2

1. 地址学习（Address Learning）

交换机通过学习连接到其端口上的所有设备的 MAC 地址，生成 MAC 地址映射表。通过监听所有接口上接收到的数据帧，对源 MAC 地址进行检验，形成一个 MAC 地址和端口号的映射表，并将这一映射关系存储在 MAC 地址表中。

当一个数据帧到达交换机后，交换机通过查找 MAC 地址表决定如何转发数据帧。如果目的 MAC 地址存在地址表，则向其指定的端口转发。如果在表中找不到目的地址的相应项，就将该数据帧向所有端口（除源端口）转发。

图 5-13 所示的网络场景显示了交换机智能学习 MAC 地址的过程，并把这些学习到的 MAC 地址保存在 MAC 地址表中（MAC-address-table）。

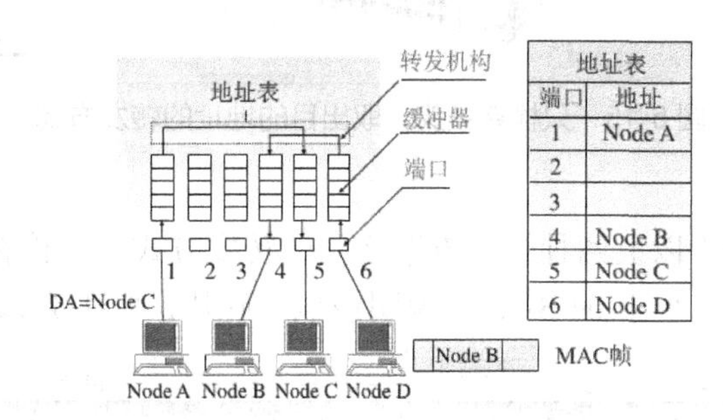

图 5-13　交换机学习 MAC 地址，更新 MAC 地址表

2. 帧的转发和过滤（Forword/Filter Decision）

当一个数据帧到达交换机后，交换机通过查找 MAC 地址表来决定如何转发。交换机使用三种模式转发帧，即直通转发方式（Cut-through）、存储转发方式（Store and Forward）、碎片转发方式（Fragment Free）。

（1）存储转发方式

在存储转发模式下，交换机对收到的每个数据帧进行缓存及错误校验，滤掉不正确的数据帧。然后，解析出目的 MAC 地址，通过内部 MAC 地址映射表，确定相应的交换端口，并转发到指定端口，如图 5-14 所示。

在存储转发模式下，这种先缓存，再转发数据的方式，保障了数据帧交换的正确率，但其缺点也很明显，就是延长了数据帧的转发时延。

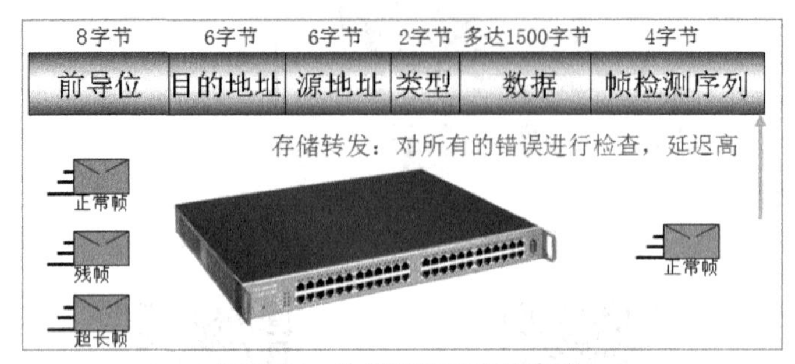

图 5-14　先缓存再转发的方式

（2）直通转发方式

在直通交换模式下，不必将整个数据帧先缓存，再处理。而是在收到一个数据帧后，只检查帧头，解析出目的 MAC 地址，然后匹配 MAC 地址表，转发数据帧，如图 5-15 所示。

直通交换方式只检查数据的帧头信息（通常只检查 14 个字节），因而提高了帧的转发速率，降低了转发延时，但由于没有进行校验，因此帧的错误率高。

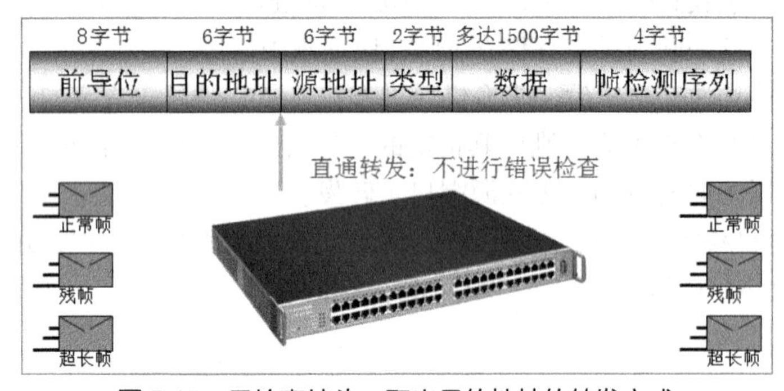

图 5-15　只检查帧头，取出目的地址的转发方式

（3）碎片转发方式

碎片转发方式是介于以上两种解决方案之间的转发方式，它检查数据包的长度是否够 64 Bytes（512bits），如果小于 64 Bytes，说明该包是碎片，则丢弃该包，如图 5-16 所示。

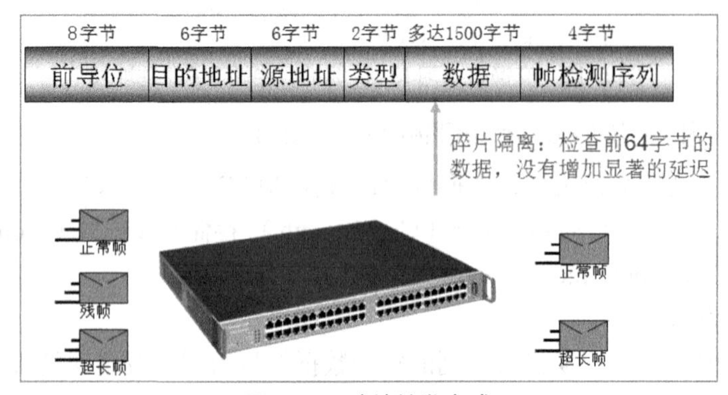

图 5-16　碎片转发方式

如果大于 64 Bytes，则发送该包。该方式的数据处理速度比存储转发方式快，但比直通式慢。因为帧足够短的话检测不到冲突，还没有来得及检测冲突就传输出去，从而产生冲突。

3. 环路避免（Loop Avoidance）

当网络的范围不断扩展，使用多台交换机连接时，经常在骨干交换机之间增加冗余链路，以保持网络的冗余性和稳定性。

冗余链路容易形成环路，网络中环路之间容易产生广播风暴、多帧复制和 MAC 地址表不稳定等网络不稳定现象，干扰网络的正常运行。因此，交换机必须具有环路自动消除的功能，图 5-17 所示为使用生成树协议（Spaning-tree）消除这种环路，避免广播风暴发生。

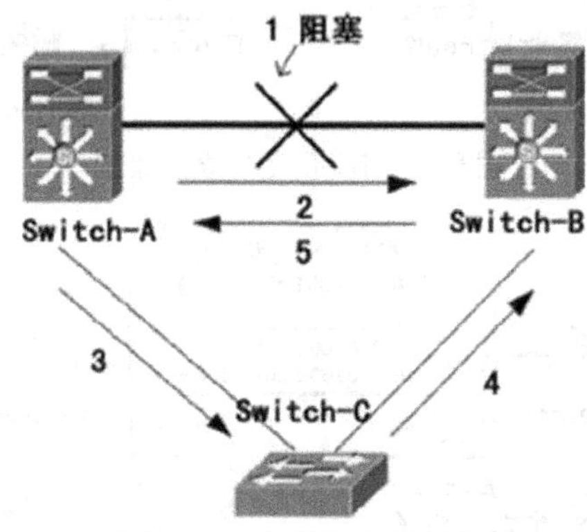

图 5-17　交换机环路避免

5.5 交换机地址学习过程

交换机学习到所有连接到其端口的 MAC 地址，形成一张 MAC 地址映射表，里面存放着所有连接到端口上设备的 MAC 地址，及其相应端口号的映射关系。

当交换机被初始化时，其 MAC 地址表是空的，如图 5-18 所示。此时如果有数据帧到来，交换机就向除了源端口之外的所有端口转发。

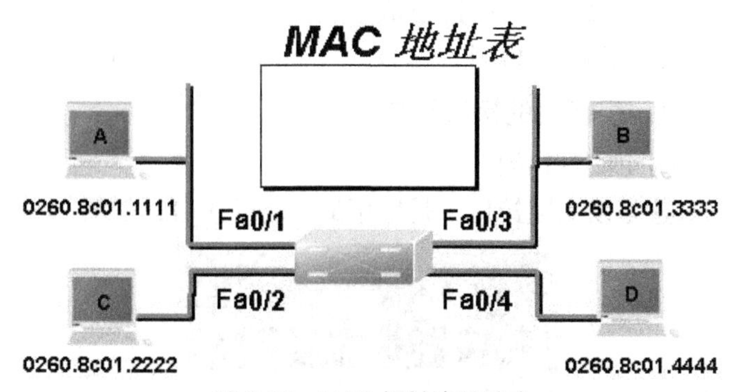

图 5-18　MAC 地址表的建立

如图 5-19 所示，假设主机 A 给主机 C 发送数据。交换机从 Fa0/1 端口收到这个帧后，查找 MAC 地址表。由于 MAC 地址表为空，则向除 Fa0/1 端口以外的所有端口转发该帧。

MAC 地址表的形成过程

同时，将源主机 A 的 MAC 地址 0260.8c01.1111 及相应端口 Fa0/1 记录到 MAC 地址表中。

假设主机 D 给主机 C 发送数据，交换机收到此数据帧后，查找 MAC 地址表。由于 MAC 地址表中无主机 C 的信息。此时，交换机向所有端口转发（除源端口 Fa0/4），同时将主机 D 的 MAC 地址 0260.8c01.4444 及其端口 Fa0/4 的映射放入 MAC 地址表中，如图 5-20 所示。

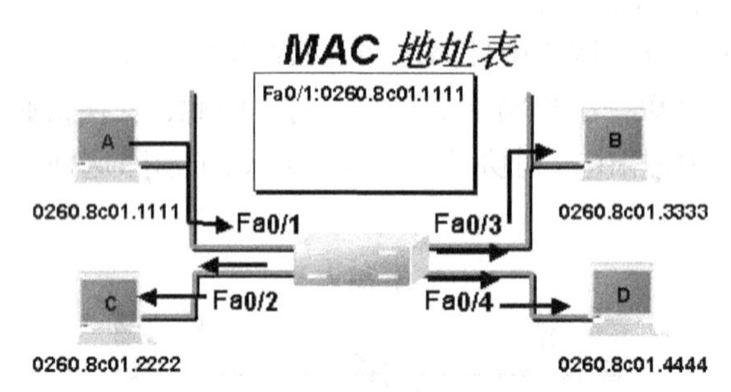

图 5-19　MAC 地址表的建立

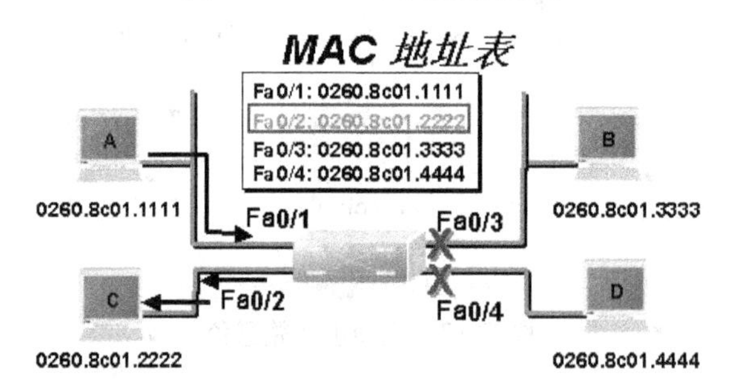

图 5-20　数据帧的过滤机制

直到交换机最终建立完整的 MAC 地址表，交换机就可以根据 MAC 地址表信息进行过滤转发。

5.6 认识交换机设备

物理层接入交换机

组成交换机的硬件包括 CPU（处理器）、RAM（随机存储器）、ROM（只读存储器）、Flash（可读写存储器）、Interface（接口）。

1. 交换机的接口组成

（1）RJ-45 接口

这是以太网接口，是应用最广泛的接口，如图 5-21 所示。

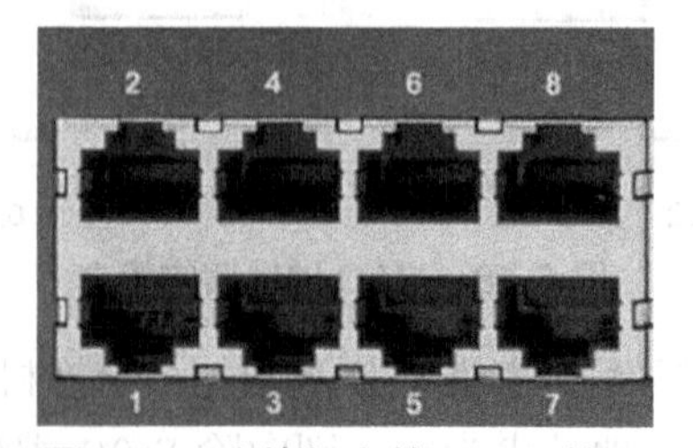

图 5-21　交换机上的 RJ-45 接口

（2）光纤接口

从1000Base标准正式实施以来，光纤技术得以全面应用，各种光纤接口层出不穷，一般通过模块形式出现。目前，在局域网交换机中，光纤接口主要是SC类型。

图5-22所示是一款100Base-FX网络的SC光纤接口模块。

图5-22 SC光纤接口模块

（3）Console接口

网管交换机上都有一个Console接口，通过Console接口配置交换机，如图5-23所示。此外，有些厂商使用串行的Console接口，如图5-24所示。

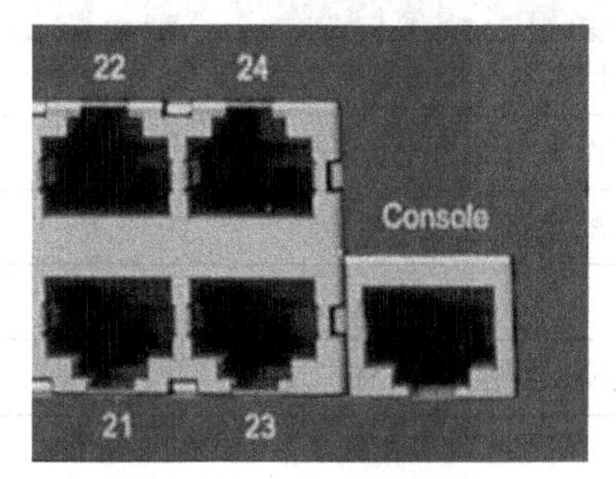

图5-23 Console接口

图5-24 串行的Console接口

2. 配置交换机线缆

Console线也分为两种：一种是两端均为串行接口的串行线缆，如图5-25所示；另一种为一端为9芯串口，另一端为RJ-45接头扁平线，如图5-26所示。

图5-25 配置连接线缆1

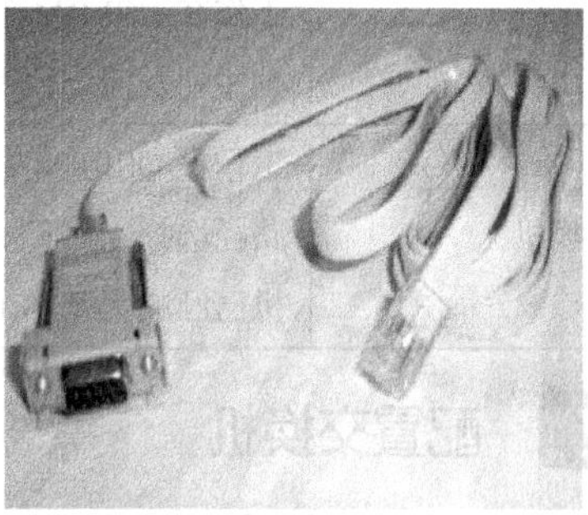

图5-26 配置连接线缆2

3. 了解交换机的分类

（1）根据交换机传输速度分类

交换机可以根据传输介质及传输速度，分为多种不同类型，如表5-2所示。

表 5-2 根据交换机传输速度分类

交换机类型	特　　点
交换机	用于带宽在 100Mbit/s 以下的以太网
快速交换机	用于 100Mbit/s 快速以太网，传输介质可以是双绞线或光纤
吉比特交换机	带宽可以达到 1000Mbit/s，传输介质有光纤、双绞线两种
万兆交换机	用于骨干网段上，传输介质为光纤
ATM 交换机	用于 ATM 网络的交换机
FDDI 交换机	可达到 100Mbit/s，接口形式都为光纤接口

（2）根据交换机网络层次分类

根据交换机的工作应用场景，交换机可以分为多种不同类型的交换机，如表 5-3 所示。

表 5-3 根据交换机网络层次分类

交换机类型	特　　点
企业级交换机	采用模块化的结构，可作为企业网络骨干构建高速局域网
校园网交换机	主要应用于较大型网络，且一般作为网络的骨干交换机
部门级交换机	面向部门级网络使用，采用固定配置或模块配置
工作组交换机	一般为固定配置
桌面型交换机	低档交换机，只具备最基本的交换机特性，价格低

（3）根据 OSI 的分层结构分类

根据交换机的工作原理，交换机可以分为多种不同类型的交换机，如表 5-4 所示。

表 5-4 根据 OSI 的分层结构分类

交换机类型	特　　点
二层交换机	工作在 OSI/RM 参考模型数据链路层上，主要功能包括物理编址、错误校验、帧序列及流量控制。它在划分子网和广播限制等方面提供的控制最少
三层交换机	工作在 OSI/RM 参考模型网络层，具有路由功能，将 IP 地址信息提供给网络路径选择，并实现不同网段间数据的线速交换。在大中型网络中，第三层交换机已经成为基本配置设备

5.7 配置交换机

按照能否可以配置管理，交换机分为网管交换机和不可网管交换机。不可网管交换机不具有网络管理功能，和集线器一样转发数据，如图 5-27 所示。

网管交换机具有网络管理、网络监控、端口监控、VLAN 划分等非智能交换机不具备的特性，使网络也具有智能性、可管理性、安全性。

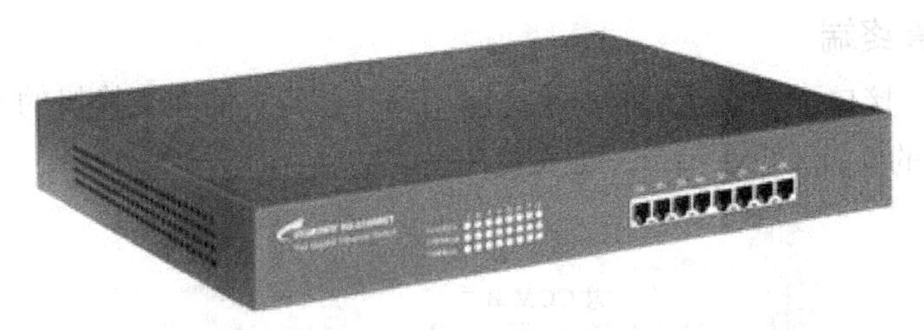

图 5-27　不可网管交换机

一台交换机是否具有网络配置功能，从外观上可以分辨，网管交换机有 Console 接口，如图 5-28 所示。

图 5-28　带 Console 接口的网管交换机

1．交换机的配置管理方式

图 5-29 所示为把一台 PC 配置成配置终端，配置管理交换机的连接方式。

常见的配置管理交换机的方式有以下 4 种：

- 通过 Console 接口配置交换机；
- 通过 Telnet 协议对交换机进行远程管理；
- 通过 Web 方式对交换机进行远程管理；
- 通过 SNMP 对交换机进行管理。

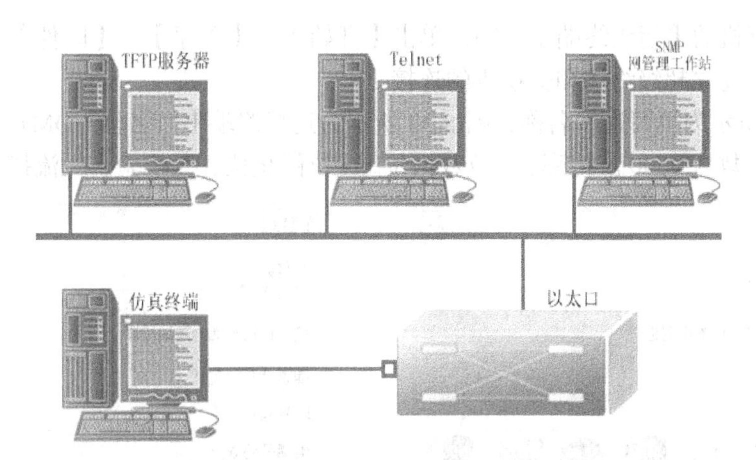

图 5-29　交换机的配置访问方式

新安装的交换机第一次配置时，必须通过 Console 接口方式配置交换机，这种方式不占用交换机带宽，又称为“带外管理”（Out of Band）。

上面 4 种配置管理交换机的方式中，后面 3 种方式均要使用网线口，通过网络远程登录方式配置管理，因此必须具备配置权限和连接交换机的 IP 地址。

2. 配置仿真终端

通过 Console 接口配置交换机时，首先使用串口线缆，插在交换机的 Console 接口，另一端连接计算机的 9 针 COM 串口，如图 5-30 所示。

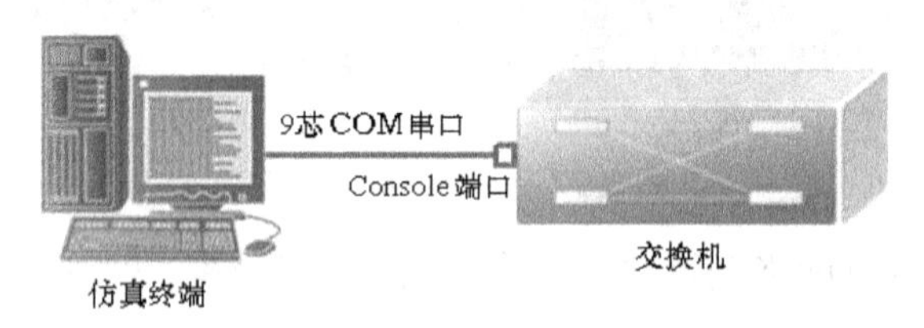

图 5-30 仿真终端的连接

如果使用计算机的 USB 接口，连接交换机的 Console 接口，需要使用 Console 线缆和 USB 转串口的 9 针串口线 USB-RS232 线，如图 5-31 所示，通过 USB 接口连接，实现即插即用。

但串口线 USB-RS232 线在系统中没有预置驱动程序，因此需要安装 USB-RS232 驱动程序。

图 5-31 USB 接口的连接线缆

打开计算机的【超级终端】程序，单击【开始】→【程序】→【附件】→【通信】→【超级终端】，建立超级终端和交换机的连接。

图 5-32 所示为填写连接名称，图 5-33 所示为选择终端串口名称 COM1，图 5-34 所示为设置连接参数为 9600 波特率、8 位数据位、1 位停止位、无校验、无流控。

图 5-32 仿真终端的连接端口

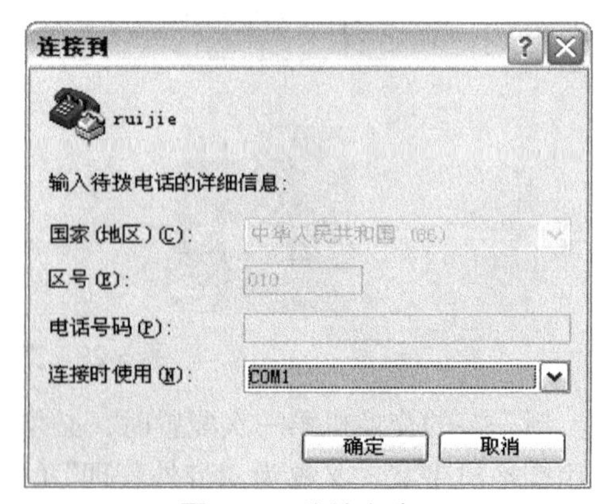

图 5-33 连接名称

设置好交换机的配置参数后，敲回车键就会出现交换机的配置状态，如图 5-35 所示。

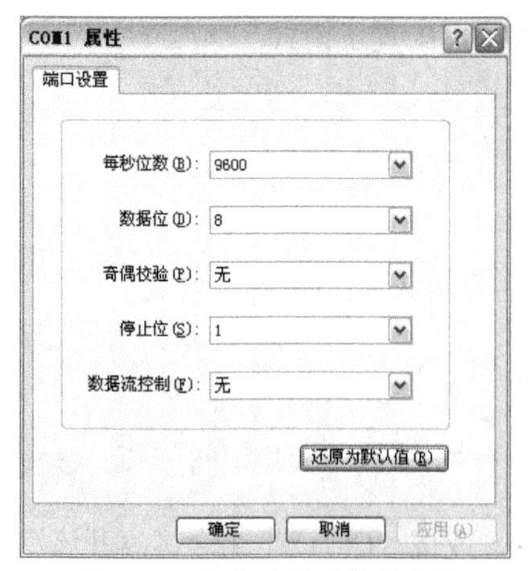

图 5-34　设备之间的连接参数

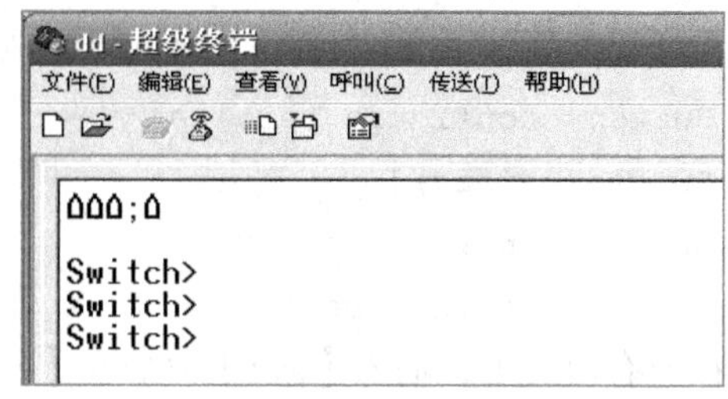

图 5-35　连接成功界面

此外，也可以使用第三方免费交换机配置工具软件 SecureCRT。SecureCRT 是一款运行于 Windows 平台上的理想工具，可以配置交换机设备，并且方便连接，如图 5-36 所示。

图 5-36　使用 SecureCRT 工具软件配置交换机

3. 交换机配置模式

（1）用户模式 Switch>

和交换机建立连接后，用户首先处于用户模式。在用户模式下，用户拥有很小的管理交换机的权限，在用户模式下命令的操作结果不会被保存。

（2）特权模式 Switch #

若想在交换机上使用更多命令，必须进入特权模式。

```
Switch>enable
Switch #
```

（3）全局配置模式：Switch(config) #

通过【configure terminal】命令进入配置模式。在配置模式（全局配置模式、接口配置模式等）下运行的命令，会对当前交换机的运行产生影响。

```
Switch# configure terminal
Switch(config)#
```

在全局配置模式下，使用【Interface】命令进入接口配置子模式。

```
Switch# configure terminal
Switch(config)#
Switch(config)#interface fa0/1
Switch(config-if)#
```

在全局配置模式下，使用【VLAN VLAN_id】命令进入 VLAN 配置模式。

```
Switch# configure terminal
Switch(config)#
Switch(config)#vlan 10
Switch(config-vlan)#
```

在所有模式下，输入【exit】命令或【end】命令，或按“Ctrl+Z”组合键离开该模式。

4. 使用帮助技术

（1）使用“?”获得帮助

在命令模式提示符下，输入问号“?”，列出该模式可以使用的命令列表。如不知道命令的下一个参数是什么，可以使用“?”命令查询。

还可以使用“?”来查看某个特定字母开头的所有命令，如输入“show b?”，就会返回以字母 b 开头的命令列表，常见的查询方式有：

```
如命令查询 con?
如命令参数查询 configure  ?
```

（2）使用“Tab”实现命令自动补齐

当然也可以只输入命令的前几个字母，再使用“Tab”键，自动补齐当前命令。

```
如 Switch>en（按“Tab”键）
```

（3）使用命令简写

交换机的操作系统命令和 DOS 的命令格式一样，可以使用该命令前几个字母的简写。

```
如 Switch#conf（按回车键）
```

（4）使用历史缓冲区加快操作

还可以使用“↑”方向键和“↓”方向键，将以前操作过的命令重新翻回去。

```
如 Switch#（按“↓”方向键）
```

5. 查看交换机的配置信息

【show】命令用于了解交换机的配置信息，版本信息以及工作状态，以便及时排除故障。

```
如 Switch #show ?    ！提供一个可利用的【show】命令列表
```

- show running-configuration

显示交换机设备的当前配置。

- show interface

显示交换机接口的状态：接口的协议状态、利用情况、错误、MTU。

可以输入“show interfaces Fa0/1”，查询特定端口的状态。

- show ip route

显示三层交换机或路由器的路由表。

● show version

显示交换机操作系统的版本信息。

● show mac-address-table

显示所有交换机学习到的所连计算机的 MAC 地址表信息。

● show VLAN

显示所有交换机已配置的虚拟局域网中的 VLAN 信息。

网络实践

网络实践 1：配置交换机设备

【任务场景】

张明在某学校网络中心担任网络管理员。在日常需要巡检学校的接入交换机，及时排除网络故障，优化网络传输，图 5-37 所示为宿舍楼交换机，需要查看和优化交换机。

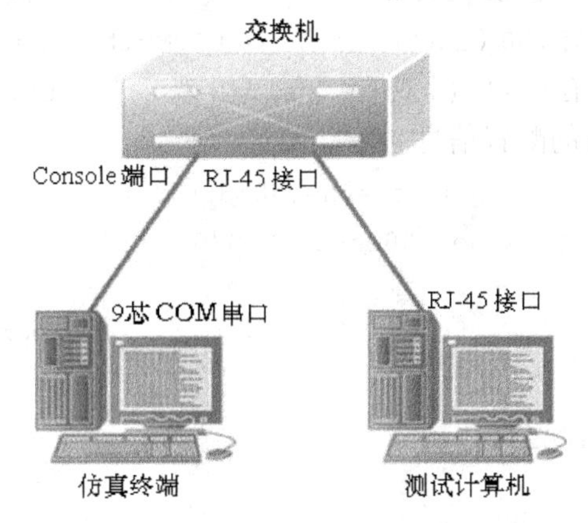

图 5-37　配置交换机的连接拓扑图

【设备清单】

交换机（一台）、计算机（≥一台）、网线（若干根）。

【工作过程】

步骤一：搭建环境。

如图 5-37 所示为拓扑图，按照该拓扑连接设备，组建网络。

步骤二：配置交换机。

（1）配置交换机名称。

```
Switch>enable                              ! 进入交换机特权模式
Switch#
Switch#configure terminal                  ! 进入交换机配置模式
Switch(config)#hostname S2126G             ! 修改交换机标识名为 S2126G
S2126G (config)#exit                       ! 结束返回到特权模式
```

（2）查看交换机版本信息。

```
S2126G #show version                            ! 查看交换机的版本信息
System description: Red-Giant Gigabit Intelligent Switch(S2126G) By Ruijie
Network
System uptime            : 0d:0h:43m:28s
System hardware version : 3.0             ! 查看设备的硬件版本信息
System software version : 1.61(4)  Build Sep  9 2005 Release
System BOOT version      : RG-S2126G-BOOT  01-02-02
System CTRL version      : RG-S2126G-CTRL  03-09-03
Running Switching Image : Layer2          ! 表示是二层交换机
```

（3）交换机端口参数的配置。

```
Switch# configure terminal
Switch(config)#interface fastethernet 0/3        ! 进行 Fa0/3 的端口模式
Switch(config-if)#speed 100                     ! 配置端口速率为 100Mbit/s
Switch(config-if)#duplex full                   ! 配置端口的双工模式为全双工
Switch(config-if)#no shutdown                   ! 开启该端口，使端口转发数据
! 配置端口的速率参数有 100（100Mbit/s）、10（10Mbit/s）、auto(自适应)，默认是 auto
! 配置端口的双工模式有 full （全双工）、half(半双工)、auto，默认是 auto
```

（4）查看交换机端口的配置信息。

```
Switch#show interface fastethernet 0/3
Interface   : FastEthernet100Base-TX 0/3
Description :
AdminStatus : up                                ! 查看端口的状态
OperStatus  : up
Hardware    : 10/100Base-TX
Mtu         : 1500
LastChange  : 0d:0h:0m:0s
AdminDuplex : full                              ! 查看配置的双工模式
OperDuplex  : Unknown
AdminSpeed  : 100                               ! 查看配置的速率
OperSpeed   : Unknown
FlowControlAdminStatus : Off
FlowControlOperStatus  : Off
Priority    : 0
Broadcast blocked          :DISABLE
Unknown multicast blocked :DISABLE
Unknown unicast blocked   :DISABLE
```

（5）为交换机配置管理地址。

```
Switch(config)#
Switch(config)# interface vlan 1                      ! 打开交换机管理 VLAN
```

```
Switch(config-if)# ip address 192.168.1.1  255.255.255.0
！为交换机配置管理地址
Switch(config-if)# no shutdown                        ！VLAN 设置为启动状态
Switch(config-if)# exit
```

（6）查看交换机的配置信息。

```
Switch#show ip interfaces                  ！查看交换机接口的信息
……
Switch#show interfaces vlan 1              ！查看管理 VLAN1 的信息
……
Switch#show running-config                 ！查看配置信息
……
```

（7）配置交换机的配置信息。

```
Switch#copy running-config startup-config
Switch#write             ！将当前运行参数保存到 flash 中，用于下次系统初始化参数
Switch# delete flash:config.text            ！永久性删除 flash 中的配置文件
```

5.8 虚拟局域网基础

传统以共享介质为中心的以太网，所有的用户都在一个广播域中，通过广播方式传输信息，不仅网络中计算机的安全得不到保障，还会引起网络性能下降。随着网络规模的不断扩展，需要找到新的解决方法。

配置交换机的端口限速

虚拟局域网 VLAN 技术在全网广播的基础上，把用户划分到更小的工作组中，每个工作组就相当于一个隔离局域网，如图 5-38 所示。

这些虚拟工作组（VLAN）在网络发展早期，有效地解决了传统局域网中出现的冲突、广播和安全问题，提高了传统局域网的性能。

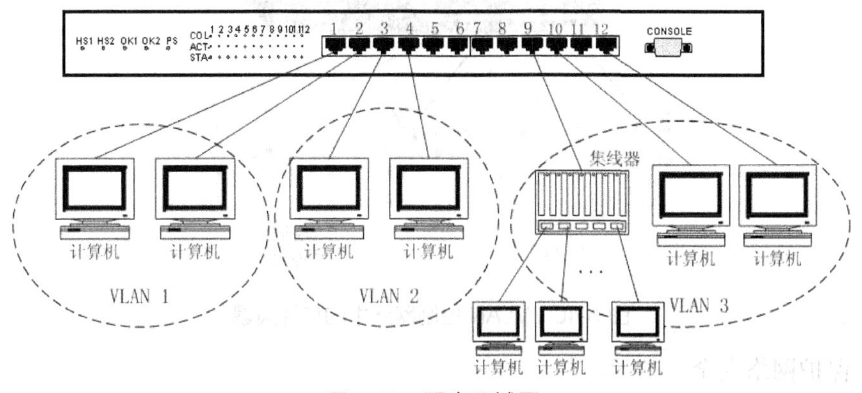

图 5-38　隔离局域网

1. 什么是虚拟局域网技术

虚拟局域网（Virtual Local Area Network，VLAN）技术将局域网内的设备，逻辑而不是物理地划分成一个个子网段，这些在物理网络上划分出来的逻辑网络，能实现在逻辑网中隔离物理网络的广播功能，如图 5-39 所示。

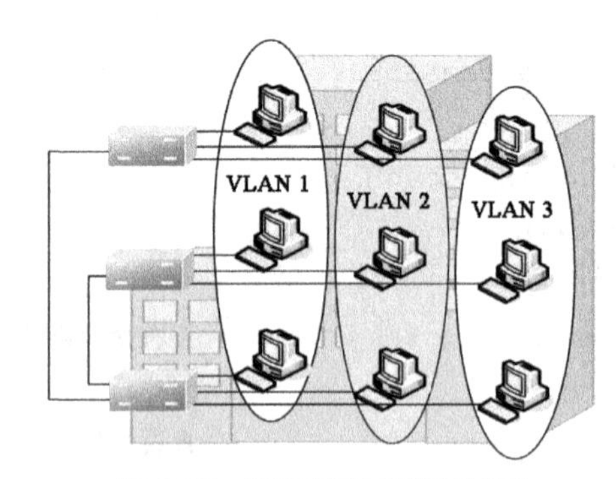

图 5-39 跨区域的虚拟局域网

VLAN 将一个局域网内的广播流量，控制在一个个子 VLAN 内部传播。

划分 VLAN 后，由于广播域缩小，网络中的广播包会减少，消耗的网络带宽所占比例大大降低，网络性能得到显著提高。但网络隔离后，不同 VLAN 之间不能通信，如果需要通信，需要通过第三层（网络层）设备实现。

2. 虚拟局域网的特点

VLAN 技术根据用户位置或者部门进行分组，网络管理人员通过控制交换机每一个端口，控制用户对网络资源的访问，减少网络中的广播流量，提高网络的传输效率。

VLAN 工作原理

虚拟局域网技术的主要特点如下。

（1）控制广播风暴

通过将交换机上某个端口划分到某个 VLAN 中，隔离了网络中的广播，从而使一个 VLAN 中的广播风暴不会影响其他 VLAN 中的设备，提高整网性能，如图 5-40 所示。

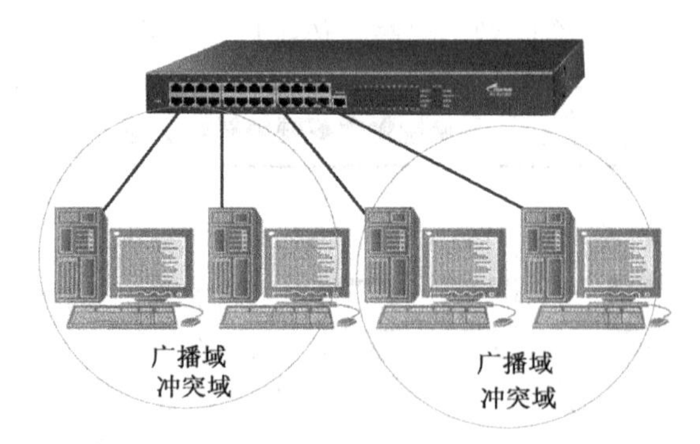

图 5-40 VLAN 控制网络中的广播风暴

（2）保护网络安全

共享式局域网之所以很难保证网络安全性，是因为只要用户接入交换机的一个活动端口，就能访问整个网络资源。而 VLAN 技术可以限制用户的随意访问，通过控制交换机的端口，控制广播域的大小和虚拟局域网的位置，确保本地网络的安全性。

（3）提高组网灵活性

网络管理员能借助 VLAN 技术轻松管理整个网络。通过设置【VLAN】命令，就能在很短时间内建立工作组网络，通过更改项目组成员，按照不同的项目划分 VLAN 网络，使项目组中的成员使用 VLAN 网络，就像本地使用局域网中的资源一样。

5.9 配置虚拟局域网

划分虚拟局域网的方法很多，但基于端口的 VLAN 划分方法，是划分虚拟局域网最常见的方法。如把交换机的 3 ~ 8 端口划分到 VLAN 10 中，而把交换机的 19 ~ 24 端口划分到 VLAN 20 中，实现按照一个个交换机端口划分 VLAN 的端口集合，如图 5-41 所示。

这些属于同一个 VLAN 的端口可以连续，也可以不连续，连接在同一个 VLAN 中的设备，甚至可以跨越多台交换机，只需要配置交换机的端口参数，即可完成 VLAN 的划分。

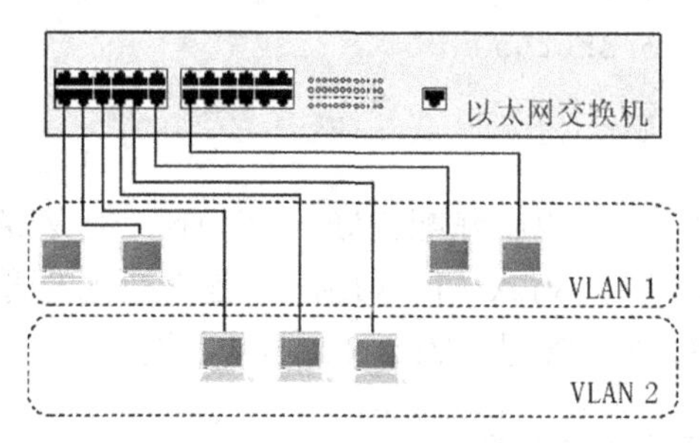

图 5-41　基于端口的 VLAN 划分

根据端口划分是目前定义 VLAN 的最广泛方法。优点是只要将连接设备的端口进行定义即可，缺点是如果某个 VLAN 用户离开原来的端口，接到一个新端口，就必须重新定义，如图 5-42 所示。

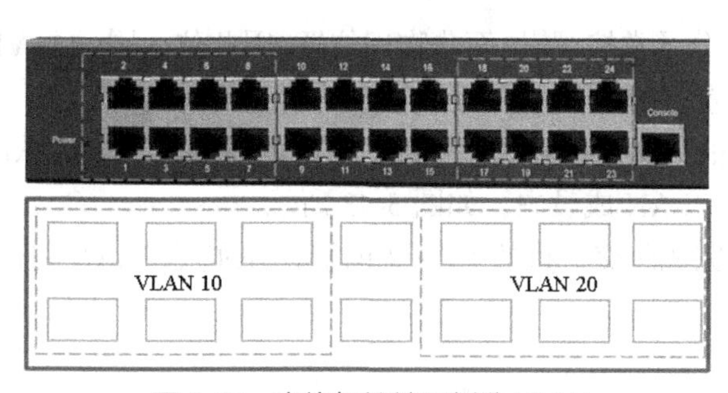

图 5-42　交换机按端口划分 VLAN

（1）在全局配置模式下，创建 VLAN。

```
Switch#configure terminal
Switch(config)#vlan 10                        ! 启用 VLAN 10
Switch(config)#name test                      ! 把 VLAN 10 命名为 test
Switch(config-vlan)#
```

（2）查看交换机 VLAN 1 的信息内容。

```
S3760-24#show vlan      ! 查看交换机 VLAN 1 的管理中心信息
VLAN  Name                   Status   Ports
----------------------------------------------------------------
  1  VLAN0001                  STATIC   Fa0/1, Fa0/2, Fa0/3, Fa0/4
```

```
                                      Fa0/5,  Fa0/6,  Fa0/7,  Fa0/8
                                      Fa0/9,  Fa0/10, Fa0/11, Fa0/12
                                      Fa0/13, Fa0/14, Fa0/15, Fa0/16
                                      Fa0/17, Fa0/18, Fa0/19, Fa0/20
                                      Fa0/21, Fa0/22, Fa0/23, Fa0/24
                                      Gi0/25, Gi0/26, Gi0/27, Gi0/28
```

（3）指定端口到划分好的 VLAN 中。

```
Switch#configure terminal
Switch(config)# interface fastEthernet 0/5       ! 打开交换机的接口 5
Switch(config-if)# switchport access vlan 10     ! 把该接口分配到 VLAN 10 中
Switch(config-if)#no shutdown
Switch(config-if)#end
Switch# show vlan                                ! 查看 VLAN 的配置信息
```

使用【no vlan 10】命令，可以删除配置好的 VLAN，但 VLAN 1 不允许删除。

所有交换机上默认都有一个 VLAN 1，VLAN 1 是交换机的管理中心。默认情况下，交换机所有的端口都属于 VLAN 1 管理，VLAN 1 不可以被删除。

5.10 虚拟局域网干道技术

1. 同一个 VLAN 的内部通信

在一个 VLAN 内部从一个端口发出的数据帧，可以直接广播到同一个 VLAN 内部成员的所有端口。

由于 VLAN 的划分通常按逻辑，而非物理位置，因此位于同一个 VLAN 中的成员设备，可以跨越任意物理位置上的多台交换机。

在没有技术处理的情况下，一台交换机上 VLAN 中的信号，无法跨越交换机传递到另一台交换机的同一个 VLAN 成员中，如图 5-43 所示。

那么，怎样才能完成跨交换机的 VLAN 识别，并实现 VLAN 内部成员的通信呢?

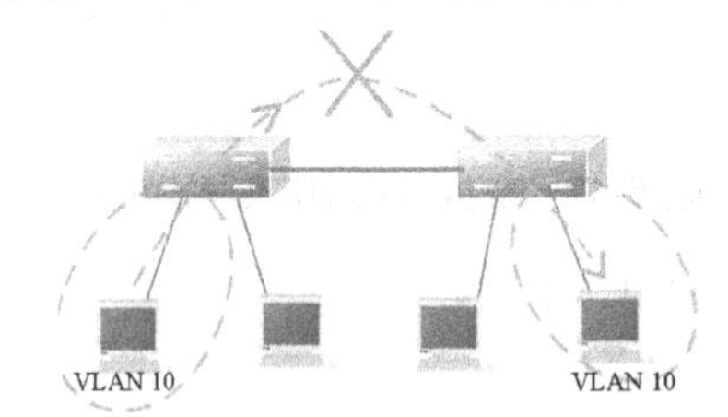

图 5-43 跨交换机上相同 VLAN 的内部成员之间无法通信

2. VLAN 端口类型

IEEE 组织于 1999 年颁布了 IEEE 802.1q 协议标准，定义了实现跨交换机上同一个 VLAN 内部成员之间的通信规则，解决了跨交换机上同一个 VLAN 的内部成员之间的通信难题。

在 IEEE 802.1q 协议标准中，需要在交换机上定义端口模式，即 Access 接入端口和 Trunk 干道端口。其中：

Access 接入端口通常是交换机连接 PC 的端口，只属于一个 VLAN 通信所有，是交换机的默认端口工作模式；

Trunk 干道端口则属于多个 VLAN 通信，通常是连接交换机的端口，可以传输交换机上所有的 VLAN 信息，实现跨交换机上相同 VLAN 的内部成员之间的通信，如图 5-44 所示。

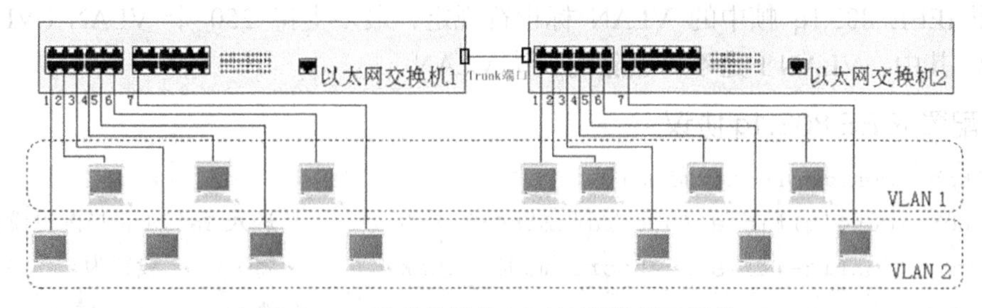

图 5-44 跨交换机的 VLAN 干道端口通信

3. 什么是 IEEE 802.1q 协议

为了让 VLAN 能够跨越多台交换机，实现同一个 VLAN 的内部成员之间的通信，需要采用干道链路 Trunk 技术，将两台交换机连接的端口配置成干道端口。Trunk 主干链路是连接不同交换机的一条骨干链路，可同时识别多个 VLAN 的标识信息，承载多个来自 VLAN 的数据帧信息。

IEEE 802.1q VLAN 标准规范了交换机按端口划分 VLAN。通过在传输中的每个数据帧中，增加一个 Tag 帧标识，实现了同一个 VLAN 中的设备，能够跨越多台交换机，实现了相同 VLAN 的内部设备之间能够进行通信。

由于同一个 VLAN 的内部成员可能会跨越多台交换机，而多个不同 VLAN 的数据帧，都需要通过交换机的同一条链路进行传输，这就要求跨越交换机的数据帧，必须封装为一个特殊标签 Tag，以标识它属于哪一个 VLAN，方便 VLAN 中的内部成员设备之间进行通信。

4. IEEE 802.1q 协议细节

IEEE 802.1q 技术标识，使用 VLAN 标签 Tag 方式，解决了跨交换机的 VLAN 通信。为了让交换机能够处理分布在不同交换机上的 VLAN 信息，当数据帧通过干道端口传送时，干道端口会对每个通过的数据帧打上一个 VLAN ID 标记。然后，通过在对端的交换机的干道端口上，拆掉数据帧上的 VLAN ID 标记，将该数据帧传输到对应的 VLAN 中。

IEEE 802.1q

在图 5-45 所示的 IEEE 802.1q 帧结构中，使用 4Bytes 标记头定义 Tag（标记），包括 2Bytes 的 TPID（Tag Protocol IDentifier）和 2Bytes 的 TCI（Tag Control Information）。

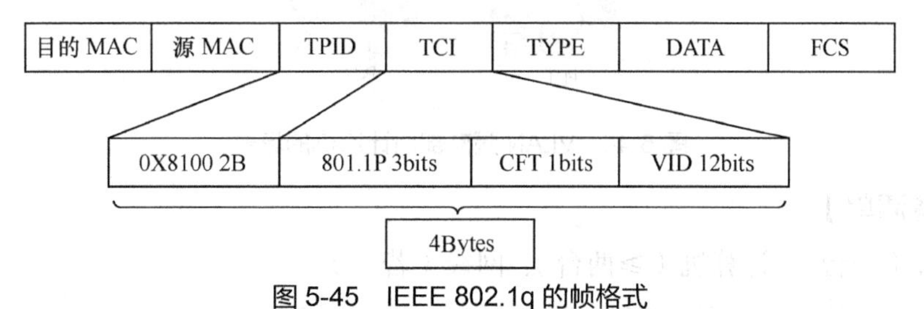

图 5-45 IEEE 802.1q 的帧格式

其中：

帧头中的 TPID 是固定数值 0X8100，标识该数据帧承载的 IEEE 802.1q 的 Tag 信息；

帧头中的 TCI 包含的信息内容为 3bits 的用户优先级，1bit 的 CFI（Canonical Format Indicator，默认值为 0），12bits 的 VLAN 标识符（VALAN Identifier，VID）。

按照 IEEE 802.1q 帧中的 VLAN 标识符规定，最多支持 250 个 VLAN（VLAN ID 1~4094），其中，VLAN 1 是不可删除的默认 VLAN。

5. 配置 IEEE 802.1q 协议

```
Switch #configure terminal
Switch (config)#interface fastEthernet 0/1       ! 进入 Fa0/1 接口配置模式
Switch (config-if)#switchport mode trunk         ! 将 Fa0/1 设置为 Trunk 模式
Switch# show vlan                                ! 查看 VLAN 配置信息
......
```

如果把该端口还原为接入端口，可以使用如下命令。

```
Switch (config)#interface fastEthernet 0/1       ! 进入 Fa0/1 接口配置模式
Switch (config-if)#switchport mode Access        ! 将 Fa0/1 设置为 Access 模式
```

网络实践

网络实践 2：配置虚拟局域网

【任务场景】

林先生所在公司的楼上是销售部，由于销售部机位不够，因此，销售部部分员工的计算机需要连接在楼下客户部的交换机端口上，两个部门共享交换机办公。为避免两个部门之间干扰，需要把两个部门的计算机隔开，形成两个互不联通、互不干扰的网络。

图 5-46 所示为网络拓扑，是楼下客户部和销售部共享办公网交换机的场景。

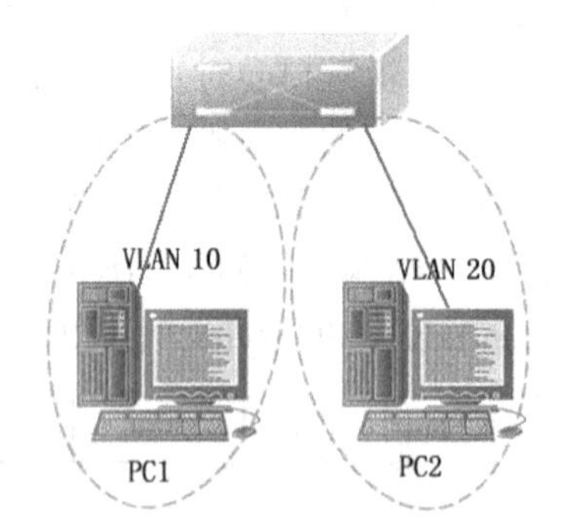

图 5-46　VLAN 隔离部门计算机的场景

【设备清单】

交换机（一台）、计算机（≥两台）、网线（若干）。

【工作过程】

步骤一：组网。

图 5-46 所示为组网场景。其中，PC1 模拟客户部计算机，PC2 模拟销售部计算机。

步骤二：配置地址。

为客户部和销售部计算机配置表 5-5 所示的 IP 地址。

表 5-5 客户部和销售部的 IP 地址规划

名称	IP 地址	子网掩码	备注
PC1	192.168.1.1	255.255.255.0	客户部计算机
PC2	192.168.1.2	255.255.255.0	销售部计算机

步骤三：查看交换机的配置。

```
switch>enable
switch #show running-config   ! 查看交换机中配置是否处于初始状态
......
switch #show vlan
VLAN Name                    Status    Ports
--------------------------------------------------------------------
   1 VLAN0001                STATIC    Fa0/1,   Fa0/2,   Fa0/3,   Fa0/4
                                       Fa0/5,   Fa0/6,   Fa0/7,   Fa0/8
                                       Fa0/9,   Fa0/10,  Fa0/11,  Fa0/12
                                       Fa0/13,  Fa0/14,  Fa0/15,  Fa0/16
                                       Fa0/17,  Fa0/18,  Fa0/19,  Fa0/20
                                       Fa0/21,  Fa0/22,  Fa0/23,  Fa0/24
```

步骤四：配置交换机 VLAN 信息

（1）在交换机上创建 VLAN。

```
Switch#configure terminal
Switch(config)#vlan 10
Switch(config-vlan)# name test10
Switch(config)# vlan 20
Switch(config-vlan)# name test20
Switch(config-vlan)#end
Switch#show vlan
```

（2）配置交换机，将接口分配到 VLAN。

```
Switch(config-if)# interface fastethernet 0/5 ! Fa0/5 端口上连接 PC1
Switch(config-if)# switchport access vlan 10  ! 将 Fa0/5 端口加入 VLAN 10
Switch(config-if)#interface fastethernet 0/15 ! Fa0/15 端口上连接 PC2
Switch(config-if)# switchport access vlan 20  ! 将 Fa0/15 端口加入 VLAN 20
Switch(config-if)#end
Switch#show vlan                              ! 查看配置好的 VLAN 信息
```

网络实践

网络实践 3：配置虚拟局域网干道技术

【任务场景】

销售部计算机连接在楼上和楼下两台互联交换机上。为避免楼下办公区中客户部和销售部两个部门计算机干扰，实现楼下办公区两个部门的 PC 隔离，实现整个销售部所有计算机联通。图 5-47 所示为两台交换机的连接场景，通过配置 IEEE 802.1q 干道技术，实现楼上和楼下销售部计算机互通。

【设备清单】

交换机（两台）、计算机（≥3 台）、网线（若干根）。

【工作过程】

步骤一：组网。

图 5-47 所示为组建网络的场景。其中，PC2 模拟客户部，PC1，PC3 模拟销售部。

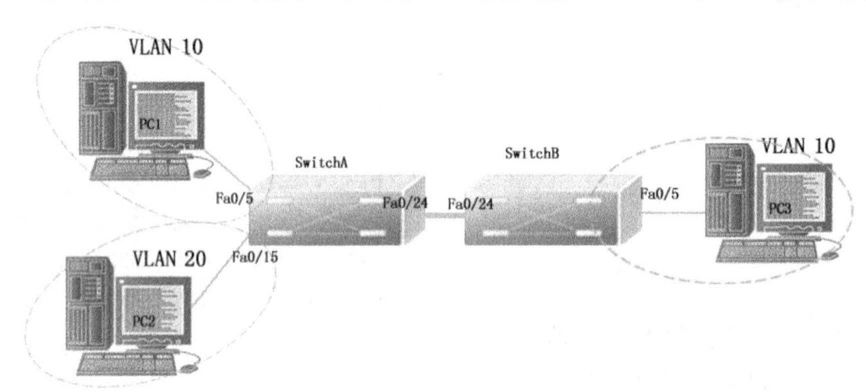

图 5-47　配置 IEEE 802.1q 干道技术的场景

步骤二：配置地址。

表 5-6 所示为客户部和销售部计算机配置的 IP 地址。

表 5-6　客户部和销售部计算机地址规划

名称	IP 地址	子网掩码	备注
PC1	192.168.1.1	255.255.255.0	销售部计算机
PC2	192.168.1.2	255.255.255.0	客户部计算机
PC3	192.168.1.3	255.255.255.0	销售部计算机

步骤三：查看交换机的配置。

```
switch>enable
switch #show running-config      ! 查看交换机中配置是否处于初始状态
......
```

```
switch #show vlan
VLAN Name                          Status    Ports
-------------------------------------------------------------------
  1 VLAN0001                       STATIC    Fa0/1,   Fa0/2,   Fa0/3,   Fa0/4
                                             Fa0/5,   Fa0/6,   Fa0/7,   Fa0/8
                                             Fa0/9,   Fa0/10,  Fa0/11,  Fa0/12
                                             Fa0/13,  Fa0/14,  Fa0/15,  Fa0/16
                                             Fa0/17,  Fa0/18,  Fa0/19,  Fa0/20
                                             Fa0/21,  Fa0/22,  Fa0/23,  Fa0/24
```

步骤四：配置交换机的 VLAN 信息。

（1）在交换机 SwitchA 上创建 VLAN 10，并将 Fa 0/5 端口划分到 VLAN 10 中。

```
SwitchA # configure terminal                     ! 进入全局配置模式
SwitchA(config)# vlan 10                         ! 创建 VLAN 10
SwitchA(config-vlan)# name sales                 ! 将 VLAN 10 命名为 sales
SwitchA(config-vlan)#exit
SwitchA(config)#interface fastethernet 0/5       ! 进入接口配置模式
SwitchA(config-if)#switchport access vlan 10     ! 将 Fa0/5 端口划分到 VLAN 10
SwitchA(config-if)#no shutdown
SwitchA(config-if)#exit
```

（2）验证已创建了 VLAN 10，并将 Fa0/5 端口已划分到 VLAN 10 中。

```
SwitchA#show vlan 10                             ! 查看某一个 VLAN 的信息
VLAN Name                             Status    Ports
---- ------------------------ --------- -----------------------
10   sales                           active    Fa0/5
```

（3）在交换机 SwitchA 上创建 VLAN 20，并将 Fa0/15 端口划分到 VLAN 20 中。

```
SwitchA # configure terminal
SwitchA(config)# vlan 20
SwitchA(config-vlan)# name server                ! 命名客户服务部
SwitchA(config-vlan)#exit

SwitchA(config)#interface fastethernet 0/15
SwitchA(config-if)#switchport access vlan 20
SwitchA(config-if)#no shutdown
SwitchA(config-if)#exit
```

（4）验证已创建了 VLAN 20，并将 Fa0/15 端口已划分到 VLAN 20 中。

```
SwitchA#show vlan 20
VLAN Name                             Status    Ports
---- ------------------------ --------- -----------------
20   technical                        active    Fa0/15
```

（5）在交换机 SwitchB 上创建 VLAN 10，并将 Fa0/5 端口划分到 VLAN 10 中。

```
SwitchB # configure terminal
```

```
SwitchB(config)# vlan 10
SwitchB(config-vlan)# name sales
SwitchB(config-vlan)#exit

SwitchB(config)#interface fastethernet 0/5
SwitchB(config-if)#switchport access vlan 10
SwitchB (config-if)#no shutdown
SwitchB (config-if)#exit
```

（6）验证在 SwitchB 上已创建了 VLAN 10，并将 Fa0/5 端口已划分到 VLAN 10 中。

```
SwitchB#show vlan 10
VLAN Name                             Status    Ports
---- -------------------------- ---------- ----------------------
10   sales                           active    Fa0/5
```

步骤五：配置交换机干道技术。

（1）将 SwitchA 与 SwitchB 的相连端口（假设为 Fa0/24），定义为干道模式。

```
SwitchA # configure termina
SwitchA(config)#interface fastethernet 0/24
SwitchA(config-if)#switchport mode trunk   ！将 Fa0/24 端口设为干道模式
SwitchA(config-if)#no shutdown
SwitchA(config-if)#exit
```

（2）验证 Fa0/24 端口已被设置为干道模式。

```
SwitchA#show interfaces fastEthernet 0/24
Interface  Switchport Mode     Access  Native   Protected VLAN lists
----------  --------- -------------------------------------
Fa0/24     Enabled    Trunk      1       1          Disabled    All
```

（3）将 SwitchB 与 SwitchA 的相连端口（假设为 Fa0/24）定义为干道模式。

```
SwitchB # configure termina
SwitchB(config)#interface fastethernet 0/24
SwitchB(config-if)#switchport mode trunk
SwitchB(config-if)#no shutdown
SwitchB(config-if)#exit
```

（4）验证 Fa0/24 端口已被设置为干道模式。

```
SwitchB#show interfaces fastEthernet 0/24 switchport
Interface  Switchport Mode     Access  Native   Protected VLAN lists
---------- -------- --------- --------------------------------
Fa0/24     Enabled    Trunk      1        1        Disabled   All
```

步骤六：测试。

使用【ping】命令测试 PC1、PC2 和 PC3 之间的联通情况。

（1）由于在交换机上实施 VLAN 技术，原来互相联通的网络实现隔离。实现连接在同一台交换机上的客户部和销售部计算机隔离。验证 PC1 与 PC2 之间不能通信。

```
C:>ping 192.168.1.2      ! 在PC1不能ping通PC2，不同部门不能通信
……DOWN !……
```

（2）由于实施VLAN干道技术，使原来跨交换机，互相不通的销售部计算机实现联通。

```
C:>ping 192.168.1.3      ! 在PC1能ping通PC3，同部门互相通信
……OK!……
C:>ping 192.168.1.2      ! 在PC1不能ping通PC2，不同部门不能通信
……DOWN !……
```

认证测试

以下每道选择题中，都有一个或多个正确答案（最优答案），请选择出正确答案（最优答案）。

1．通过Console接口管理交换机，在超级终端里应设为（　　）。

A．波特率：9600　数据位：8　停止位：1　奇偶校验：无

B．波特率：57600　数据位：8　停止位：1　奇偶校验：有

C．波特率：9600　数据位：6　停止位：2　奇偶校验：有

D．波特率：57600　数据位：6　停止位：1　奇偶校验：无

2．下列不属于交换机配置模式的有（　　）。

A．特权模式　B．用户模式　C．端口模式

D．全局模式　E．VLAN配置模式　F．线路配置模式

3．交换机工作在OSI七层的第（　　）。

A．一层　B．二层　C．三层　D．三层以上

4．交换机和交换机连接的接口模式是（　　），交换机和主机连接的接口模式是（　　）。

A．Access，Trunk　B．Access，Access

C．Trunk，Trunk　D．Trunk，Access

5．局域网络标准对应OSI模型的（　　）层。

A．下两层　B．下三层　C．下四层　D．上三层

6．一个B类地址段可以容纳（　　）台主机。

A．254　B．1024　C．65534　D．2048

7．对地址进行子网划分带给网络的好处是（　　）。

A．将一个广播域划分成若干个小的广播域

B．提高网络性能

C．简化管理

D．易于扩大地理范围

8．在有类地址中，B类地址的默认子网掩码为（　　）。

A．255.0.0.0　B．255.255.255.255

C．255.255.255.0　D．255.255.0.0

9．交换机端口在VLAN技术中应用时，常见的端口模式有（　　）。

A．Access　B．Trunk　C．三层接口　D．以太网接口

10．二层交换机级联时，涉及跨越交换机的多个 VLAN 信息需要交互时，Trunk 接口能够实现的是（　　）。

A．实现多个 VLAN 的通信　　B．实现相同 VLAN 间通信

C．可以直接连接普通主机　　D．交换机互联的接口类型可以不一致

11．当前网络使用的 IP 版本为（　　）。

A．IPv4　　B．IPv5　　C．IPv6　　D．IPv7

12．将 172.16.1.1 这个 IP 地址转化为二进制，下列选项中正确的是（　　）。

A．10101100 00001000 00000010 00000001

B．10100110 00010000 00000001 00000001

C．11001100 00010000 00000001 00000001

D．10101100 00010000 00000001 00000001

13．某公司网络改造，分给子公司一个 192.168.10.0/24 的 C 类地址，现在子公司需要将整个子网划分成至少 5 个子网，每个子网能够容纳（　　）台主机。

A．30　　B．62　　C．126　　D．200

14．下列地址中属于 IPv4 私有地址范围的是（　　）。

A．10.158.1.76　　B．224.0.0.9　　C．110.1.8.7　　D．172.16.8.37

15．将一个 C 类地址段 192.168.1.0/24 进行子网划分，每个子网至少容纳 33 台主机，最多可以划分（　　）个子网。

A．4　　B．8　　C．16　　D．2

16．以下关于局域网交换机技术特征的描述中正确的是（　　）。

A．局域网交换机建立和维护一个表示源 MAC 地址与交换机端口对应关系的交换表

B．局域网交换机根据进入端口数据帧中的 MAC 地址，转发数据帧

C．局域网交换机工作在数据链路层和网络层，是一种典型的网络互联设备

D．局域网交换机在发送节点所在的交换机端口（源端口），和接收节点所在的交换机端口（目的端口）之间建立虚连接。

17．配置 VLAN 有多种方法，下面不是配置 VLAN 的方法是（　　）。

A．把交换机端口指定给某个 VLAN　　B．把 MAC 地址指定给某个 VLAN

C．根据路由设备来划分 VLAN　　D．根据上层协议来划分 VLAN

18．交换式局域网从根本上改变了“共享介质”的工作方式，通过局域网交换机支持端口之间的多个并发连接，可以增加网络带宽，改善局域网性能与（　　）。

A．服务质量　　B．网络监控　　C．存储管理　　D．网络拓扑

19．建立虚拟局域网的主要原因是（　　）。

A．将服务器和工作站分离　　B．使广播流量最小化

C．增加广播流量的广播能力　　D．提供网段交换能力

20．同一个 VLAN 中的两台主机（　　）。

A．必须连接在同一台交换机上　　B．可以跨越多台交换机

C．必须连接在同一集线器上　　D．可以跨越多台路由器

第6章 扩展交换网络范围

在传统局域网中，一个网段所能连接的计算机数量有限，这是因为接入网络的计算机越多，网络性能就会越低。因此，需要使用各种网络扩展或连接设备来扩展网络规模，改善和提高网络性能。

随着通信技术和计算机技术的发展，网络结构的选择直接影响着网络的运行效率、可靠性和网络安全，因此在网络扩展的过程中，都按照层次化的网络结构进行设计，以扩展网络的范围。层次化网络设计在网络结构设计中，比以往使用的非层次化网络设计有着很多优势，具有更高的稳定性和安全性，是网络结构的设计趋势。

通过本章的学习，了解交换网络范围扩展和优化技术，掌握网络组网优化技术。

- 学习层次化网络规划设计
- 了解交换网络级联、堆叠、集群技术
- 学习以太网络优化技术：链路聚合技术
- 学习以太网络优化技术：生成树技术

6.1 扩展以太网范围

大多数以太网均采取星形网络架构，有一个或者多个中央节点（交换机或集线器），每一台终端设备都通过单独的线路与中央节点相连，如图6-1所示。

为把更多的设备接入到以太网中，需要对网络进行扩展，构建一个中型以太网络。

中型规模的网络是在小型规模网络基础上的延伸，它经常出现在小区、办公室楼层，以及校园网络环境中，如图6-2所示。

中型网络实际上是多个小型规模网络的互相连接，规模通常为200~1000个节点，网络覆盖的范围更大，网络拓扑更复杂，甚至会使用几种不同类型的网络传输介质。

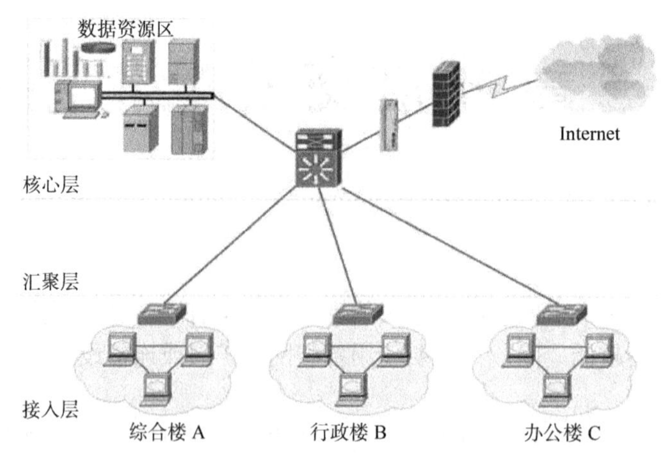

图 6-1　某企业的网络拓扑场景

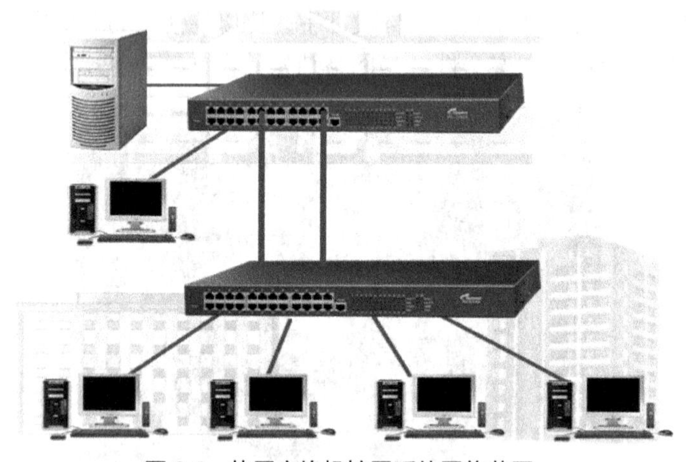

图 6-2　使用交换机扩展延伸网络范围

中型规模的网络在规划过程中，一般会规划几个子网段，使用多台交换机，如图 6-3 所示。

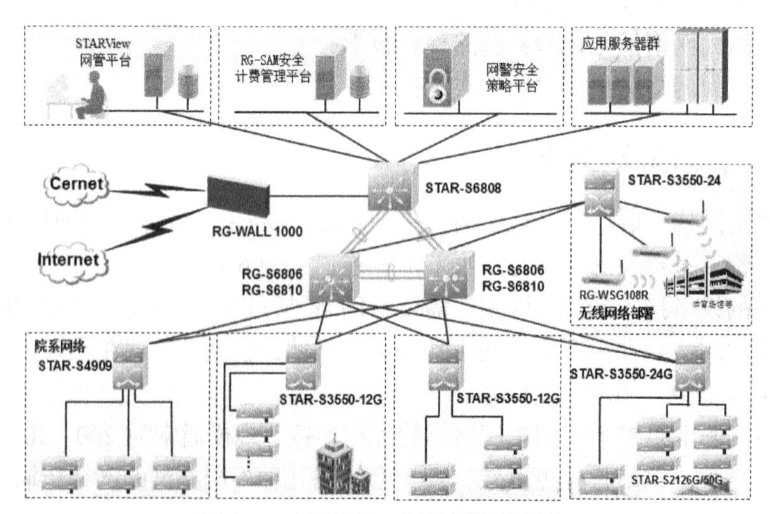

图 6-3　中型网络：某校园网络拓扑

6.2 层次化网络规划设计

与小型以太网组网方式不同的是，大、中型以太网络在规划中，普遍采用三层结构模型，明确每一台设备在以太网中所承担的基本功能，如图 6-4 所示。

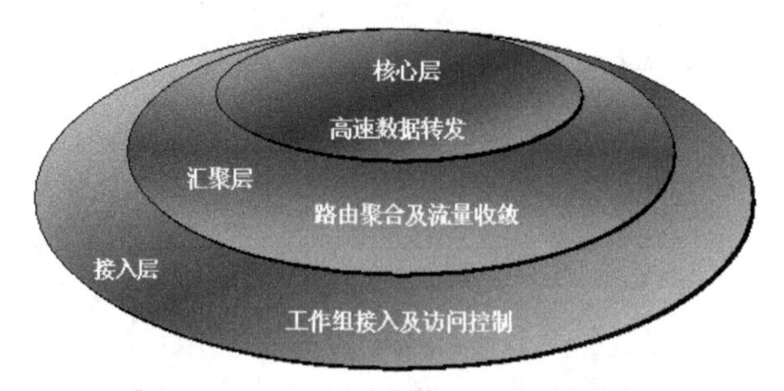

图 6-4 大、中型以太网的三层结构模型

规划和设计以太网络时，通常按照网络的功能，从逻辑结构上将网络划分为三个层次，即核心层（Core Layer）、汇聚层（Distribution Layer）和接入层（Access Layer），如图 6-5 所示，每个层次承担其特定的功能。

大中型以太网络在规划中均采用层次化设计，选择不同的网络设备安装在不同的层上，承担各层不同的通信功能，分别在分层网络中发挥最大的通信功能。

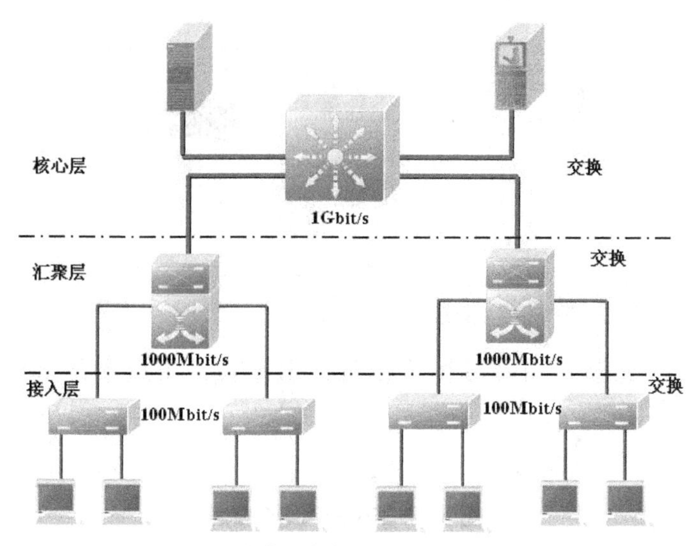

图 6-5 以太网络的分层结构设计示例

1. 核心层功能

核心层也称为骨干层，在层次化设计中，核心层保障网络的冗余，实现网络的稳定和高速传输，实现骨干网络之间的优化传输。

图 6-6 所示为某校园网核心层设备，为整个网络提供骨干网络的高速交换，对协调整网的通信至关重要。在设计核心层时，网络的控制功能应尽量少在核心层上实施。

核心层是网络中所有流量的最终汇聚者，对核心层的设计及网络设备的选型要求严格。在网络规划和投资上，核心层设备将占投资的主要部分。

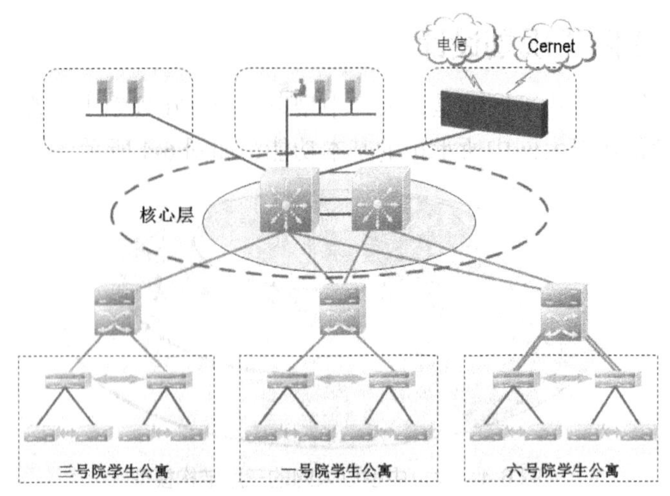

图 6-6　某校园网络的核心层

2. 汇聚层功能

将位于接入层和核心层之间的设备称为分布层或汇聚层，汇聚层是多台接入层交换机的汇聚点，处理来自接入层设备的所有通信量，并提供到核心层的上行链路。图 6-7 所示的虚线标注区域为汇聚层场景。

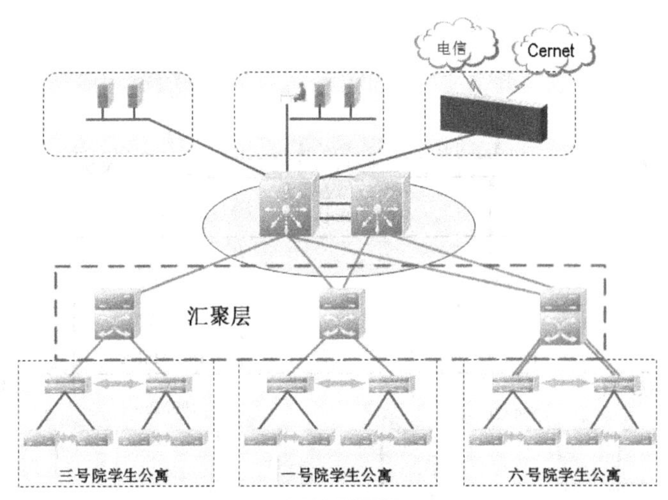

图 6-7　某校园网络汇聚层

汇聚层承担的功能包括：将用户层的数据流量进行汇聚，提供这些数据流的路由转发；根据接入层的用户流量，进行本地路由、过滤、QoS 优先级管理，以及安全机制等；将用户的数据流量转发到核心层。

有些中型规模的网络规划中，不再规划汇聚层，核心层设备直接连接接入层，达到节省费用的目标，而且还能减轻维护成本，更容易监控网络状况。

3. 接入层功能

将网络中直接面向用户或用户直接访问的部分称为接入层。接入层允许终端用户直接连接到网络中，接入层交换机具有低成本和高端口密度的特性。

图 6-8 所示为某校园网场景，虚线标注区域为接入层场景，接入层把终端用户接入到网络中，为本地用户提供接入网络的访问，限制用户访问网络的权限。

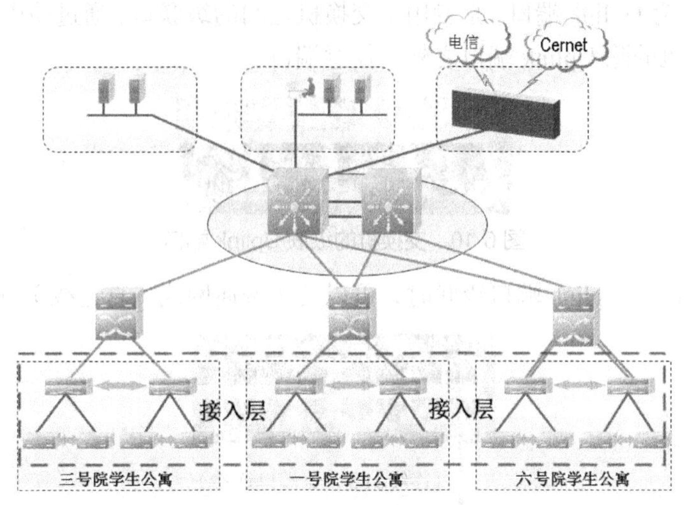

图 6-8 某校园网络汇聚层

在接入层硬件选型上，建议使用性能价格比高的设备。接入层是最终用户与网络的接口，接入层的设备应该易于使用和维护，具有一定端口密度。

6.3 交换机级联技术

1. 什么是级联

在以太网扩建过程中，如果需要扩充本地网中的设备数量，最简单的方法就是增加交换机，把交换机互联起来，使用网线直接把两台交换机连接的技术称为级联。

级联是交换网络中最常见的连接方式，不仅能够扩大网络范围，还能够延伸网络距离，把距离更远的计算机接入到网络中，如图 6-9 所示。

图 6-9 交换机级联场景

2. 级联的功能

早期以太网都使用集线器作为扩展网络范围的设备，现在使用交换机。无论扩展百兆以太网，还是扩展吉比特以太网，级联交换机之间的最大距离都是 100m。

但交换机之间也不能无限制级联，交换机级联超过一定级数量时，就会引起广播风暴，导致网络性能严重下降。

3. 级联端口

交换机之间的级联，既可使用普通的以太端口，也可使用专用的 Uplink 上联端口。

图 6-10 所示为 Uplink 端口，是专用于交换机之间的级联口，通过使用网线可将该端口连接至其他交换机的除 Uplink 端口之外的任意端口。

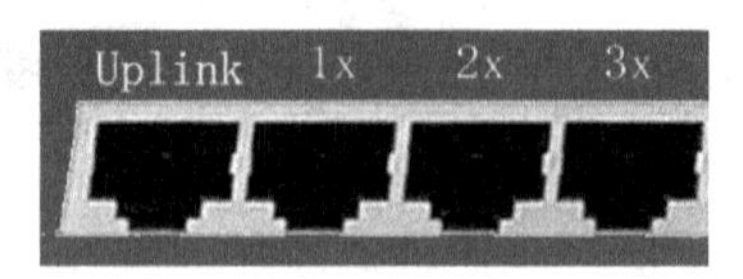

图 6-10　交换机的级联 Uplink 端口

使用普通端口与 Uplink 端口级联时，可以使用普通网线（直连线），如图 6-11 所示。

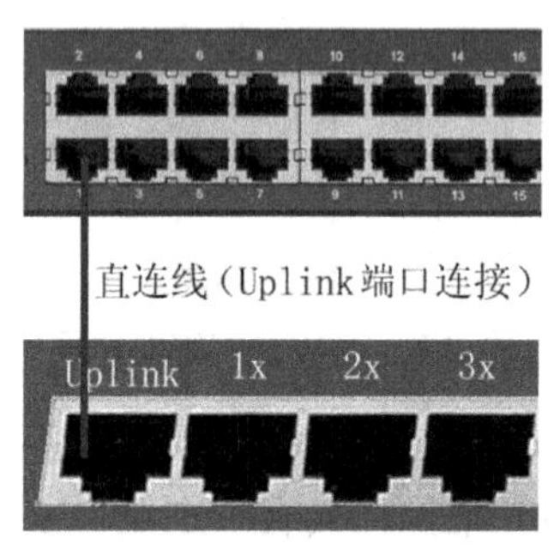

图 6-11　Uplink 端口级联

越来越多的交换机不再提供 Uplink 端口，而是直接使用以太口连接，使得交换机之间的级联变得简单。当级联端口改为以太口时，传统的连接方式是使用交叉网线连接同型网络设备。

此外，智能交换机都支持 MDI/MDIX 智能端口技术（也叫端口自动翻转，可自动适应网线），不管采用直连线还是交叉线，均可以联通，目前默认的网线均为直连线。

4. 级联层次规划

为提高级联设备的传输效率，在网络设计中，建议最多部署三级交换机级联结构，即核心交换机→汇聚交换机→接入交换机，如图 6-12 所示。

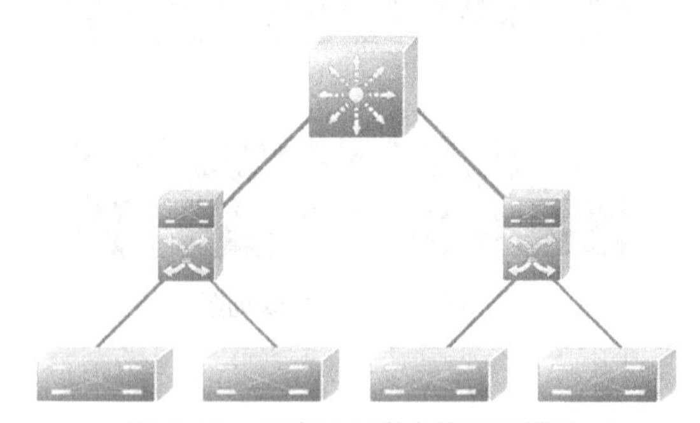

图 6-12　交换机级联中的分层结构

这里的 3 级并不是说只允许安装 3 台交换机，而是按照网络的功能，将网络从逻辑结构上划分为 3 个层次，即核心层、汇聚层和接入层。

6.4 交换机堆叠技术

交换机堆叠技术是扩展办公网络的另外一种技术。

1. 什么是堆叠

堆叠技术是指将交换机的背板通过专用模块聚集在一起，堆叠交换机的总背板带宽是几台堆叠交换机背板带宽之和，大大提升了网络传输效率。

堆叠技术可以将一台以上的交换机组合起来，视同一个工作组共同使用，以便在有限的空间内，提供尽可能多的端口密度，如图 6-13 所示。

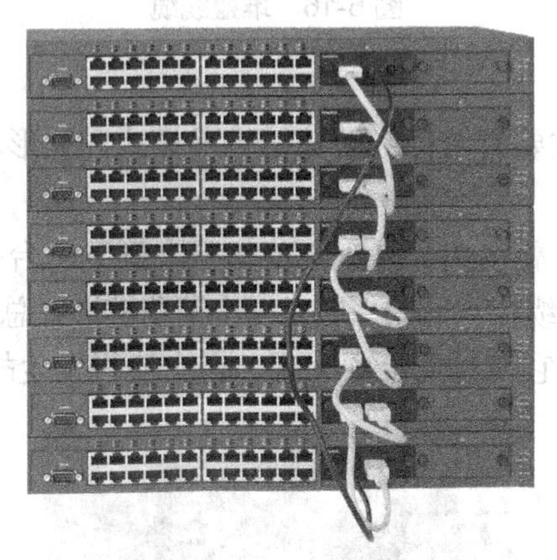

图 6-13 交换机堆叠组

堆叠交换机组可视为对一台整体交换机进行管理，一方面提供尽可能多的端口，另一方面多台交换机堆叠形成的堆叠单元，能够提高网络的传输带宽。

2. 堆叠模块

不是所有的交换机都可以进行堆叠，需要交换机的软、硬件设计都支持堆叠技术，此外，还需要购买堆叠模块，如图 6-14 所示。

图 6-14 交换机的堆叠模块

堆叠模块一般安插在模块化交换机后的插槽中，取下盖板，即插即用，如图 6-15 所示。

图 6-15 交换机的堆叠模块插槽

交换机堆叠还需要使用专门的堆叠电缆，用这些堆叠电缆连接几台交换机的堆叠模块，如图 6-16 所示。

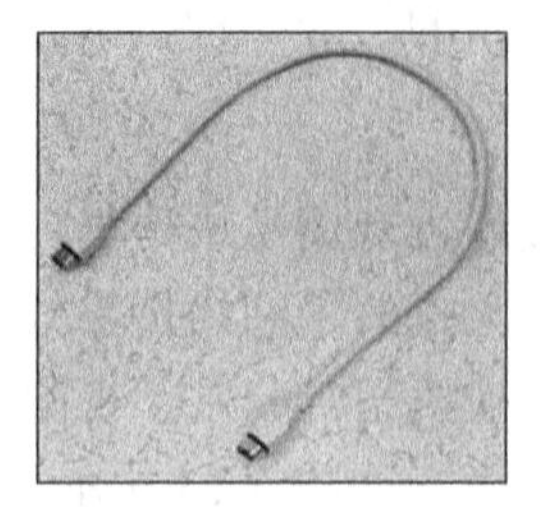

图 6-16　堆叠线缆

3. 堆叠模式

目前流行的堆叠模式主要有两种：菊花链堆叠模式和星形堆叠模式。

（1）菊花链堆叠模式

多台交换机的菊花链堆叠模式，是把交换机从上到下一台一台串联起来，首尾两台交换机之间再连接一条堆叠电缆作为冗余，形成一个菊花链堆叠总线，如图 6-17 所示。首尾交换机之间的冗余非常重要，它使得无论中间哪一台交换机发生故障，都可以保证网络畅通。

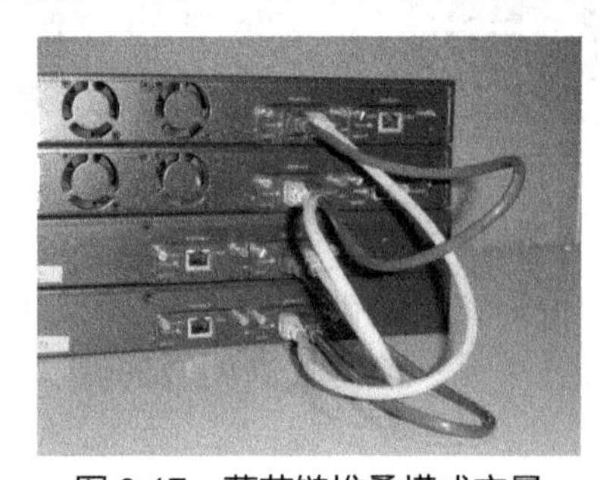

图 6-17　菊花链堆叠模式实景

菊花链堆叠模式使用堆叠电缆将几台交换机以环路的方式组建成一个堆叠组，但数据包从第一台交换机到最后一台交换机，要历经中间的所有交换机，其效率较低。尤其在堆叠层数较多时，堆叠端口会成为系统瓶颈，建议堆叠层数不要太多。

（2）星形堆叠模式

星形堆叠模式是单独一台交换机作为堆叠中心，其他交换机用堆叠线连接到中心交换机上，如图 6-18 所示。星形堆叠模式使所有堆叠组交换机到达堆叠中心的级数缩小到一级。任何两个端节点之间的转发，只需要经过三次交换。因此，可以显著提高堆叠成员之间的数据转发速率。

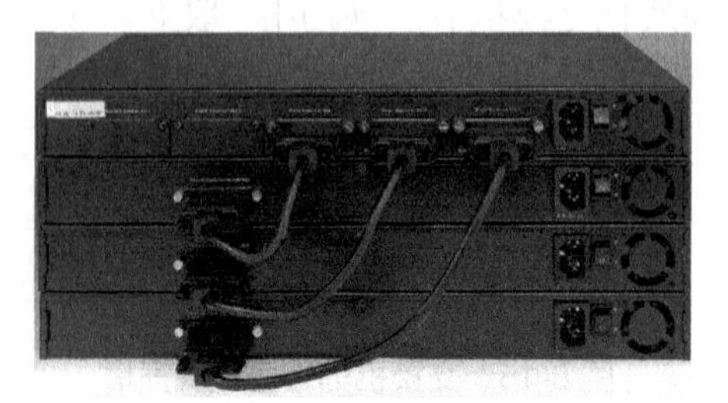

图 6-18　星形堆叠模式

6.5 交换机集群技术

1. 集群应用环境

在规模较大的网络中，数目众多的设备需要分配不同的网络地址，每台设备需要配置后才能够满足应用的需要。设备数量越多，需要管理的难度就会越大。为解决这一问题，使用集群管理方式。集群是用一个单一实体来管理，互相连接的一组交换机，如图 6-19 所示。

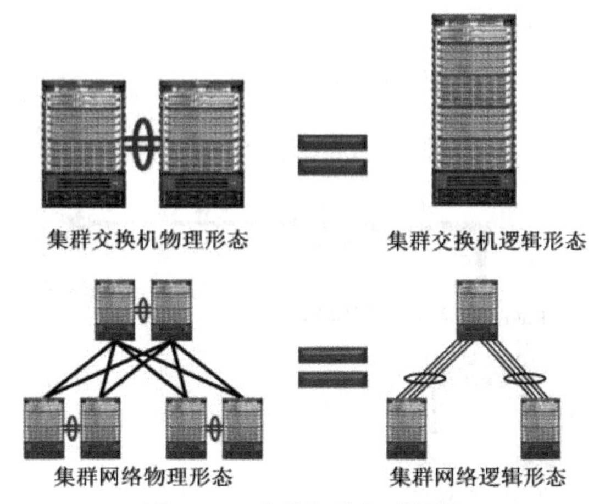

图 6-19 交换机的集群场景

2. 什么是集群

所谓集群，就是将多台互相连接（级联或堆叠）的交换机，作为一台逻辑设备进行管理。

在集群中，一般只有一台起管理作用的交换机，称为命令交换机，它可以管理若干台交换机，如图 6-20 所示。

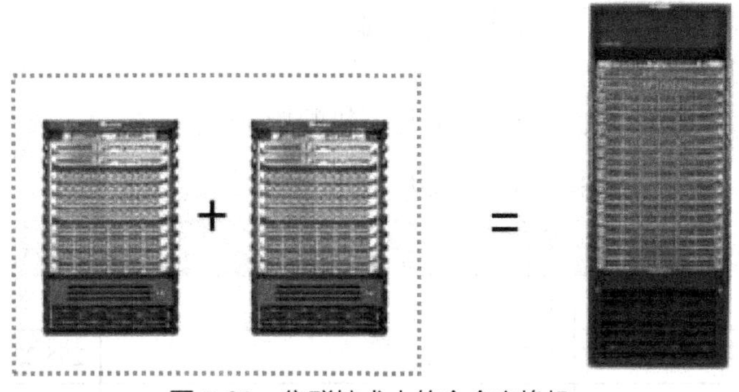

图 6-20 集群技术中的命令交换机

在网络通信中，集群在一起的交换机只需要占用一个 IP 地址（仅命令交换机），因此交换机的集群技术可以节约有限的 IP 地址。在命令交换机的统一管理下，集群中的多台交换机协同工作，大大降低了管理难度。

交换机的级联、堆叠、集群三种技术既有区别又有联系。级联和堆叠是实现集群的前提，集群是级联和堆叠的目的；级联和堆叠是基于硬件实现，集群是基于软件实现。

网络实践

网络实践 1：配置交换机级联

【任务场景】

林先生公司扩招了许多新员工，需要增加一台交换机扩展网络，图 6-21 所示为使用级联技术改造网络的网络拓扑。

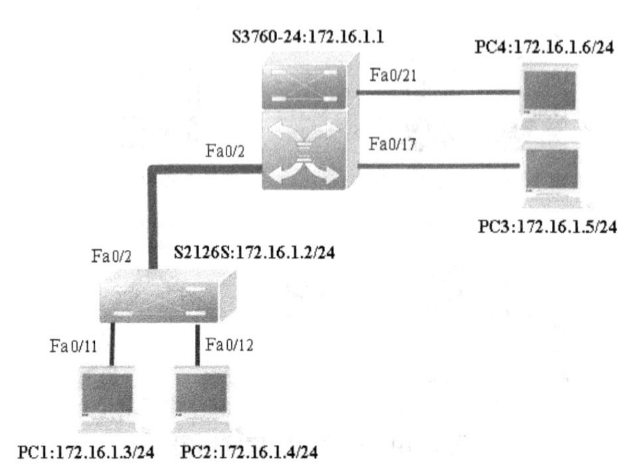

图 6-21　使用级联技术改造网络的网络拓扑

【设备清单】

交换机（两台）、计算机（≥两台）、网线（若干根）。

【工作过程】

步骤一：组网，搭建网络环境。

如图 6-21 所示，把两台交换机级联在一起。

步骤二：配置网络地址。

按表 6-1 所示的地址，为办公网中的计算机配置 IP 地址。

表 6-1　办公网内部的私有 IP 地址规划

序号	设备名称	地址规划	子网掩码
1	PC1	172.16.1.3/24	255.255.255.0
2	PC2	172.16.1.4/24	255.255.255.0
3	PC3	172.16.1.5/24	255.255.255.0
4	PC4	172.16.1.6/24	255.255.255.0
5	S2126S	172.16.1.2/24	
6	S3760-24	172.16.1.1/24	

步骤三：优化办公网络工作环境。

（1）交换机的基本配置。

```
S2126s#configure terminal
S2126s(config)#interface vlan 1
S2126s(config-if)#no shutdown
S2126s(config-if)#ip address 172.16.1.2 255.255.255.0
S2126s(config-if)#end
S2126s#show running-config
……

s3760-24#configure terminal
s3760-24(config)#interface vlan 1
s3760-24(config-if-VLAN 1)#no shutdown
s3760-24(config-if-VLAN 1)#ip address 172.16.1.1 255.255.255.0
s3760-24(config-if-VLAN 1)#end
```

（2）查看交换机的配置信息。

```
S3760-24#show version
System description      : Ruijie Dual Stack Multi-Layer Switch(S3760-24) By
Ruijie
System start time       : 2009-08-11 11:42:11
System uptime          : 0:0:50:22
System hardware version : 1.60
System software version : RGOS 10.3(4),  Release(52588)
System boot version     : 10.3.52588
System CTRL version     : 10.3.52588
System serial number    : 1234942570014
```

（3）查看交换机的MAC地址表信息。

```
S3760-24# show mac- address-table
Vlan       MAC Address          Type      Interface
---------- -------------------- -------- -------------------
1       001a.a91a.d0e5       DYNAMIC   FastEthernet 0/24
1       0021.979f.a283       DYNAMIC   FastEthernet 0/2
1       0021.979f.a2dc       DYNAMIC   FastEthernet 0/24
1       0025.8696.04db       DYNAMIC   FastEthernet 0/1
```

（4）查看交换机的配置信息。

```
s3750#show running-config
……
```

网络实践

网络实践2：配置交换机堆叠

【任务场景】

学校大楼有多台二层交换机，为了方便管理，网络管理员采用堆叠方式进行连接。

图 6-22 所示为交换机的堆叠场景，每台交换机上安装的堆叠模块的 UP 端口，连接到另一台交换机堆叠模块的 DOWN 端口，形成交叉场景。

【设备清单】

交换机（两台）、堆叠模块（两块）、堆叠线缆（两根）、网线（若干根）。

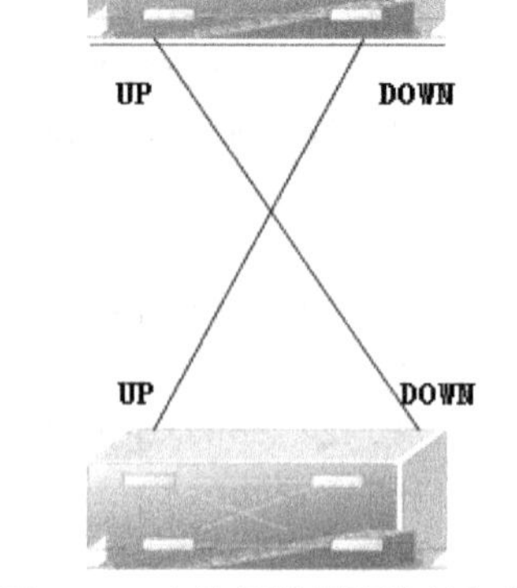

图 6-22 交换机堆叠网络的拓扑

【工作过程】

步骤一：搭建堆叠网络环境。

按照图 6-22 所示的拓扑，安装堆叠模块，完成堆叠网络连接。

注意堆叠线缆不支持热插拔，插拔堆叠线缆时，交换机必须断电。

步骤二：配置堆叠交换机。

（1）先在不连接线缆的情况下开机，在单机模式下，配置堆叠命令交换机。

```
switch1(config)#member 1
！配置设备号为 1，取值范围为 1-n，n 为堆叠的设备数量
switch1@1(config)#device-priority 10
！配置优先级为 10，取值范围为 1-10，默认值是 1，优先级最高的交换机成为堆叠命令交换机
```

（2）验证测试：验证堆叠命令交换机的配置。

```
switch1#show member      ！显示堆叠成员信息
member MAC address      priority alias          SWVer  HWVer
------ --------------- -------- ----------     --- ----- -----
1      00d0.f8bf.fe66   10                     1.61   3.3
```

步骤三：显示堆叠组的配置信息。

配置完成堆叠命令交换机后，再将其他交换机用堆叠电缆连接起来。此时，交换机之间自动成为一个堆叠组，组装成一台大交换机，显示如下。

```
switch1#show member      ！显示堆叠组成员
member MAC address      priority alias          SWVer HWVer
------------- -------- -------------------------------- ----- -----
1      00d0.f8bf.fe66  10                       1.61  3.3
2      00d0.f8bc.9d93  1

switch1#show version devices     ！显示堆叠完成的设备信息
Device       Slots   DescripTion
---------- ------- -----------------
1            3       S2126GG
2            3       S2126GG

switch1#show vlan
！显示堆叠组 VLAN 信息（端口数量是两台交换机之和）。其中，端口号 Fa2/0/3 中的 2，0，3
```

```
分别表示堆叠成员号，模块号，接口号信息。
  VLAN Name         Status  Ports
  ---- -----------  ------- --------------------------
  1    default      active  Fa1/0/1,Fa1/0/2,Fa1/0/3
                            Fa1/0/4,Fa1/0/5,Fa1/0/6
                            Fa1/0/7,Fa1/0/8,Fa1/0/9
                            Fa1/0/10,Fa1/0/11,Fa1/0/12
                            Fa1/0/13,Fa1/0/14,Fa1/0/15
                            Fa1/0/16,Fa1/0/17,Fa1/0/18
                            Fa1/0/19,Fa1/0/20,Fa1/0/21
                            Fa1/0/22,Fa1/0/23,Fa1/0/24
                            Fa2/0/1,Fa2/0/2,Fa2/0/3
                            Fa2/0/4,Fa2/0/5,Fa2/0/6
                            Fa2/0/7,Fa2/0/8,Fa2/0/9
                            Fa2/0/10,Fa2/0/11,Fa2/0/12
                            Fa2/0/13,Fa2/0/14,Fa2/0/15
                            Fa2/0/16,Fa2/0/17,Fa2/0/18
                            Fa2/0/19,Fa2/0/20,Fa2/0/21
                            Fa2/0/22,Fa2/0/23,Fa2/0/24
```

步骤四：配置堆叠组里的成员交换机（可选）。

堆叠组交换机信息显示两台交换机堆叠完成，堆叠交换机之间协同工作。通过如下方式，配置堆叠组里的成员交换机，也可以不做任何配置。

```
switcH1(config)#member 2                       ！进入成员交换机 2
switch1@2(config)#device-priority 5            ！设置成员 2 的优先级为 5
switch1@2(config)#interface fastethernet 0/1   ！进入路由器接口配置模式
switch1@2(config-if)#switchport access vlan 10！分配成员 2 的接口给 VLAN 10
```

步骤五：验证成员交换机的配置。

```
switch1#show member
```

网络实践

网络实践 3：配置交换机集群管理

【任务场景】

某校园教学楼网络规模很大，仅接入的交换机就有几十台，日常网络管理和维护非常麻烦。特别是在 IP 地址管理上，需要较多的 IP 地址（每台一个 IP 地址）消耗有限的 IP 地址资源。因此，网络管理员希望采用交换机集群管理技术，简化教学楼网络管理，节省 IP 地址。

图 6-23 所示为网络拓扑，是教学楼交换机的集群管理场景，希望提高网络管理效率。

【设备清单】

交换机（3 台）、计算机（≥两台）、网线（若干根）。

【工作过程】

步骤一：搭建集群管理网络环境。

按照图 6-23 所示的网络拓扑，搭建集群管理网络环境。

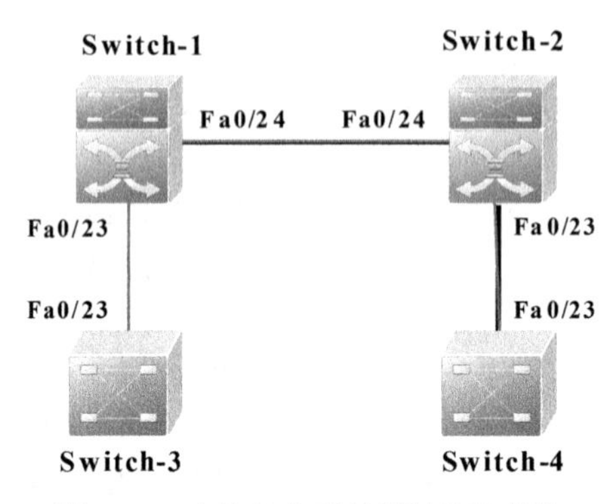

图 6-23　交换机集群管理的网络拓扑

步骤二：配置集群管理交换机。

（1）配置交换机 Switch-1 为集群命令交换机，并定义集群名称。

```
Switch-1(config)# cluster run
！打开集群功能。此命令可选，因为交换机默认是打开的
Switch-1(config)# cluster enable clus0  1
！配置 Switch-1 为集群命令交换机，创建集群 clus0，定义命令交换机序号为 1，范围为 0-19
Switch-1(config)#cluster discovery hop-count 5
！设置集群发现跳数为 5，默认是 3，范围是 1—7
```

（2）验证测试。

在配置交换机 Switch-1 为集群命令交换机后，验证集群配置。

```
Switch-1#show cluster      ！显示交换机所属集群的基本信息
Cluster:                      clus0<Command switch>
Total number of members:        1
Status:                       0 members are unreachable
Time of last status change:          0d:0h:0m:0s
Cluster timer:                  12
Cluster holdtime:                120
Cluster discovery hop count:       5
```

（3）查看候选交换机及其 MAC 地址。

```
Switch-1#show cluster candidates
MAC           Name        Hop LcPort   UpSN  UpMAC        UpPort
--------------  -------------  ---   -------  ----  --------------
```

```
--------------------------------------------------
    00d0.f8ef.9d08    Switch-4      2   Fa0/23        00d0.f8ff.4642   Fa0/23
    00d0.f8fe.1e48    Switch-3      1   Fa0/23    1   00d0.f8ff.4e1f   Fa0/23
    00d0.f8ff.4642    Switch-2      1   Fa0/24    1   00d0.f8ff.4e1f   Fa0/24
```

步骤三：将其他交换机加入到集群。

配置 Switch-1 为集群命令交换机后，再将候选交换机 Switch-2、Switch-3 和 Switch-4 加入到集群中，配置过程如下。

```
Switch-1(config)#cluster member 2 mac-address 00d0.f8ff.4642 password star
！加入成员交换机 Switch-2，并设置密码为 star
Switch-1(config)#cluster member 3 mac-addres 00d0.f8fe.1e48 password star
！加入成员交换机 Switch-3，并设置密码为 star
Switch-1(config)#cluster member 4 mac-addres 00d0.f8ef.9d08  password star
！加入成员交换机 Switch-4，并设置密码为 star
```

步骤四：验证交换机集群的配置。

（1）验证成员交换机的配置。

```
Switch-1#show cluster members
SN MAC        Name       Hop  State   LcPort  UpSN  UpMAC         UpPort
-- ------------------------------ ------- ---- -------------- -------
1  00d0.f8ff.4e1f   Switch-1  0   up    <Cmdr>
2  00d0.f8ff.4642  Switch-2   1   up    Fa0/24  1   00d0.f8ff.4e1f  Fa0/24
3  00d0.f8fe.1e48  Switch-3   1   up    Fa0/23  1   00d0.f8ff.4e1f  Fa0/23
4  00d0.f8ef.9d08  Switch-4   2   up    Fa0/23  2   00d0.f8ff.4642  Fa0/23
```

（2）验证可以远程登录到集群中的其他交换机。

```
Switch-1# rcommand 2              ！从命令交换机登录到成员交换机 2
Switch-2#exit                     ！返回命令交换机
Switch-3# rcommand commander      ！从成员交换机 3 登录到命令交换机
```

6.6 以太网络优化之链路聚合技术

1. 以太网优化技术

骨干传输链路的备份是提高网络系统可用性的重要方法之一。目前的网络技术中，以生成树协议（STP）和链路聚合（Link Aggregation）技术应用最为广泛。

生成树协议提供了链路间的冗余方案，允许交换机间存在多条链路作为主链路的备份，而链路聚合技术则提供了传输线路内部的冗余机制，使链路聚合成员之间彼此互为冗余和动态备份。

链路聚合技术亦称为主干技术（Trunking）或捆绑技术（Bonding）。由于数据通信量的快速增长，吉比特位带宽对于交换机到交换机之间的骨干链路往往不够，于是出现了将多条物理链路当做一条逻辑链路使用的链路聚合技术。

2. 什么是链路聚合

链路聚合是将两条或更多条数据信道，聚合成一条更高带宽的逻辑链路，其实质是将两台设备间的数条物理链路“组合”为一条聚合逻辑链路（Aggregate Port，AP）。

对于交换机而言，链路聚合是将交换机上的多个物理连接的端口在逻辑上捆绑在一起，形成一个拥有较大带宽的端口，形成一条干路，可以实现均衡负载，并提供冗余链路。

链路聚合可以把多个端口的带宽叠加起来使用，比如，全双工快速以太网端口形成AP后最大可以达到800Mbit/s，而吉比特以太网接口形成AP后最大可以达到8Gbit/s，如图6-24所示。

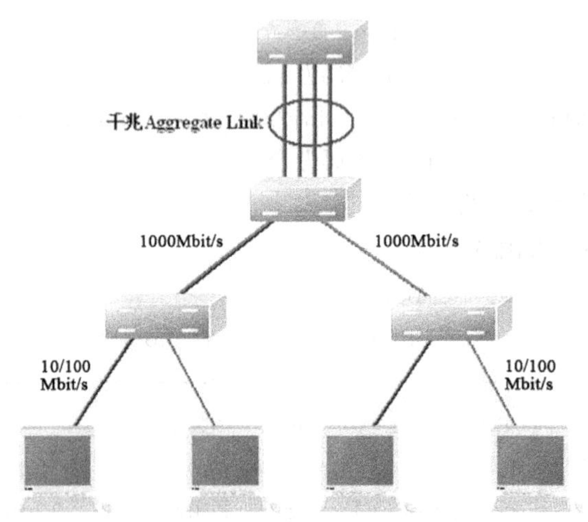

图6-24　骨干链路之间的链路聚合

3. 链路聚合特点

链路聚合是将两条或更多条数据信道结合成一个单个信道，该信道以一个更高带宽的逻辑链路形式出现，同时还提供冗余和容错能力。采用链路聚合后，逻辑链路的带宽增加大约（n-1）倍，这里n为聚合的路数。除此之外，链路聚合可以实现负载均衡。聚合链路通过内部控制，可以合理地将数据分配在被聚合的设备上，实现负载分担。

链路聚合具有以下一些显著的优点。

（1）提高链路可用性

链路聚合中，成员互相动态备份。当某一条链路中断时，其他成员能够迅速接替其工作。与生成树协议不同，链路聚合启用备份的过程对聚合之外是不可见的，而且启用备份的过程只在聚合链路内，与其他链路无关，切换可在数毫秒内完成。

（2）增加链路的容量

通过捆绑多条物理链路，用户不必升级现有设备，就能获得更大带宽的数据链路，其容量等于各物理链路容量之和。聚合模块按照一定算法，将业务流量分配给不同成员，实现链路负载分担功能。

（3）提高链路可靠性

链路聚合的另一个主要优点是可靠性。链路聚合技术在点到点链路上提供了固有的、自动的冗余性。如果链路使用的多个端口中的一个出现故障，网络传输的数据流可以动态、快速地转向链路中其他工作正常的端口进行传输。

4. 配置链路聚合

由 IEEE 802 委员会制定的 IEEE 802.3ad 链路聚合标准，定义了如何将两个以上的吉比特位以太网连接组合起来，为高带宽网络连接实现负载共享、负载平衡，以及提供更好的可伸缩性服务。

配置链路聚合 AP 的基本命令如下。

```
Switch#configure terminal
Switch(config) # interface  interface-id
Switch(config-if-range)#port-group  port-group-number
！说明：上述操作是将该接口加入一个 AP（如果这个 AP 不存在，则同时创建这个 AP）。
！在接口配置模式下使用 no port-group 命令删除一个 AP 成员接口。
```

下面的例子是将二层的以太网接口 Fa0/1 和 Fa0/2 配置成二层 AP 5 成员：

```
Switch# configure terminal
Switch(config)# interface range fastethernet 0/1-2
Switch(config-if-range)# port-group 5
Switch(config-if-range)# end
```

6.7 以太网络优化之生成树技术

1. 交换网络冗余备份

在以太网的工作环境中，物理环路可以提高网络可靠性，当一条物理线路断开时，另外一条线路仍然可以传输数据。但在交换网络中，当交换机接收到一个目的地址未知的数据帧时，交换机会将这个数据帧广播出去。

在存在物理环路的交换网络中，就会产生双向的广播环，甚至产生广播风暴，导致交换机资源耗尽而宕机。这样就产生了一个矛盾，需要物理环路来提高网络的可靠性，而环路又有可能产生广播风暴。

由于网络中点对点的连接，会造成网络的稳定性不高。因此在以太网规模扩展中，为了提高网络连接的高可用性，经常需要提供链路的冗余性。以太网链路之间的冗余，可以防止整个交换网络因为单点故障而中断，如图 6-25 所示。

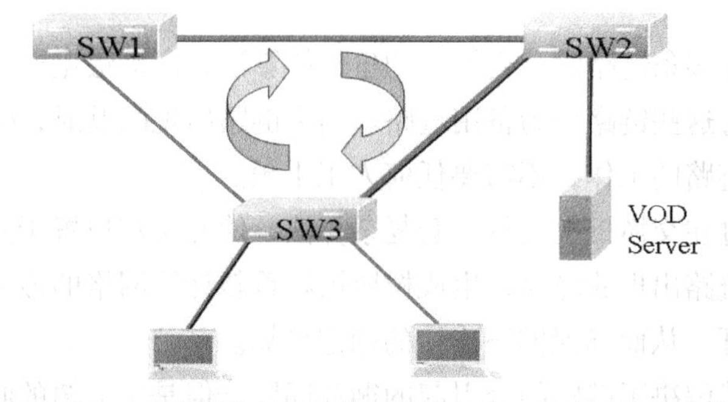

图 6-25　交换网络中冗余带来的健全性、稳定性和可靠性

2．网络冗余带来的问题

网络中，一台设备能够将数据包转发给网络中所有其他站点的技术称为广播。因为以太网的广播传输机制，二层交换机在接收广播帧时将执行泛洪，当网络中存在环路时就会产生广播风暴。广播风暴（大量的泛洪帧）可能会迅速导致网络中断，如图 6-26 所示。

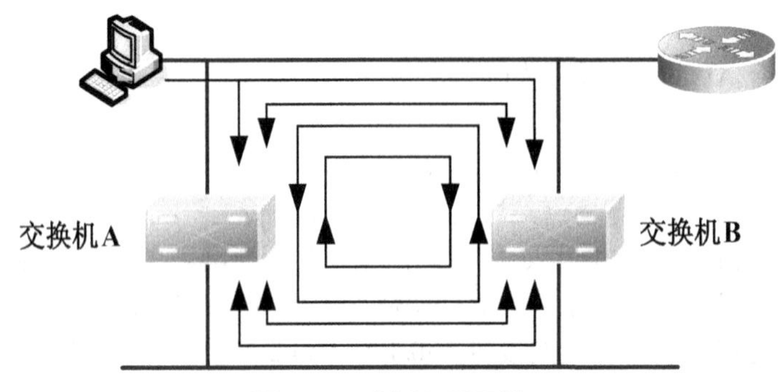

图 6-26　广播风暴示例

在一些较大型的网络中，当大量广播流（如 MAC 地址查询信息等）同时在网络中传播时，便会发生数据包的碰撞。网络试图缓解这些碰撞并重传更多的数据包，结果导致全网的可用带宽减少，并最终使得网络失去连接而瘫痪，这一过程被称为广播风暴。

3．解决广播风暴的方法

为解决冗余链路引起的以上这些问题，IEEE 通过 IEEE 802.1d 协议——生成树协议（Spanning Tree Protocol，STP）很好地解决了以太网由于网络扩展而带来的广播风暴问题。

STP 规定在逻辑上断开网络环路，防止广播风暴产生，而一旦正在使用的线路出现故障，被逻辑上断开的线路又会恢复畅通，继续传输数据。

STP 的基本思想十分简单，如同自然界中生长的树是不会出现环路的，网络如果也能够像一棵树一样连接就不会出现环路。

4．什么是生成树协议

生成树协议的主要思想就是当网络中存在备份链路时，只允许主链路激活，只有当主链路因故障而被断开后，备用链路才会被打开。生成树协议检测到网络上存在环路时，会自动断开环路链路。

当交换机间存在多条链路时，交换机的生成树算法只启动最主要的一条链路，而将其他链路都阻塞掉，将这些链路变为备用链路。当主链路出现问题时，生成树协议将自动启用备用链路接替主链路的工作，不需要任何人工干预。

生成树协议通过在交换机上运行一套复杂算法，使冗余端口置于阻塞状态，只有一条链路生效。当这条链路出现故障时，生成树协议将重新计算网络的最优链路，将处于阻塞状态的端口重新打开，从而确保网络连接的稳定可靠。

生成树协议虽然解决了链路闭合引起的循环问题，但是生成树的收敛过程需要的时间比较长，约 50 秒。IEEE 802.1w 协议在 IEEE 802.1d 协议的基础上做了重要改进，使得收敛速度快了很多（最快在 1 秒以内），因此 IEEE 802.1w 又称为快速生成树协议（Rapid Spanning Tree Protocol，RSTP）。

5. 配置生成树协议

交换机默认状态是关闭 STP，在交换机上开启 STP 的方法如下。

```
Switch (config)# spanning-Tree
```

执行 no spanning-Tree，可以关闭 STP。

在 SwitchA 上启用 STP 的方法如下。

```
SwitchA# configure terminal
SwitchA(config)# spanning-tree                 ! 开启生成树协议
SwitchA(config)# spanning-tree mode stp        ! 设置生成树为 STP
SwitchA(config)# end
```

在 SwitchA 上启用 RSTP 的方法如下。

```
SwitchA# configure terminal
SwitchA(config)# spanning-tree                 ! 开启生成树协议
SwitchA(config)# spanning-tree mode rstp       ! 设置生成树为 RSTP
SwitchA(config)# end
```

在 SwitchA 上关闭生成树的方法如下。

```
SwitchA# configure terminal
SwitchA(config)# no spanning-tree              ! 关闭生成树协议
SwitchA(config)# end
```

网络实践

网络实践 4：配置链接聚合和生成树技术，优化网络

【任务场景】

在互联的交换机之间使用双链路连接，既可通过链路冗余技术提高网络的高可用性，还可以通过聚合链路技术获得骨干链路的高带宽。图 6-27 所示为网络拓扑，是在交换机之间，使用双链路连接和链路聚合技术，获得骨干链路高带宽的连接场景。

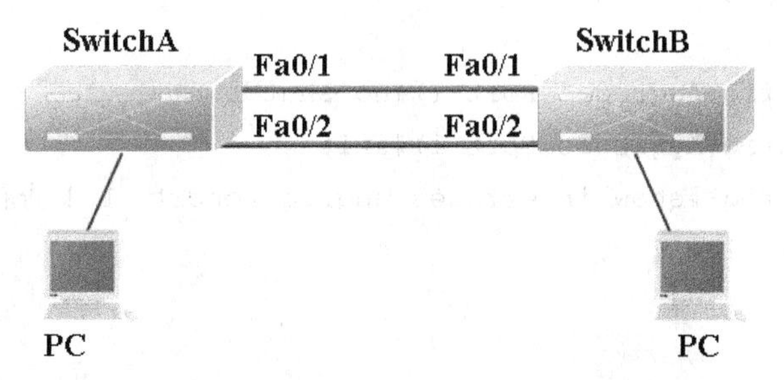

图 6-27 双链路连接和链路聚合技术的连接拓扑

【设备清单】

交换机（两台）、计算机（≥两台）、双绞线（若干根）。

【工作过程】

步骤一：组建网络。

按照图 6-27 所示的网络拓扑，连接实训设备，组建网络场景。

步骤二：网络联通测试。

分别为所有连接的计算机配置 IP 地址，IP 地址规划如表 6-2 所示。

表 6-2　办公网内部的 IP 地址规划

设备	网络地址	子网掩码
PC1	172.16.1.2	255.255.255.0
PC2	172.16.1.3	255.255.255.0

步骤三：网络设备优化：配置生成树。

```
SwitchA# configure terminal
SwitchA(config)# spanning-tree                  ! 开启生成树协议
SwitchA(config)# spanning-tree mode rstp        ! 设置生成树为 RSTP
SwitchA(config)# end

SwitchB# configure terminal
SwitchB(config)# spanning-tree                  ! 开启生成树协议
SwitchB(config)# spanning-tree mode rstp        ! 设置生成树为 RSTP
SwitchB(config)# end
```

步骤四：网络设备优化：配置链路聚合。

```
SwitchA# configure terminal
SwitchA(config)# interface range fastethernet 0/1-2
SwitchA(config-if-range)# port-group 1
SwitchA(config-if-range)# end

SwitchA (config)#interface aggregateport 1          ! 进入聚合端口
SwitchA (config-AggregatePort 1)#switchport mode trunk  ! 设置端口的模式为
Trunk
SwitchA (config-AggregatePort 1)#no shutdown
SwitchA (config-AggregatePort 1)#exit
SwitchA (config)#show interfaces aggregateport  1  ! 查看聚合端口 1 的信息
SwitchA#show vlan
……

SwitchB# configure terminal
```

```
SwitchB(config)# interface range fastethernet 0/1-2
SwitchB(config-if-range)# port-group 1
SwitchB(config-if-range)# end
SwitchB (config)#interface aggregateport 1          ！进入聚合端口
SwitchB (config-AggregatePort 1)#switchport mode trunk  ！设置端口的模式为Trunk
SwitchB (config-AggregatePort 1)#no shutdown
SwitchB (config-AggregatePort 1)#exit
SwitchB (config)#show interfaces aggregateport  1 ！查看聚合端口1的信息
SwitchB#show vlan
……
```

步骤五：网络优化测试。

打开测试计算机，单击【开始】→【运行】，在运行栏中输入【CMD】命令，转到命令状态，使用测试【ping】命令，测试对方网络的联通性。

```
ping  172.16.1.1
```

观察网络的测试运行状态。优化后的网络联通良好，会出现正常发包和收包的信息。

认证测试

以下每道选择题中，都有一个或多个正确答案（最优答案），请选择出正确答案（最优答案）。

1．网络中两台计算机之间直接连接的物理距离在理论上可以达到（　　）。

A．50m　　B．80m　　C．100m　　D．30m

2．下面列举的网络连接技术中，不能通过普通以太网接口完成的是（　　）。

A．主机通过交换机接入到网络

B．交换机与交换机互联以延展网络的范围

C．交换机与交换机互联以增加接口数量

D．多台交换机虚拟成逻辑交换机以增强性能

3．交换机与交换机之间互联时，为了避免互联时出现单条链路故障的问题，可以在交换机互联时采用冗余链路的方式，但冗余链路构成时，如果不做妥当处理，会给网络带来诸多问题，下列说法中，属于冗余链路构建后，给网络带来的问题的是（　　）。

A．广播风暴　　B．多帧复制

C．MAC 地址表不稳定　　D．交换机接口带宽变小

4．下列技术中不能解决冗余链路带来的环路问题的是（　　）。

A．生成树技术　　B．链路聚合技术

C．快速生成树技术　　D．VLAN 技术

5．VLAN 技术可以在交换机中的（　　）进行隔离。

A．广播域

B．冲突域

C．连接在交换机上的主机

D．当一个 LAN 里主机超过 100 台时，自动对主机隔离

6．交换机堆叠的方式方法有（　　）。

A．菊花链式堆叠　B．连环堆叠　C．星形堆叠　D．网状堆叠

7．既可以解决交换网络中冗余链路带来的环路问题，又能够有效提升交换机之间的传输带宽，还能够保障链路单点故障时数据不丢失的技术是（　　）。

A．生成树技术　B．链路聚合技术　C．快速生成树技术　D．VLAN 技术

8．当交换机不支持 MDI/MDIX 时，交换机间级联采用的线缆为（　　）。

A．交叉线　B．直连线　C．反转线　D．任意线缆均可

9．IEEE 802.1q 协议可以提供的 VLAN ID 范围是（　　）。

A．0 ~ 1024　B．1 ~ 1024　C．1 ~ 4094　D．1 ~ 2048

10．下面关于 VLAN 的语句中，正确的是（　　）。

A．虚拟局域网中继协议 VTP 用于在路由器之间交换不同 VLAN 的信息

B．为了抑制广播风暴，不同的 VLAN 之间必须用网桥分割

C．交换机初始状态是工作在 VTP 服务器模式，可以把配置信息广播给其他交换机

D．一台计算机可属于多个 VLAN，可访问多个 VLAN，也可被多个 VLAN 访问

11．以下关于虚拟局域网中继（VLAN Trunk）的描述中，错误的是（　　）。

A．VLAN Trunk 是在交换机与交换机之间，交换机与路由器之间存在的，在物理链路上传输多个 VLAN 信息的一种技术

B．VLAN Trunk 的标准机制是帧标签

C．在交换设备之间实现 Trunk 功能，VLAN 协议可以不同

D．目前常用的 VLAN 协议有 ISL.IEEE 802.10 和国际标准 IEEE 802.1q

12．虚拟局域网中继协议（VTP）有三种工作模式，即 VTP Server，VTP Client 和 VTP Transparent，以下关于这三种工作模式的叙述中，不正确的是（　　）。

A．VTP Server 可以建立、删除和修改 VLAN

B．VTP Client 不能建立、删除或修改 VLAN

C．VTP Transparent 不从 VTP Server 学习 VLAN 的配置信息

D．VTP Transparent 不可以设置 VLAN

13．以下的选项中，不是使用浏览器对交换机进行配置的必备条件是（　　）。

A．在用于配置的计算机和被管理的交换机上都已经配置好了 IP 地址

B．被管理交换机必须支持 HTTP 服务，并已启动该服务

C．在用于管理的计算机上，必须安装有支持 Java 的 Web 浏览器

D．在被管理的交换机上，需拥有 FTP 的用户账户和密码

14．如果要彻底退出交换机的配置模式，输入的命令是（　　）。

A.【exit】　B.【no config-mode】

C.【Ctrl+C】　D.【Ctrl+Z】

15．（　　）不是基于第三层协议类型或地址划分 VLAN。

A．按 TCP/IP 的 IP 地址划分 VLAN

B．按 DECNET 划分 VLAN

C．基于 MAC 地址划分 VLAN

D．按逻辑地址划分 VLAN

16．以下关于 STP 的描述中错误的是（　　）。

A．STP 是一个二层链路管理协议。目前，应用最广泛的 STP 标准是 IEEE 802.1d

B．在 STP 的工作过程中，被阻塞的端口不是一个激活的端口

C．STP 运行在交换机和网桥设备上

D．在 STP 的处理过程中，交换机和网桥是有区别的

17．下列不属于 RSTP 的端口状态的是（　　）。

A．丢弃　　B．学习　　C．转发　　D．循环

18．一个包含有锐捷等多厂商设备的交换网络，其 VLAN 中的 Trunk 标记应选（　　）。

A．IEEE 802.1q　　B．ISL　　C．VTP　　D．以上都可以

19．OSI 七层模型在数据封装时正确的协议数据单元排序是（　　）。

A．Packet，Frame，bit，Segment　　B．Frame，bit，Segment，Packet

C．Segment，Packet，Frame，bit　　D．bit，Frame，Packet，Segment

第7章 构建三层交换网络

三层交换机是具有路由功能的交换机，主要目的是加快大型局域网内部的数据交换，所具有的路由功能也是为这目的服务，能够做到一次路由，多次转发。

传统交换技术发生在OSI网络模型的第二层，在数据链路层通过MAC地址操作完成，而三层交换技术发生在网络中的第三层，三层交换技术主要依赖三层交换机来实现，在网络层实现IP数据包的高速转发。三层交换技术既可实现网络路由功能，又可根据不同网络状况发挥最优的网络性能。

通过本章的知识，学习构建三层交换网络技术，从而提高组网的专业技能。

- 掌握三层交换技术原理
- 使用三层交换机组网
- 配置三层交换机实现子网通信
- 配置三层交换机的DHCP服务
- 使用三层交换机SVI虚拟网关实现网络联通

7.1 什么是第三层交换

计算机网络中常说的第三层指的是OSI参考模型中的网络层。为了充分认识第三层交换，有必要对三层交换机设备，比照OSI模型描述，按OSI分层模型，对部分网络互联设备进行功能介绍，如图7-1所示。

（1）集线器（第一层）

集线器工作在物理层，不能区别信号中携带的信息，只能使用广播方式实现通信。

（2）二层交换机（第二层）

二层交换机工作在数据链路层，能识别信号中携带的MAC物理地址信息，能根据学习到的地址信息，有针对性地进行通信，只有在无法找到目标地址时，才以广播的方式通信。

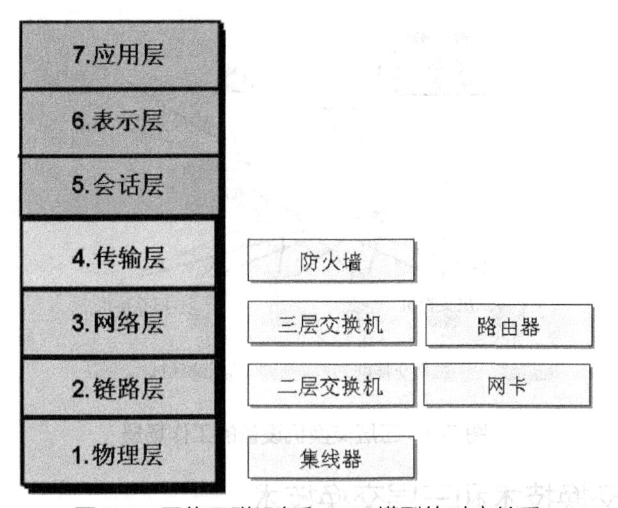

图 7-1　网络互联设备和 OSI 模型的对应关系

（3）路由器（第三层）

路由器设备在通信过程中，根据信号中携带的目标 IP 地址，而不是数据链路层的 MAC 地址来引导网络信息流，并连接不同的网络，实现不同网络之间的通信。

（4）三层交换机（第三层）

三层交换机也工作在网络层，与路由器一样部署在三层网络中，实现不同子网络之间的通信任务。三层交换机在工作中使用硬件 ASIC 芯片解析传输信号，实施不同子网之间的路由转发。

通过使用先进的 ASIC 芯片，三层交换机可提供远高于路由器的性能，如每秒 4000 万个数据包（三层交换机），路由器则是每秒 30 万个数据包，如图 7-2 所示。

但在实现不同类型的网络通信上，路由器则发挥了比三层交换机更优越的功能，如实现广域网和局域网之间的连接。

图 7-2　吉比特汇聚三层交换机

三层交换机为吉比特网络等高带宽、高密集型网络提供所需的不同子网之间的路由性能，因此，在大中型的校园网中，部署三层交换机设备在网络中具有更高的战略意义。

三层交换机在实现全网络互联互通上，能提供远高于传统路由器的、更高速的网络转发性能，非常适合网络带宽密集的以太网工作环境，如图 7-3 所示。

三层交换机把第二层交换和第三层路由技术有机地结合在一起，大大提高了网络传输速度，优化了网络传输性能。

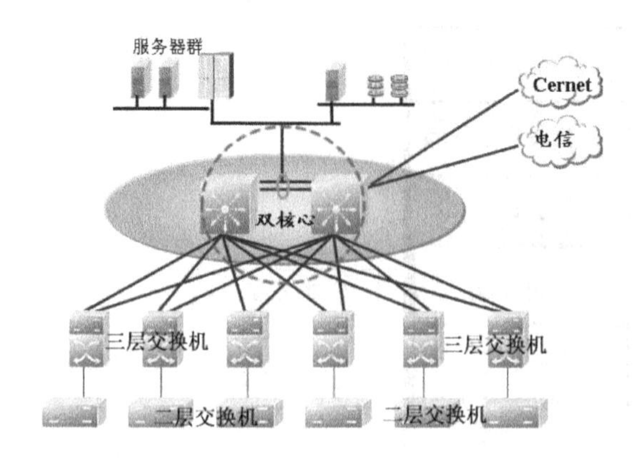

图 7-3　三层交换机设备的工作场景

7.2　二层交换技术和三层交换技术

传统的交换技术发生在 OSI 网络标准模型的第二层：数据链路层。而三层交换技术出现在 OSI 网络模型的第三层：网络层，能够实现 IP 数据包的高速转发。

简单地说，三层交换技术就是二层交换技术＋三层路由技术。

三层交换技术的出现，改变了传统局域网中为优化网络传输，划分不同的网段，进行不同网段（子网）之间的互相通信，必须依赖路由器的困境。使用三层交换技术，改善了传统组网中由路由器连接而造成的低速、网络结构复杂等网络瓶颈问题。

1. 二层交换技术

二层交换发生在数据链路层，在二层交换中，数据的转发都以帧交换的方式，基于 MAC 地址表完成。

二层交换设备通过交换技术检查数据帧，并根据数据帧中携带的目标 MAC 地址信息，匹配 MAC 地址表，匹配成功后转发信息，如图 7-4 所示。

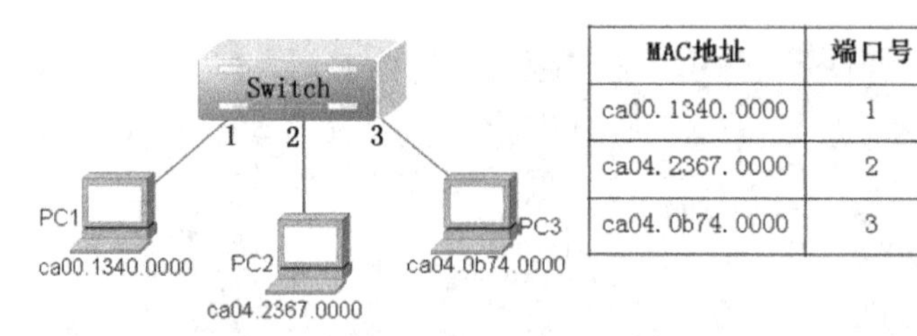

MAC地址	端口号
ca00. 1340. 0000	1
ca04. 2367. 0000	2
ca04. 0b74. 0000	3

图 7-4　依据 MAC 地址进行二层交换

二层交换设备收到以太网帧后，通过分析收到的数据帧目标 MAC 地址，查询二层交换机中学习到的 MAC 地址表，把信息转发到目标接口。二层交换机在工作过程中，通过建立和维护一个目标 MAC 地址表来实现数据通信工作。

2. 三层交换技术

三层交换技术在网络层进行。在三层交换中，数据的转发过程以数据包的形态呈现，基于网络层的 IP 地址，匹配路由表成功后转发。

三层交换设备检查收到的数据包，根据网络层解析出的数据包中的目标 IP 地址信息，直接转发收到的数据包，如图 7-5 所示。

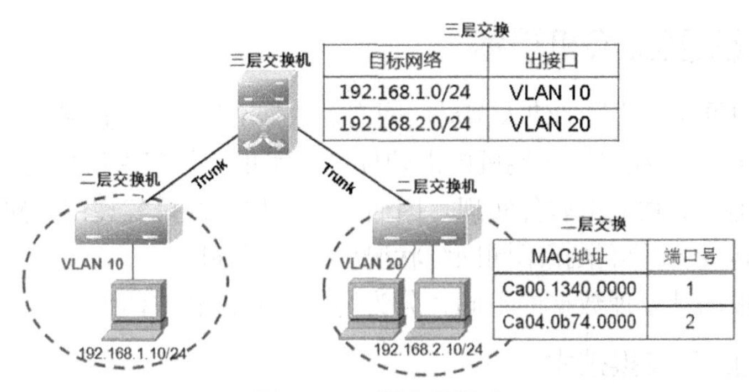

图 7-5 三层交换技术

第三层网络的路由寻址系统，比第二层网络的交换系统更加动态。与固定的第二层 MAC 物理寻址系统不同，第三层的 IP 地址路由可以通过网络管理员配置、管理实现，以优化网络传输。

7.3 三层交换技术原理

三层交换技术通过一台具有三层交换功能的设备实现，三层交换机是一台带有路由功能的交换机设备，它把三层路由器设备的路由功能叠加在二层交换机设备上，如图 7-6 所示。

图 7-6 三层交换机

图 7-7 所示为两个站点 A、B，通过三层交换机通信。

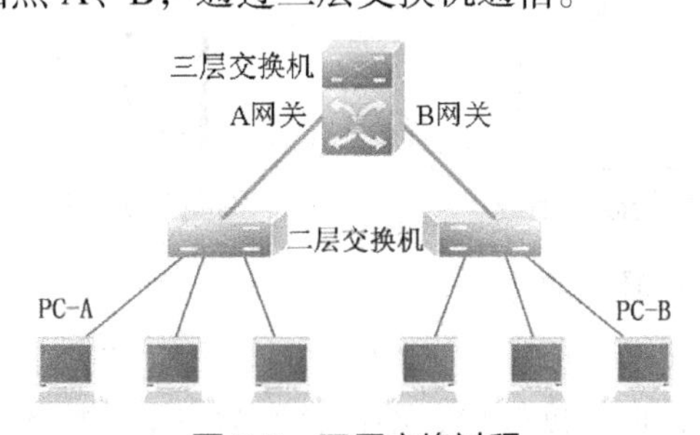

图 7-7 三层交换过程

首先，发送站点 A 在发送时，把自己的 IP 地址与 B 站的 IP 地址比较，若目的站 B 与发送站 A 在同一子网内，则进行二层转发，若不在同一子网内，发送站 A 就把该数据包发送到本机上的默认网关。

在局域网中，通常的默认网关设备多为三层交换机设备。三层交换机通过查看本机上的 IP 路由表信息，同时建立该 IP 地址和 MAC 地址的映射关系，匹配该 IP 数据包的转发路由，转发该数据包到指定的子网中。

此后，由发送站 A 向发送站 B 发送的数据包便全部交给二层交换机处理，信息得以高速交换。

7.4 认识三层交换机设备

三层交换机的重要目的是加快大型局域网内的数据交换，能够做到一次路由，多次转发。对 IP 数据包的转发在三层交换机内由硬件高速实现，像路由信息更新、路由表维护、路由计算、路由确定等功能由软件实现。因而在第三层上既可实现网络路由功能，还可实现数据包的高速转发，并可根据不同网络状况优化网络性能。

三层交换机根据其处理数据的不同，分为纯硬件和纯软件两大类。

1. 纯硬件的三层交换技术

纯硬件三层交换技术使用 ASIC 芯片，采用硬件的方式进行路由表的查找和刷新，其技术复杂、成本高，但是速度快、性能好、负载能力强，图 7-8 所示为交换模块的硬件组成。

在三层引擎中，当数据由接口芯片接收后，首先在二层交换芯片中查找目的 MAC 地址。如果查到就进行二层转发，否则，将数据送至三层引擎。

在三层引擎中，ASIC 芯片查找相应的路由表信息，与数据的目的 IP 地址进行匹配。然后，发送该 ARP 数据包到目的主机，得到该主机的 MAC 地址。最后，将 MAC 地址发到二层芯片，由二层芯片转发该数据包，如图 7-9 所示。

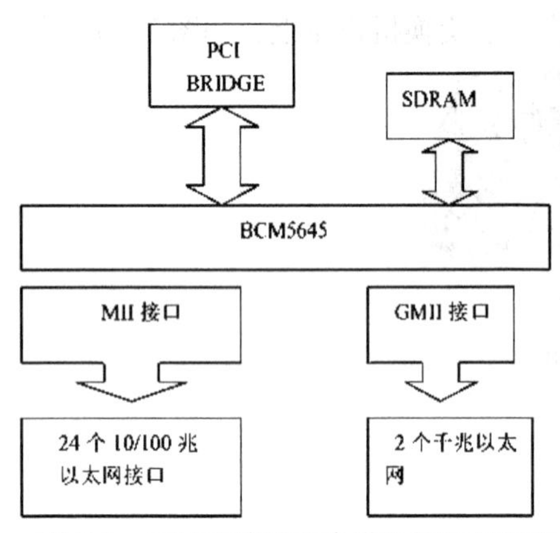

图 7-8 三层交换机交换模块的硬件组成

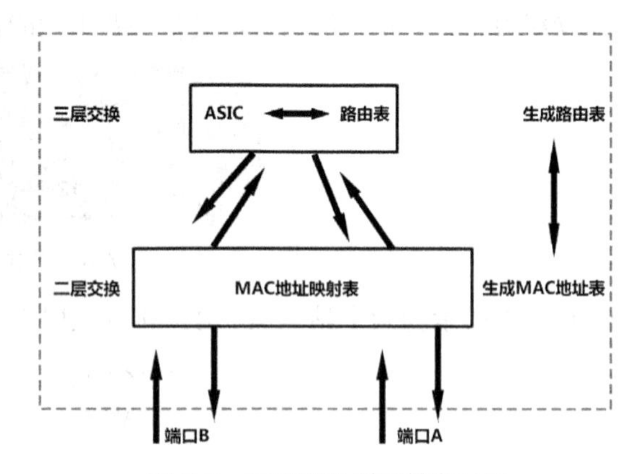

图 7-9 三层硬件引擎转发过程

2. 基于软件的三层交换技术

基于软件的三层交换技术的原理是在 CPU 中使用软件的方式查找路由表。基于软件的三层交换机技术设计简单，但速度较慢，不适合作为主干，如图 7-10 所示。

当数据由接口芯片接收后，先在二层交换芯片中查找目的 MAC 地址，如果查到就进行二层转发，否则，将数据通过内部总线上传至 CPU 处理。

然后，在 CPU 中查找路由表，与目的 IP 地址匹配。最后，发送 ARP 包到目的主机，得到该主机的 MAC 地址，由二层芯片转发该数据包，这种三层交换机的处理速度较慢。

3. 识别三层交换机设备

三层交换机通过硬件实现 IP 路由功能，其优化路由软件使得路由效率提高，解决了传统路由器的路由速度问题，三层交换机具有路由器的功能、交换机的性能。

图 7-11 所示的锐捷网络 RG-S3760E-48 三层交换机是一款支持 IPv6 的多层交换机，该

产品为IPv4网络建设、IPv4向IPv6网络过渡及IPv6网络研发，提供了最直接和最方便灵活的技术实现和方案保障。

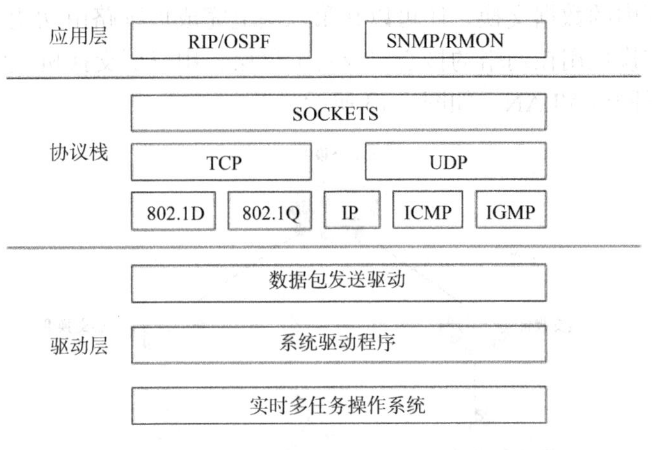

图7-10　基于软件的三层交换技术原理

图7-11　锐捷网络RG-S3760E-48三层交换机

图7-12所示为锐捷网络RG-S8607E交换机，该交换机是面向云架构网络设计的核心交换机，支持云数据中心特性和云园区网，可实现网络云架构和虚拟化，可以根据业务需要部署在数据中心、城域网、园区网或数据中心与园区网融合的场景。

图7-12　锐捷网络RG-S8607E交换机

7.5 应用三层交换机组网

1. 应用背景

出于安全和管理的考虑，主要为了减小广播风暴的危害，必须把大型局域网按功能或区域划成出一个个小局域网，这就使VLAN技术在网络中得以大量应用，而各个不同VLAN间的通信，在传统网络传输上，都要经过路由器转发。

使用路由器实现网间的访问，不但端口数量有限，而且速度较慢，限制了网络规模和访问速度。在这种情况下，三层交换机便应运而生。三层交换机拥有很强的二层处理能力，适用于大型局域网内的数据交换，还可以在第三层上完成传统路由功能。

一般将三层交换机用在网络的核心层或者汇聚层，用三层交换机上的吉比特端口或百兆端口连接不同子网或 VLAN，如图 7-13 所示。

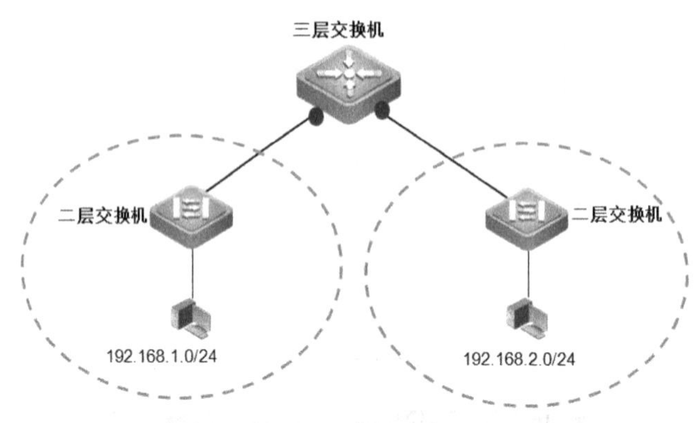

图 7-13　三层交换机连接不同子网

三层交换机最早应用在 TCP/IP 同型子网连接中，所具备的路由功能也多围绕这一目的展开，如图 7-14 所示。所以，三层交换机设备的路由功能，一般都没有同一档次的路由器强大，特别是在安全、协议转换支持等方面还有许多欠缺，并不能完全取代路由器。

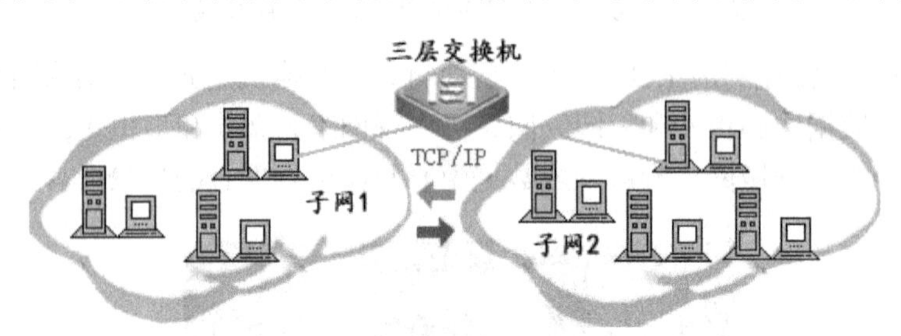

图 7-14　三层交换机适合连接的子网

典型的做法是同一个局域网中的各个子网互联，VLAN 间的路由用三层交换机来代替路由器。只有在实现局域网与 Internet 互联，实现跨地域的异型网络访问时，才通过专业路由器，如图 7-15 所示。

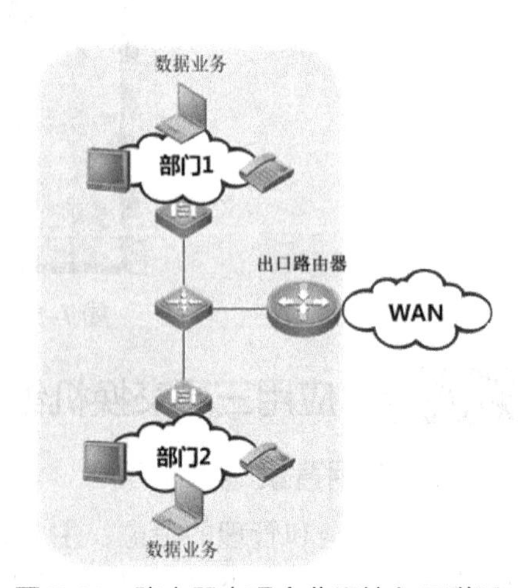

图 7-15　路由器实现企业网接入互联网

2. 应用范围

（1）应用在骨干网络

三层交换机在网络中用中流砥柱形容并不为过。在校园网、企业网中都有三层交换机的用武之地，尤其是骨干网一定要用三层交换机，如图 7-16 所示。

三层交换机的性能非常高，既具有三层路由的功能，又具有二层交换的网络速度。在二层交换时基于 MAC 地址寻址，在三层交换时则基于第三层的业务流进行路由过程决策，大部分数据转发由二层交换处理，提高了数据包转发的效率。

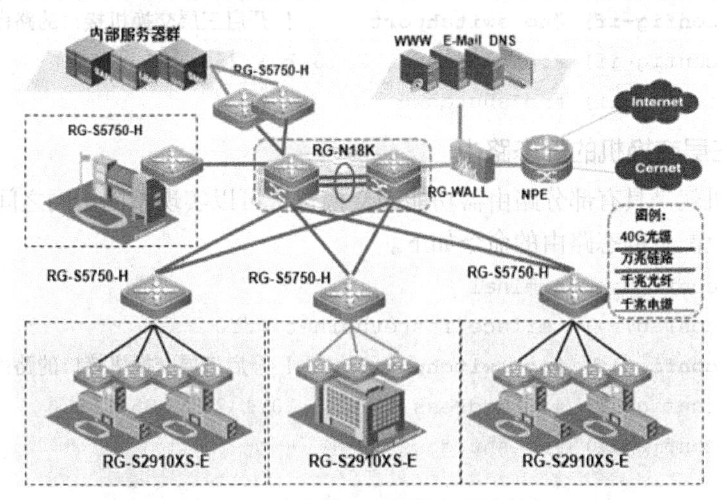

图 7-16 应用在骨干网的三层交换机

（2）连接同型子网

随着宽带 IP 网络建设成为热点，三层交换机逐步定位于接入层或中小规模的汇聚层。网络骨干少不了三层交换机，三层交换机由于优秀的性能，在校园网、企业网的骨干层、汇聚层和接入层都有用武之地，如图 7-17 所示。

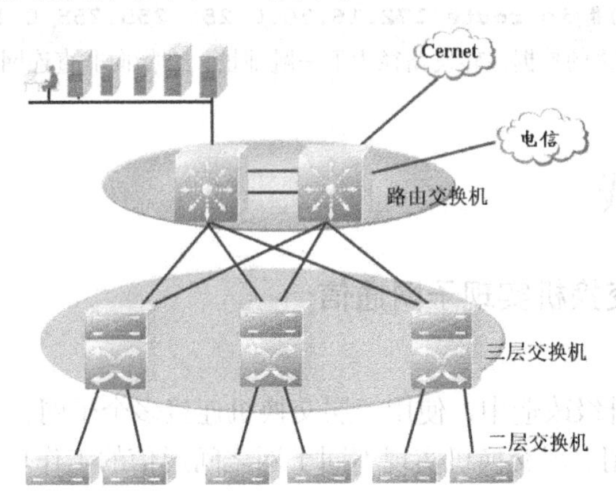

图 7-17 校园网中的三层交换机场景

尤其是核心网一定要用三层交换机，否则，整个网络成千上万台的计算机都在一个子网中，不仅毫无安全性可言，也会因为无法分割广播域而无法隔离广播风暴。

7.6 配置三层交换机设备

三层交换机的接口默认是交换口，但可以转换为路由口，转换为路由口后，具有和路由器一样的功能，配置该接口的地址后，就生成直连路由。

1. 配置三层交换机的接口地址

三层交换机的接口默认是二层交换接口，通过命令开启，方法如下。

```
Switch#configure terminal
```

```
Switch (config)#interface fastethernet 0/1
Switch (config-if) #no switchport       ! 开启三层交换机接口的路由功能
Switch (config-if) #ip address 172.16.1.1 255.255.255.0
Switch (config-if) #no shutdown
```

2. 配置三层交换机的静态路由

三层交换机就是具有部分路由器功能的交换机，可以实现不同子网之间的互相通信，在三层交换机上配置静态路由的命令如下。

```
Switch #configure terminal
Switch (config)# interface fastethernet 0/10
Switch (config-if) #no switchport       ! 开启三层交换机接口的路由功能
Switch (config-if) #ip address 172.16.10.1 255.255.255.0
Switch (config-if) #no shutdown

Switch (config)# interface fastethernet 0/20
Switch (config-if) #no switchport       ! 开启三层交换机接口的路由功能
Switch (config-if) #ip address 172.16.20.1 255.255.255.0
Switch (config-if) #no shutdown

Switch (config)# ip route 172.16.30.0 255.255.255.0 172.16.20.2
! 配置到达下一网络的数据，转发路径为下一跳地址，即指向非直连网络的静态路由
```

网络实践

网络实践 1：三层交换机实现子网通信

【任务场景】

××学校校园网升级改造中，使用三层交换机连接多个子网，实现不同子网互通。图 7-18 所示是宿舍楼使用三层交换机实现不同子网之间通信的工作场景。

【设备清单】

三层交换机（一台）、网线（若干根）、测试 PC（两台）。

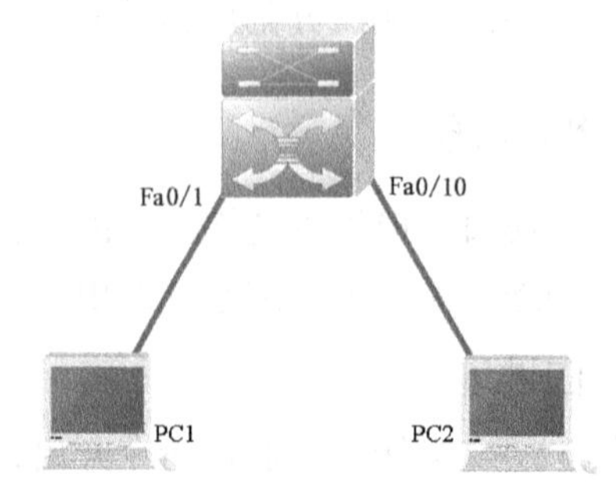

图 7-18　不同子网之间通信的工作场景

【工作过程】

步骤一：连接设备。

按照图 7-18 所示的拓扑连接设备，组建三层交换网络。

步骤二：配置三层交换机的接口地址。

三层交换机每个接口单独连接一个网段，需要配置表 7-1 所示的地址。

表 7-1 三层交换机接口所连接的网络地址

接口	IP 地址	目标网段
Fa0/1	172.16.1.1	172.16.1.0
Fa0/10	172.16.2.1	172.16.2.0
PC1	172.16.1.2/24	172.16.1.1（网关）
PC2	172.16.2.2/24	172.16.2.1（网关）

开启交换机接口的路由功能，为接口配置所在网络的接口地址。

```
Switch#configure terminal
Switch (config)#interface fastethernet 0/1
Switch (config-if) #no switchport        ! 开启三层交换机接口的路由功能
Switch (config-if) #ip address 172.16.1.1 255.255.255.0
Switch (config-if) #no shutdown

Switch (config)#interface fastethernet 0/10
Switch (config-if) #no switchport        ! 开启三层交换机接口的路由功能
Switch (config-if) #ip address 172.16.2.1 255.255.255.0
Switch (config-if) #no shutdown
```

步骤三：查看三层交换机的路由表。

通过以上配置后，三层交换机激活路由接口，产生直连路由，实现直连网段间通信。其中，172.16.1.0 网络被映射到接口 Fa1/0 上，172.16.2.0 网络被映射到接口 Fa1/1 上。通过【show ip route】命令查询三层交换机路由表，方法如下。

```
Switch# show ip route                    ! 查看三层交换机的路由表信息
……
```

步骤四：测试网络联通性。

（1）打开测试计算机的【网络连接】，选择【常规】属性中的【Internet 协议（TCP/IP）】，配置表 7-1 中的地址。

（2）打开计算机，单击【开始】→【运行】，在运行栏中输入【CMD】命令，转到命令状态，输入【ping】命令，测试网络的联通性。

```
ping 172.16.1.1             ! 测试本地机和网关的联通性
!!!!!（OK!）
ping 172.16.2.2             ! 测试本地机和远程机器的联通性
!!!!!（OK!）
```

测试结果表明，通过三层交换机直连路由能够实现两个直连网络的联通。若不能联通，则网络有故障，需要检查网卡、网线和 IP 地址，从而排除网络故障。

7.7 配置三层交换机的 DHCP 服务

1. 什么是动态主机配置协议

动态主机配置协议（Dynamic Host Configuration Protocol，DHCP）是一种在网络中常用的动态编址技术，可以简化手工配置设备地址的工作。

DHCP 基于 Client/Server 架构，能够为网络中的客户端设备分配 IP 地址，提供网络中的主机配置参数，如图 7-19 所示。

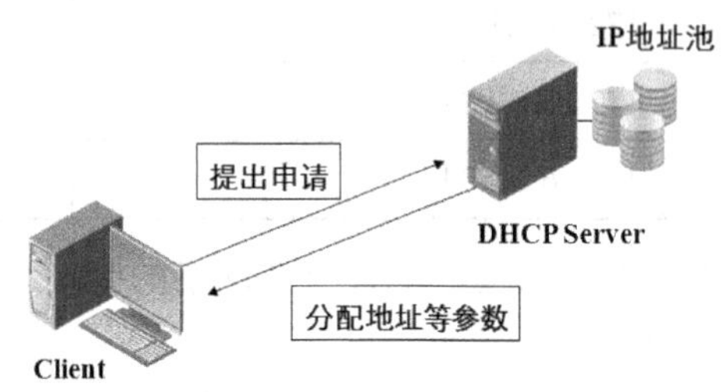

图 7-19　DHCP 帮助主机自动获取地址

在实际组网中，在设备上通过手工为设备配置静态 IP 地址的方式，存在很大的局限性。动态主机配置 DHCP，不仅可以为主机分配 IP 地址，还可以为主机分配网关地址、DNS 服务器地址。

2. DHCP 地址分配方式

在实际组网中，如果需要在全网中使用 DHCP 方式，帮助网络中的终端设备自动获取 IP 信息，必须在网络中安装一台 DHCP 服务器。DHCP 服务器能够监听网络中的所有 DHCP 请求，并与客户端商议 TCP/IP 的设定环境。

常用的 IP 地址分配方式有自动分配（Automatic Allocation）和动态分配（Dynamic Allocation）两种分配方式。

（1）自动分配

使用自动分配方式时，一旦 DHCP 客户端设备第一次从 DHCP 服务器租用到 IP 地址后，就永远使用这个地址。

（2）动态分配

使用动态分配方式时，当 DHCP 第一次从 DHCP 服务器租用到 IP 地址后，并非永久使用，只要租约到期，客户端就释放这个 IP 地址。这时，网络中新加入的其他设备，就可以重新申请到该地址。但在申请的过程中，原来的客户端可以比其他主机具有更优先延续 IP 地址租约的优先权，原来的客户端也可租用其他 IP 地址。

3. DHCP 的工作原理

当客户端第一次连接网络的时候，按照下面的步骤获取工作地址。

（1）当 DHCP 客户端第一次登录网络时，客户发现本机上没有任何 IP 参数，它会向网络发出一个 DHCPDISCOVER 数据包，如图 7-20 所示。

由于客户端还不知道自己属于哪个网络，所以数据包源地址设为 0.0.0.0，目的地址设为 255.255.255.255，然后附加上 DHCPDISCOVER 数据包信息后，向整个网络广播。

当客户端将第一个 DHCPDISCOVER 数据包送出去后，在设定时间内，如果没有得到回应，就进行第二次 DHCPDISCOVER 广播。如果重复一定次数（Windows 设置为 4 次）后，一直得不到回应，客户端会显示错误，宣布 DHCPDISCOVER 失败。

（2）当 DHCP 服务器监听到客户端发出的 DHCPDISCOVER 广播后，从还没有租出的地址中，选择最前面的空置 IP，连同 TCP/IP 设定，回应给客户端一个 DHCPOFFER 数据包，如图 7-21 所示。

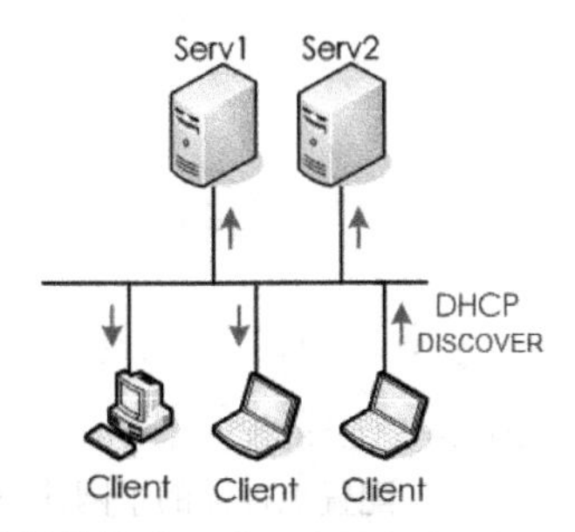

图 7-20　向网络发出一个 DHCPDISCOVER 数据包

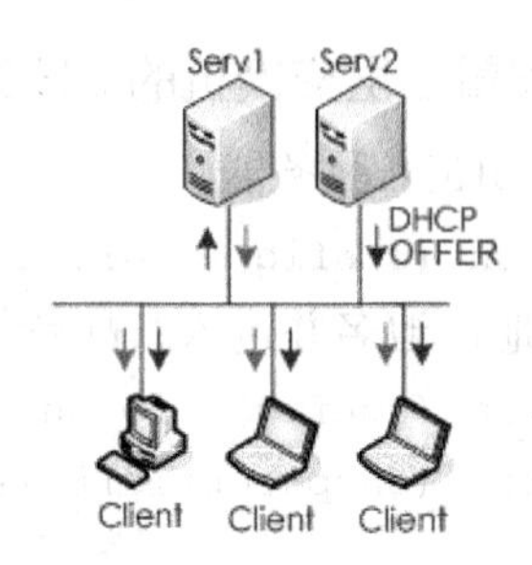

图 7-21　回应给客户端一个 DHCPOFFER 数据包

由于客户端开始时还没有 IP 地址，所以，在其 DHCPDISCOVER 数据包内，会带有其机器的 MAC 地址和一个 XID 编号，来辨别该数据包。DHCP 服务器回应的 DHCPOFFER 数据包会根据这些信息，传递给要求租约的客户。根据服务器端的设定，DHCPOFFER 数据包包含一个租约期限的信息。

（3）如果客户端收到网络上多台 DHCP 服务器的回应，则挑选最先抵达的 DHCPOFFER 数据包，并向网络发送一个 DHCPREQUEST 广播数据包，告诉所有 DHCP 服务器，它将接受哪一台服务器提供的 IP 地址，如图 7-22 所示。

同时，客户端还向网络发送一个 ARP 数据包，查询网络上有没有其他机器使用该 IP 地址。如果发现该 IP 已经被占用，客户端则会发出一个 DHCPDECLINE 数据包给 DHCP 服务器，拒绝接受 DHCPOFFER 数据包，并重新发送 DHCPDISCOVER 信息。

（4）当 DHCP 服务器收到客户端发送的 DHCPREQUEST 数据包后，向客户端发出一个 DHCPACK 回应，确认 IP 租约生效，结束一个 DHCP 工作过程，如图 7-23 所示。全部的工作过程如图 7-24 所示。

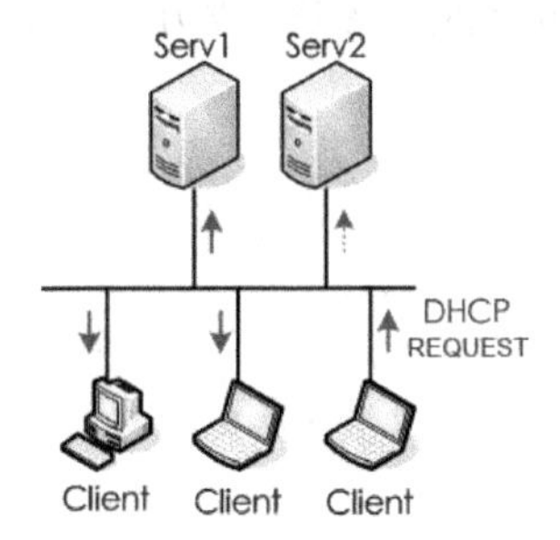

图 7-22　向网络发送一个 DHCPREQUEST 广播数据包

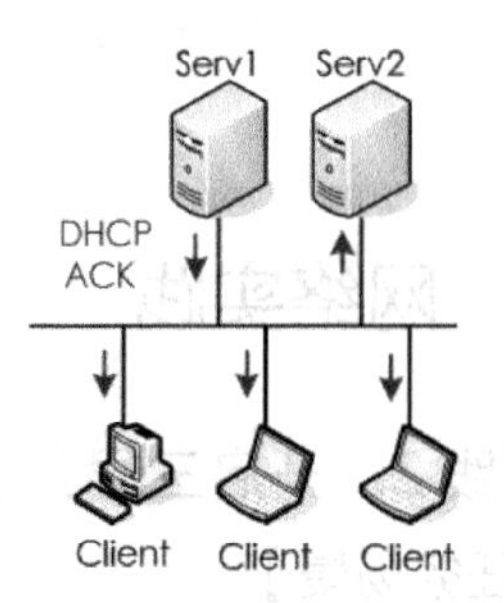

图 7-23　向客户端发出一个 DHCPACK 回应

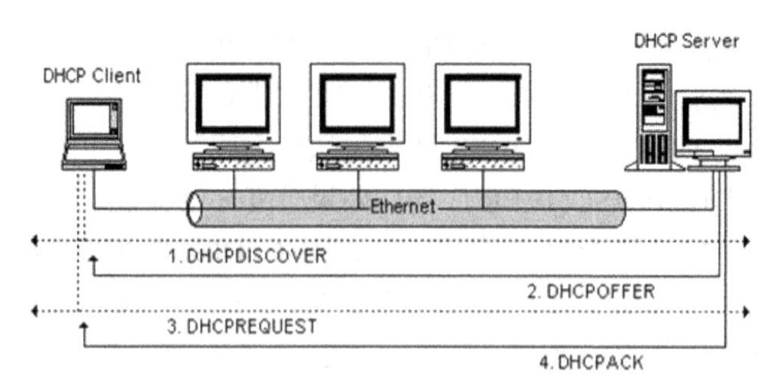

图 7-24　DHCP 服务器和客户机协商过程

4. 配置三层交换机的 DHCP 服务

启动 DHCP 服务器。

```
Swtich (config)# Server dhcp
```

配置地址池名并进入其配置模式。

```
Swtich (config)# ip dhcp pool pool-name
Swtich (dhcp-config)# )# network network-number [mask]
                                                    ! 配置地址池的子网掩码
Swtich (dhcp-config)# )# default-router address [ address1…address8 ]
                                                    ! 配置客户端网关
Swtich (dhcp-config)# )# domain-name domain     ! 配置客户端域名
```

详细的示例如下。

```
Swtich (config)# service dhcp
Swtich (config)# ip dhcp pool VLAN10
                                    ! 定义一个地址池名为 VLAN 10 的 DHCP 地址池
Swtich (dhcp-config)# network 10.1.1.0 255.255.255.0
                                    ! 配置地址池的子网掩码
Swtich (dhcp-config)# lease 8 0 0
                                    ! 定义地址的租约为 8 天
Swtich (dhcp-config)# default-router 10.1.1.1
                                    ! 定义分配的默认网关为 10.1.1.1
Swtich (dhcp-config)# domain-name ruijie.com.cn
                                    ! 定义给客户端分配的域名为 ruijie.com.cn
Swtich (dhcp-config)# dns-server 202.106.0.10
                                    ! 定义分配给客户端的 DNS 服务器为 202.106.0.20
```

网络实践

网络实践 2：开启三层交换机的 DHCP 服务

【任务场景】

王先生所在公司的电脑 IP 地址都由网络管理员手工配置，不仅容易产生错误，而且职工可随意修改地址，容易造成 IP 地址冲突。因此，网络中心希望在三层交换机上实施 DHCP 技术，自动完成客户机的网络地址配置，减轻网络管理的负担，提高网络管理的工作效率。

图 7-25 所示的网络拓扑为实施 DHCP 技术完成电脑网络地址分配的场景。

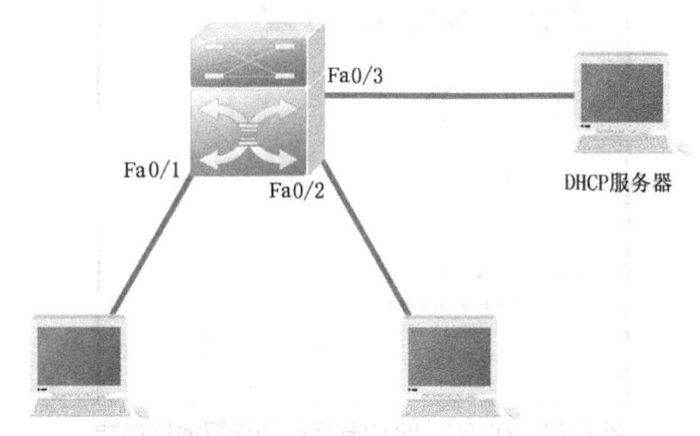

图 7-25 网络启用 DHCP 的场景

【设备清单】

三层交换机（一台）、计算机（≥两台）、网线（若干根）。

【工作过程】

步骤一：建立网络工作环境。

按图 7-24 中的网络拓扑连接设备，组建网络。

步骤二：配置交换机。

```
swtich (config)#hostname  S3760-24
S3760-24(config)#service dhcp        ! 激活 DHCP 服务器

S3760-24(config)#int vlan 1
S3760-24(config-if-VLAN 1)#ip address 192.168.9.254 255.255.255.0
S3760-24(config-if-VLAN 1)#ip dhcp excluded-address 192.168.9.254
S3760-24(config)#ip dhcp pool abc

S3760-24(dhcp-config)#network 192.168.9.0 255.255.255.0
S3760-24(dhcp-config)#dns-server  202.97.224.69
S3760-24(dhcp-config)#default-router 192.168.9.254
S3760-24(dhcp-config)#end
```

步骤三：为 PC 设置自动获取 IP 地址。

打开测试计算机的【网络连接】，选择【常规】属性中的【Internet 协议（TCP/IP）】，单击【属性】按钮，设置 TCP/IP 属性，开启 PC1 自动获取地址功能，如图 7-26 所示。

步骤四：用【ipconfig】命令检测 PC 的 IP 地址。

打开计算机，单击【开始】→【运行】，在运行栏中输入【CMD】命令，转到命令操作状态。

在命令操作状态下，输入【ipconfig】命令，查询计算机自动获取的网络地址信息，如

图 7-26 所示。

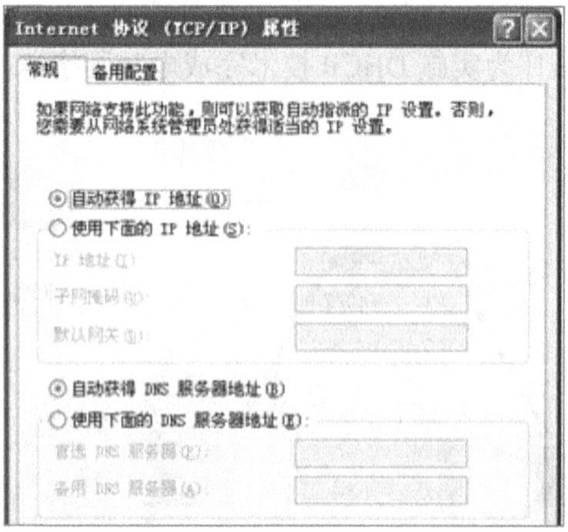

图 7-26　在 TCP/IP 中开启自动获取地址功能

如图 7-27 所示，DHCP 服务器分配给它的 IP 地址为 192.168.9.6，子网掩码为 255.255.255.0，默认网关为配置的 192.168.9.254，DHCP 服务器的 IP 地址为 192.168.9.254，DNS 服务器的 IP 地址为配置的 202.97.224.69。

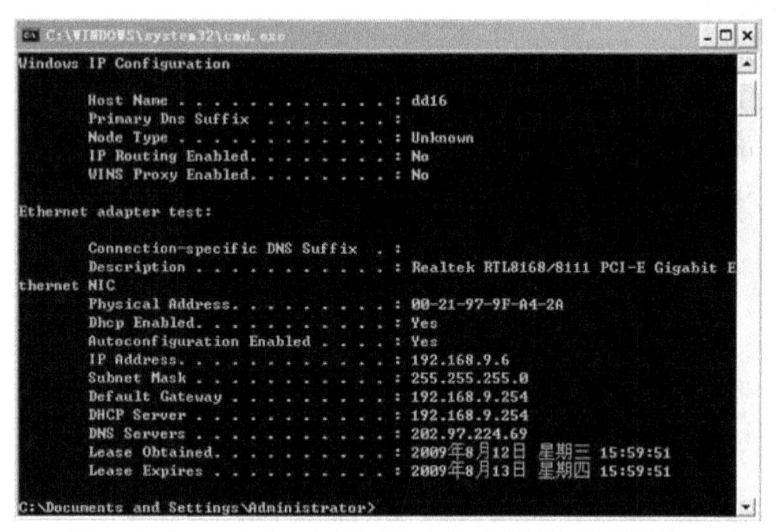

图 7-27 【ipconfig】命令查询计算机自动获取的网络地址信息

7.8 配置三层交换机的 SVI 虚拟网关

1. 什么是 SVI 虚拟接口

SVI 技术是三层交换机上的一个交换虚拟接口（Switch Virtual Interface），一般是一个 VLAN 虚拟接口，通常也把这种接口称为逻辑三层接口，如图 7-28 所示。

一台三层交换机的一个虚拟接口对应一个 VLAN，当需要实现不同虚拟局域网之间的通信时，就需要为相应的虚拟局域网配置交换虚拟接口，并设置 IP 地址作为 VLAN 的虚拟网关，通过三层路由实现联通。

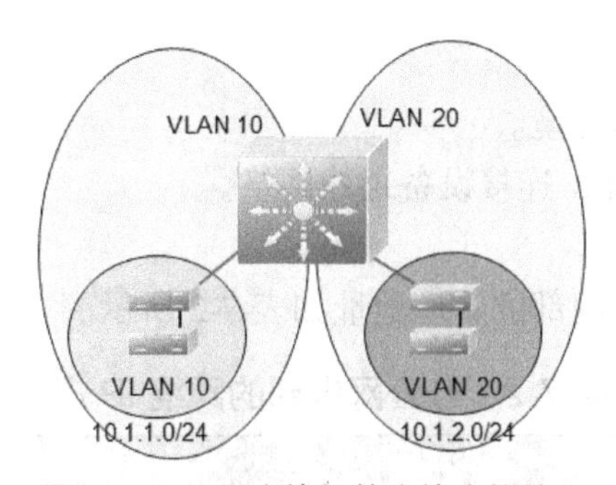

图 7-28 三层交换机的交换虚拟接口

2. SVI 接口的优点

三层交换机内部生成的 VLAN 接口（VLAN Interface）是用于 VLAN 收发数据的虚拟接口，对应于各 VLAN 的虚拟网关，通过三层交换机的 SVI 技术，可实现不同 VLAN 间联通。

和早期使用路由器单臂路由技术实现不同 VLAN 间的通信相比，SVI 交换虚拟接口技术具有以下特点：SVI 接口速度远比单臂路由快，三层交换机基于硬件进行路由和交换，不需要交换机和路由器相连的链路，在三层交换机的内部总线即可完成交换和路由传输，能够提高速度，降低延迟。

3. 配置 SVI 虚拟接口

一个 VLAN 仅可以有一个 SVI 接口，应当为所有 VLAN 配置 SVI 接口，以便在 VLAN 间实现路由通信。

配置命令如下所示。

```
Switch(config)#interface VLAN 10
                                          ！激活 VLAN 10 的虚拟 SVI 接口
Switch(config-if-VLAN 10)#ip address 192.168.2.1 255.255.255.0
                                          ！为 VLAN 10 的虚拟 SVI 接口配置网关地址
Switch(config-if-VLAN 10)#no shutdown
```

默认情况下，在一个 VLAN 有多个端口时，VLAN 中所有端口关闭后，SVI 接口也将关闭。此外，也可以用【no interface VLAN VLAN_id】命令删除对应的 SVI 接口。

网络实践

网络实践 3：实现不同 VLAN 间通信

【任务场景】

某公司为避免两个部门之间工作干扰，使用 VLAN 技术把两个部门的网络分隔开，形成两个互不干扰的网络。但为了工作需要，又希望通过三层交换机的 SVI 技术，实现两个部门的不同 VLAN 间安全联通。图 7-29 所示为网络拓扑。

【设备清单】

三层交换机（一台）、二层交换机（一台）、计算机（≥两台）、双绞线（若干根）。

【工作过程】

步骤一：安装网络工作环境。

按如图 7-29 的网络拓扑，连接设备组建网络。

步骤二：IP 地址规划。

某公司两个部门办公网内部的管理地址如表 7-2 所示。

表 7-2　办公网内部的网络 IP 规划

序号	设备名称	地址规划	网关地址	备注
1	PC1	192.168.1.2/24	192.168.1.1	Fa0/1 接口
2	PC2	192.168.1.3/24	192.168.1.1	Fa0/2 接口
3	PC3	192.168.2.2/24	192.168.2.1	Fa0/3 接口
4	PC4	192.168.2.3/24	192.168.2.1	Fa0/4 接口
5	VLAN 10	192.168.1.1/24		
6	VLAN 20	192.168.2.1/24		

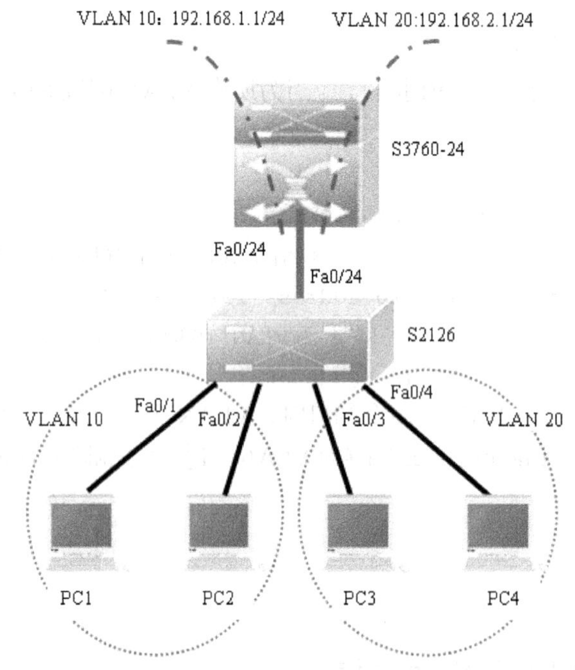

图 7-29　三层交换机的 SVI 技术实现不同 VLAN 间联通

步骤三：配置二层交换机。

（1）配置二层交换机 VLAN。

```
S2126s#configure terminal
S2126s(config)#VLAN 10
S2126s(config-vlan)#VLAN 20
S2126s(config-VLAN)#end
```

```
S2126s#show VLAN
…… ……
```

（2）把接口分配到指定 VLAN 中。

```
S2126s#configure terminal
S2126s(config)#interface range Fastethernet 0/1-2  ！把多个端口划分到VLAN
S2126s(config-if-range)#switch access vlan 10
S2126s(config-if-range)#interface range Fastethernet 0/3-4
S2126s(config-if-range)#switch access VLAN 20
S2126s(config-if-range)#end
S2126s#show VLAN
…… ……
```

（3）设置上联口为干道端口。

```
S2126s#configure terminal
S2126s(config)#interface Fastethernet0/24
S2126s(config-if)#switchport mode trunk      ！设置为干道端口
S2126s(config-if)#no shutdown
S2126s(config-if)#end
S2126s#show VLAN
…… ……
```

步骤四：配置三层交换机。

```
S3760-24#configure terminal
S3760-24(config)#VLAN 10
S3760-24(config-VLAN)#VLAN 20

S3760-24(config-vlan)#interface vlan 10
S3760-24(config-if-VLAN 10)#ip address 192.168.1.1 255.255.255.0
S3760-24(config-if-VLAN 10)#no shutdown

S3760-24(config-if-VLAN 10)#interface vlan 20
S3760-24(config-if-VLAN 20)#ip address 192.168.2.1 255.255.255.0
S3760-24(config-if-VLAN 20)#no shutdown
S3760-24(config-if-VLAN 20)#exit

S3760-24(config)#interface fastethernet0/24
S3760-24(config-if-FastEthernet 0/24)#switch mode trunk
S3760-24(config-if-FastEthernet 0/24)#no shutdown
S3760-24(config-if-FastEthernet 0/24)#exit

S3760-24#show vlan
…… ……
```

```
S3760-24#show running-config
…… ……
```

步骤五：设置 PC 的 IP 地址和网关。

打开计算机的【网络连接】，选择【常规】属性中的【Internet 协议（TCP/IP）】。

单击【属性】按钮，根据表 7-2 中的 IP 地址规划，修改 PC 的 IP 地址。由于与外网进行通信，因此需要设置网关（VLAN 作为网关）。

步骤六：网络联通测试。

打开计算机的【开始】菜单，在运行栏中输入【CMD】命令，转到命令行操作状态，输入【ping IP】，测试不同 VLAN 中两台 PC 的联通性。

测试结果表明，通过三层交换机的 SVI 技术，能实现不同 VLAN 间联通。

认证测试

以下每道选择题中，都有一个正确答案（最优答案），请选择出正确答案（最优答案）。

1．三层交换机在转发数据时，可以根据数据包的（　　）进行路由的选择和转发。

A．源 IP 地址　　B．目的 IP 地址　　C．源 MAC 地址　　D. 目的 MAC 地址

2．在企业内部网络规划时，下列地址中，属于企业可以内部随意分配的私有地址的是（　　）。

A．172.15.8.1　　B．192.16.8.1　　C．200.8.3.1　　D．192.168.50.254

3．在企业网规划时，选择使用三层交换机而不选择路由器的原因中，不正确的是（　　）。

A．在一定条件下，三层交换机的转发性能要远远高于路由器

B．三层交换机的网络接口数相比路由器的接口数要多得多

C．三层交换机可以实现路由器的所有功能

D．三层交换机组网比路由器组网更灵活

4．下列 IP 地址，可以正确地分配给主机使用的是（　　）。

A．192.168.1.256　　B．224.0.0.1　　C．172.16.0.0　　D．10.8.5.1

5．三层交换机中的三层表示的含义不正确的是（　　）。

A．网络结构层次的第三层

B．OSI 模型的网络层

C．交换机具备 IP 路由、转发的功能

D．和路由器的功能类似

6．Intranet 技术的核心是采用（　　）。

A．ISP/SPX　　B．PPP　　C．TCP/IP　　D．SLIP

7．一般来说，三层交换机工作在（　　）。

A．物理层　　B．数据链路层　　C．网络层　　D．高层

8．Internet 的网络层有四个重要的协议，分别为（　　）。

A．IP、ICMP、ARP、UDP　　B．TCP、ICMP、UDP、ARP

C．IP、ICMP、ARP、RARP　　D．UDP、IP、ICMP、TCP

9．校园网设计中常采用三层结构，三层交换机主要应用在（　　）。

A．核心层　　B．分布层　　C．控制层　　D．接入层

10．在 OSI 七层模型中，负责路由选择的是（　　）。

A．物理层　　B．数据链路层　　C．网络层　　D．传输层

11．下列对 OSI 参考模型从高到低表述正确的是（　　）。

A．应用层、表示层、会话层、网络层、数据链路层、传输层、物理层

B．物理层、数据链路层、传输层、会话层、表示层、应用层、网络层

C．应用层、表示层、会话层、传输层、网络层、数据链路层、物理层

D．应用层、传输层、互联网层、网络接口层

12．在 OSI 七层模型中，网络层的功能有（　　）。

A．在信道上传送比特流　　B．确定数据包如何转发与路由

C．建立端到端的连接，确保数据的传送正确无误

D．保证数据在网络中的传输

13．路由器工作在 OSI 参考模型的（　　）。

A．应用层　　B．传输层　　C．表示层　　D．网络层

14．有一个中学获得了 C 类网段的一组 IP：192.168.1.0/24，要求划分 7 个以上的子网，每个子网主机数不得少于 25 台，子网掩码为（　　）。

A．255.255.255.128　　B．255.255.255.224

C．255.255.255.240　　D．255.255.240.0

15．通过 Console 接口管理交换机时，在超级终端里应设为（　　）。

A．波特率：9600 数据位：8 停止位：1

B．波特率：57600 数据位：8 停止位：1

C．波特率：9600 数据位：6 停止位：2

D．波特率：57600 数据位：6 停止位：1

16．IP 地址是 202.114.18.10，子网掩码是 255.255.255.252，其广播地址是（　　）。

A．202.114.18.255　　B．202.114.18.12　　C．202.114.18.11　　D．202.114.18.8

17．IP、Telnet、UDP 分别是 OSI 参考模型的第（　　）层协议。

A．一、二、三　　B．三、四、五　　C．四、五、六　　D．三、七、四

18．IEEE 的（　　）标准定义了 RSTP。

A．IEEE 802.3　　B．IEEE 802.1　　C．IEEE 802.1d　　D．IEEE 802.1w

19．以下关于交换式以太网的描述正确有（　　）。

A．平时网络中所有主机都不联通，当主机需要通信时通过交换设备连接对端主机，完成后断开

B．交换设备包括集线器和交换机

C．使用交换设备组网，物理上为星形结构，但逻辑上是总线型结构

D．以上说法都不对

20．以太网接口的网线有直连网线和交叉网线，在默认状态下，S3760 的一个以太网端口和路由器的以太网端口相连，需要选择（　　）网线。

A．直连线　　B．交叉线　　C．两者都可以　　D．以上都不对

第8章 掌握网络出口路由技术

随着以太网规模的不断扩大，大型互联网络（如 Internet）迅猛发展，路由技术也在以太网络技术中逐渐发展成为关键部分。

出口路由一般指局域网连接 Internet，把内网中的数据转发到 Internet 中的三层路由设备，一般都位于企业、单位网络与外网直接相连的位置，因此称为网络出口。

用户的需求推动着网络出口路由技术的发展，促成了网络出口路由设备的普及，人们已经不再满足于在本地网络上共享信息，而且希望最大限度地实现网络共享，这就需要把企业内部网络接入到外部的互联网中。

通过本章的学习，了解本地网络出口和路由技术，掌握网络出口的配置技术。

- 了解路由技术原理
- 了解路由器工作原理
- 使用路由器设备优化网络出口
- 使用单臂路由实现 VLAN 间通信

8.1 路由技术概述

二层交换

网络互联的方式有很多种，如果仅实现网络扩展，直接使用二层交换机即可达到网络互联效果，图 8-1 所示为使用二层交换机延伸网络距离。

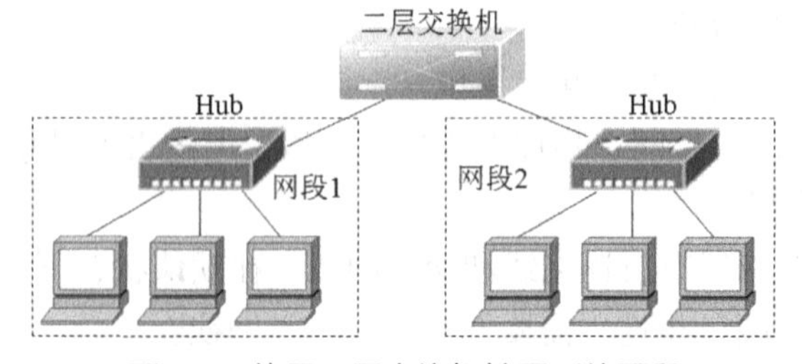

图 8-1　使用二层交换机扩展延伸网段

如果要把不同的子网，或把不同类型的网络互联起来，就需要使用三层路由器或三层交换机，图 8-2 所示的场景是使用三层交换机连接两个不同的子网区域。

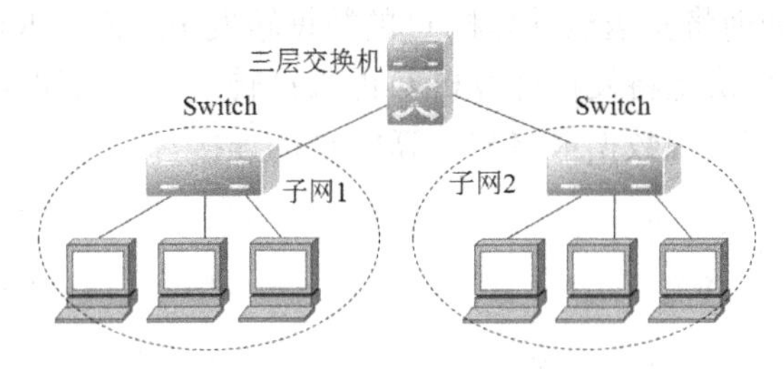

图 8-2　使用三层交换机连接两个不同的子网区域

图 8-3 所示为使用路由器连接不同类型的网络，把局域网（LAN）接入互联网（WAN）。

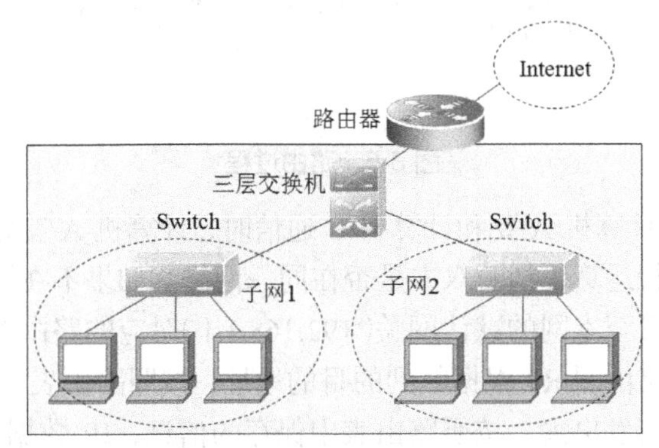

图 8-3　路由器设备接入互联网

1. 什么是路由

所谓路由是指通过子网络，把数据从源地点转发到目标地点的过程。一般来说，数据在网络中的路由过程，至少经过一个或多个中间节点，如图 8-4 所示。

三层交换

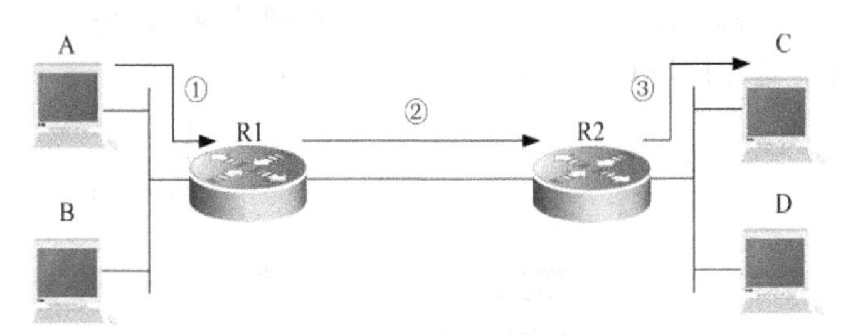

图 8-4　路由示例图

路由技术发生在 OSI 参考模型的网络层，包含两个动作，确定最佳路径和通过网络传输信息，后者也称为 IP 数据转发。其中，IP 数据包的转发过程相对来说比较简单，而确定最佳路径很复杂。

2. 路由传输过程

图 8-5 所示为网络拓扑，是计算机 A 和计算机 C 通过路由器相连，实现数据转发的过程。首先，计算机 A 向计算机 C 发送数据包，经过路由器转发才可到达。在计算机 A 到计

算机 C 的路由传输过程中，有以下几个问题必须解决。

（1）计算机 A 是如何将发送至计算机 C 的数据转发至路由器 R1 的？

（2）路由器 R1 如何决定将发往计算机 C 的数据转发至路由器 R2？

（3）路由器 R2 如何实现数据最终与计算机 C 的连接？

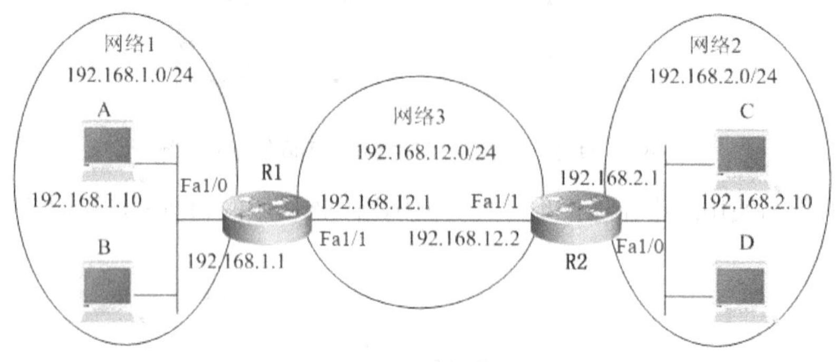

图 8-5　路由过程

如图 8-5 所示，当计算机 A 要和计算机 C 通信时，计算机 A 首先通过目标地址与源地址进行运算，判断双方是否在同一网络。如果不在同一子网，数据包将会被转发至本网的默认网关（192.168.1.1）对应的路由器 R1 的 Fa1/0 接口上。

路由器路由选路

路由器 R1 根据收到的目的地址，按照路由表匹配信息，再把该 IP 数据包转发出去。按照路由表中保存的信息，IP 数据包被转发到路由器 R2 上。

在整个互联的网络中，路由器通过维护更新路由表，标记所有目的网络的转发路径，实现整个网络之间的联通。

8.2 路由工作原理

当子网中的一台主机，需要发送一个 IP 数据包给同子网中的另一台主机时，由于都在本地的同一网络中，通过广播对方就能收到，如图 8-6 所示。

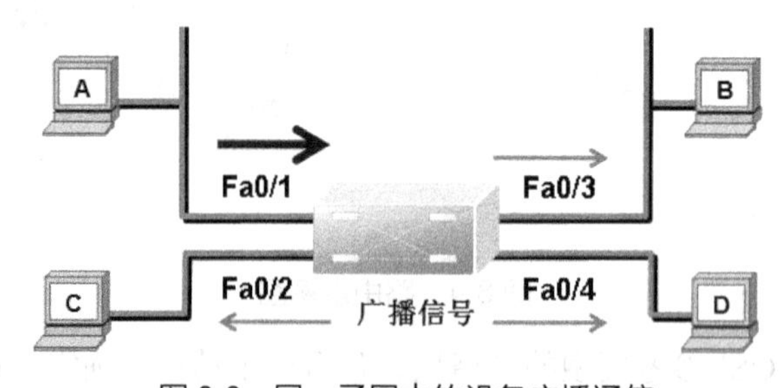

图 8-6　同一子网中的设备广播通信

而要把一个 IP 数据包，发送给不同子网中的主机时，发送主机根据目标 IP 地址与源 IP 地址进行计算，如果通过计算，判断通信双方的 IP 地址不在同一子网中，则按照不同子网的通信原则，IP 数据包被转发至默认网关设备，也即三层路由设备。如图 8-7 所示，由路由设备负责把 IP 数据包转送到目的地。

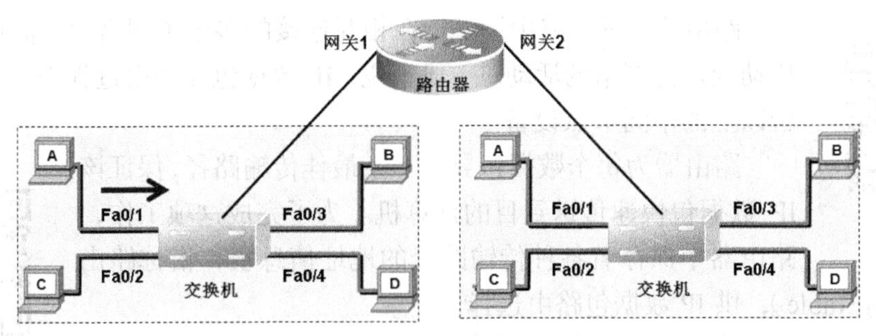

图 8-7 不同子网设备之间通信

图 8-8 所示为网络场景，显示了 IP 数据包穿过复杂的三层路由网络，经过多台路由器设备的接力转发，由计算机 PC_A 传输到计算机 PC_B 的场景。

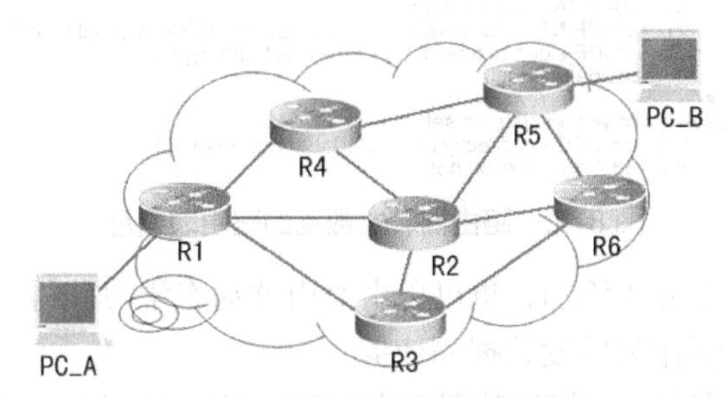

图 8-8 路由器转发数据的过程

其中，路由器 R1 在收到工作站 PC_A 的数据包后，先从包头中取出目标 IP 地址，然后根据路由表，计算得出到目标工作站 PC_B 的最佳路径 R1→R2→R5→PC_B，依序传输到路由器 R2。

Internet 就是由类似这样的成千上万个 IP 子网，通过众多的路由器设备互联，形成了以路由器为节点的“网间网”。在“网间网”中，路由器不仅负责 IP 数据包的转发，还负责确定数据包在全网中的路由选择，维护更新路由表。

8.3 路由器概述

1. 交换机

普通交换机工作在 OSI 参考模型中的数据链路层，完成数据帧的转发。交换机通过查看数据帧中的源 MAC 地址和目的 MAC 地址，判断数据帧应转发到哪个端口。

2. 路由器

路由器是一种连接多个不同网络或子网段的网络互联设备，如图 8-9 所示。

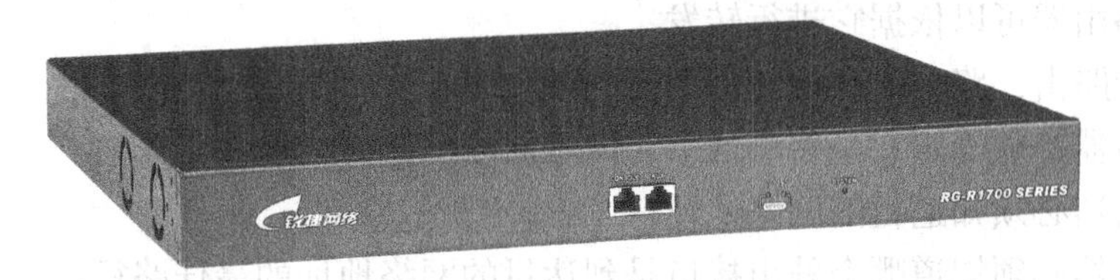

图 8-9 互联网中的路由器

路由器

路由器中的“路由”是指在相互连接的多个子网络中，信息从源网络移动到目标网络的活动。一般来说，IP 数据包在路由过程中，至少经过一台以上的中间节点设备。

路由器为每个数据包寻找一条最佳传输路径，保证该 IP 数据包快速传送到目的计算机。为了完成这项工作，路由器中保存着各种传输路径的地址信息表，俗称路由表（Routing Table），供 IP 数据包路由选择。

路由器中的路由表

路由表中保存着到达各个子网的标志信息：路由标识、获得路由方式、目标网络、转发路由器地址和经过路由器的台数等内容，如图 8-10 所示。

```
RouterA#show ip route  !! 查看路由器的路由表信息
Codes:  C - connected, S - static,  R - RIP
        O - OSPF, IA - OSPF inter area
        N1 - OSPF NSSA external type 1, N2 - OSPF NSSA external type 2
        E1 - OSPF external type 1, E2 - OSPF external type 2
        * - candidate default

Gateway of last resort is no set
C    192.168.1.0/24 is directly connected, FastEthernet 1/0
C    192.168.1.1/32 is local host.
```

图 8-10　路由器转发数据的路由表信息

路由表可以通过手工方式添加，也可以由路由器动态学习获得。生成的路由表信息都保存在内存中，供路由器作为转发数据的依据。

路由器在接收到数据包后，提取数据包中携带的目标 IP 地址，查找路由表，确定数据包转发的路径，将数据包从一个网络转发到另一个网络，如图 8-11 所示。

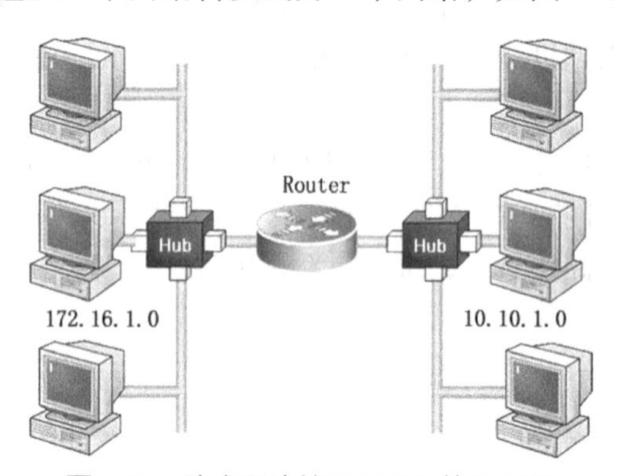

图 8-11　路由器连接不同网段的子网络

3．路由表

在路由器的内部都有一张路由表，这个路由表中包含该路由器知道的目的网络地址，以及通过此路由器到达目标网络的最佳路径，如某个接口或下一跳的地址，正是由于路由表的存在，路由器可以依据它进行转发。

为了进行路由，路由器必须知道下面三项内容：

（1）路由器必须确定它是否激活了对该协议的支持；

（2）路由器必须知道目的网络地址；

（3）路由器必须知道哪个外出接口是到达目的网络地址的最佳路径。

路由器提供【show ip route】命令，该命令用于观察三层网络设备上的路由表细节。

```
Router# show ip route
Codes: C - connected, S - static,  R - RIP
       O - OSPF, IA - OSPF inter area
       N1 - OSPF NSSA external type 1, N2 - OSPF NSSA external type 2
       E1 - OSPF external type 1, E2 - OSPF external type 2
       * - candidate default
Gateway of last resort is no set
C    172.16.0.0/24 is directly connected, FastEthernet1/0
C    172.16.21.0/24 is directly connected, serial 1/2
S    172.16.2.0/24 [1/0] via 172.16.21.2
R    172.16.3.0/24 [120/2] via 172.16.21.2, 00:00:27, serial 1/2
R    172.16.4.0/24 [120/2] via 172.16.21.2, 00:00:27, serial 1/2
```

其中：

用“C”标注直联网络的两条路由；

用“S”标注一条静态路由；

用“R”标注两条 RIP 产生的动态路由。

路由器自动把所有激活的 IP 接口地址添加到路由表中。除此以外，还可以使用以下两种方法来添加路由信息：

（1）静态路由方式：管理员手动定义一个到目的网络的路由；

（2）动态路由方式：根据路由协议来交换路由信息，选择最佳路由。

以下示例中以一条路由条目为例。

```
R    172.16.3.0/24  [120/2]  via  172.16.21.2,  00:00:27,  serial 1/2
```

其中：

R 表示 RIP 产生的动态路由；172.16.3.0/24 表示目的网络地址；120 为管理距离；2 为度量值；172.16.21.2 是去往目的网络地址的下一跳地址；00:00:27 为该路由记录的存活时间；serial 1/2 为去往目的网络的关联接口。

这里的管理距离是路由信息的可信度等级，用 0 ~ 255 的数值表示，该值越高其可信度越低。不同路由信息的默认管理距离如表 8-1 所示。

表 8-1　默认管理距离

路由源	默认管理距离
Connected interface	0
Static route out an interface	0
Static route to a next hop	1
OSPF	110
IS-IS	115
RIP　v1, v2	120
Unknown	255

在一台路由器中，可能同时拥有静态路由或动态路由，但这些路由表表项之间可能会发生冲突，这种冲突可通过路由表优先级来解决，管理距离提供了路由选择的优先等级。

8.4 路由器硬件组成

路由器报文发送过程

路由器是 Internet 中重要的智能化传输设备，由硬件系统和软件系统构成。组成路由器的硬件包括处理器、存储器和各种不同类型的接口。

1. 处理器

路由器的 CPU 能力直接影响着路由器传输数据的速度，路由器的 CPU 能够实现路由协议的运行，进行路由算法的生成、维护和路由表的更新，负责交换路由信息、查找路由表，以及转发数据包等。

随着网络技术的不断发展，目前路由器中许多工作任务都通过专用的硬件芯片来实现，高端路由器中还增加了一块负责数据转发和路由表查询的 ASIC 芯片，以提高路由器的工作效率，如图 8-12 所示。

图 8-12 路由器的处理器芯片

2. 存储器

路由器使用了多种不同存储器协助路由器工作，包括只读存储器、随机存储器、非易失性存储器、Flash 存储器。

（1）只读存储器（ROM）

ROM 是只读存储器，其功能与计算机中的 ROM 相似，路由器启动时引导操作系统正常工作。

（2）随机存储器（RAM）

RAM 是可读写存储器，在系统重启后将被清除。RAM 运行期间暂时存放操作系统和一些数据信息，包括系统配置文件（Running-config）、正在执行的代码、操作系统程序和一些临时数据，以便让路由器能迅速访问这些信息。

（3）非易失性存储器（NVRAM）

NVRAM 也是可读写存储器，但在系统重启后仍能保存数据。NVRAM 能够保存配置文件（Startup-Config），其容量小、速度快、成本也比较高。

（4）Flash 存储器

Flash 存储器是可读写存储器，在系统重启后仍能保存数据，存放着操作系统。

3. 接口

路由器的物理接口能够进行数据链路层的数据封装和解封装，并将数据转发到目的接口。

路由器具有强大的网络连接功能，可以与各种网络进行连接，这就决定了路由器的接口非常复杂，能连接的网络类型也非常丰富。

路由器的接口主要分为局域网接口、广域网接口和配置接口三类，如图 8-13 所示。

（1）局域网接口

局域网接口用于局域网连接，常见的为以太网 RJ-45 接口，如图 8-14 所示。

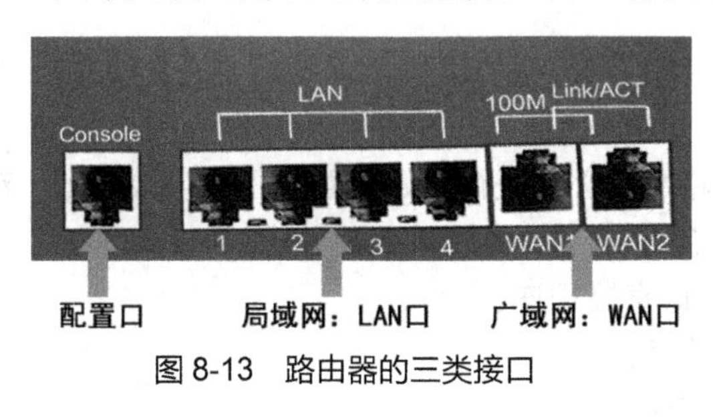

图 8-13　路由器的三类接口

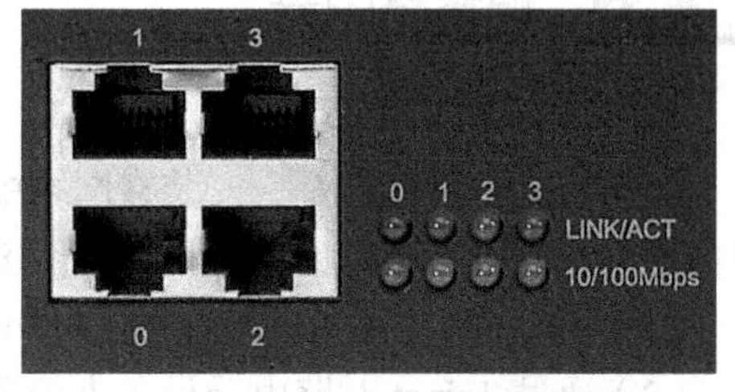

图 8-14　路由器和以太网连接的 RJ-45 接口

（2）广域网接口

路由器连接广域网的接口称为 WAN 口，提供局域网与广域网、广域网与广域网之间的连接，常见的广域网接口如下。

SC 接口：是常说的光纤接口，一般固化在高档路由器上，普通路由器只有配置光纤模块时才具有该接口，如图 8-15 所示。

高速同步串口（Serial）：在广域网连接中应用最多的是高速同步串口，如图 8-16 所示。高速同步串口的通信速率高，要求所连接网络的两端执行同样的技术标准。

异步串口（ASYNC）：异步串口应用于 MODEM 连接，可实现计算机通过公用电话网拨入远程网络，如图 8-17 所示。异步接口不要求网络的两端保持实时同步标准，只要求能连续即可，通信方式简单、便宜。

图 8-15　路由器光纤模块

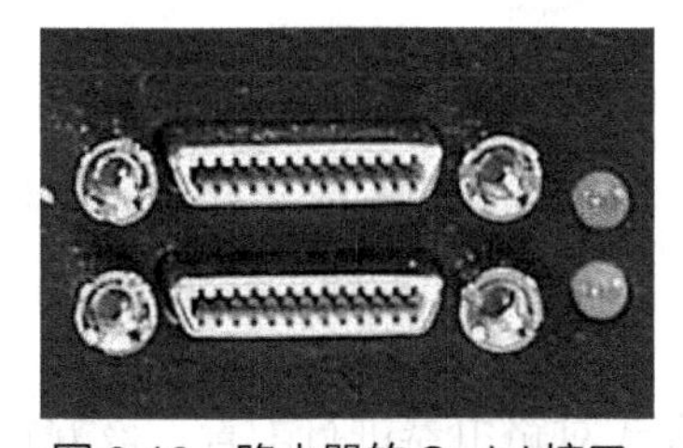

图 8-16　路由器的 Serial 接口

图 8-17　路由器的 ASYNC 接口

（3）配置接口

路由器的配置接口有两种类型，分别是 Console 类型和 AUX 类型，如图 8-18 所示。

Console 接口：Console 接口使用配置线缆连接计算机的串口，利用终端仿真程序进行本地配置，首次配置路由器时必须通过控制台的 Console 接口进行。

AUX 接口：AUX 接口为异步接口，与 MODEM 连接，用于远程拨号时连接配置路由器。

图 8-18　配置接口 Console 和 AUX

8.5 配置路由器

1. 配置路由器模式

与交换机不一样的是，安装在网络中的路由器必须进行初始配置，才能正常工作。对路由器设备配置需要借助计算机，如图 8-19 所示，一般有以下 5 种方式：

（1）通过 PC 与路由器设备的 Console 接口直接相连；

（2）通过 Telnet 对路由器设备进行远程管理；

（3）通过 Web 对路由器设备进行远程管理；

（4）通过 SNMP 管理工作站对路由器设备进行管理；

（5）通过路由器的 AUX 接口连接 MODEM 远程配置管理模式。

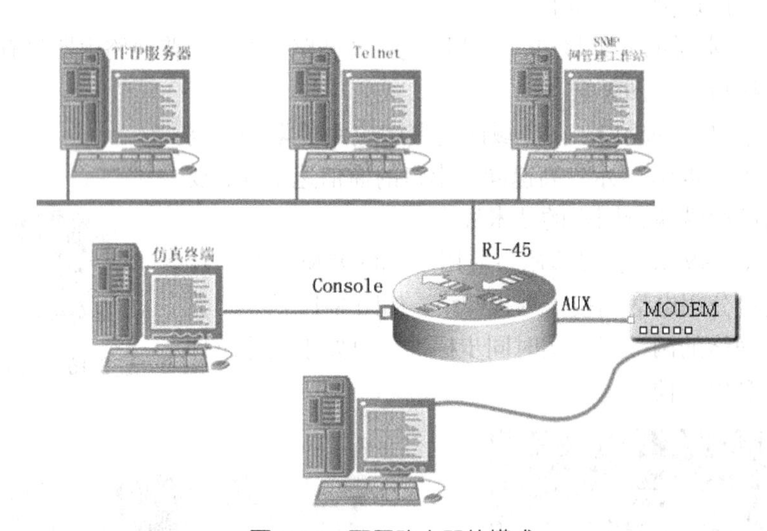

图 8-19　配置路由器的模式

2. 通过带外方式管理路由器

第一次使用路由器时，必须通过 Console 接口方式对路由器进行配置，该方式和配置交换机的方式相同，也称为带外管理方式。其他 4 种方式也和配置交换机设备的方式相同。

3. 路由器的命令模式

与交换机设备一样，路由器也同样具有 3 种配置模式。

（1）用户模式：Router >

用户模式拥有最低权限，只能查看路由器的当前连接状态。

（2）特权模式：Router #

输入【enable】命令即可进入特权模式，该模式下用户只能查看配置内容。

（3）配置模式：Router（config）#

输入【configure terminal】命令即可进入全局模式，用户可以配置路由器的全局参数。全局配置模式下产生的其他几种子模式分别如下。

```
Router（config-if）#             ！接口配置模式
Router（config-line）#           ！线路配置模式
Router（config-router）#         ！路由配置模式
```

任何级别模式下都可以用【exit】命令返回到上一级模式，输入【end】命令直接返回特权模式。

4. 配置路由器的基本命令

路由器的 IOS 是一个功能强大的操作系统，下面介绍路由器常用的操作命令。

（1）操作模式转换。

```
Router>enable                                ！进入特权模式
Router#
Router#configure terminal                    ！进入全局配置模式
Router(config)#
Router(config)#interface fastethernet 1/0    ！进入路由器 Fa1/0 接口模式
Router(config-if) #
Router(config-if)#exit                       ！退回到上一级操作模式
Router(config)#
Router(config-if)#end                        ！直接退回到特权模式
Router#
```

（2）配置路由器的设备名称。

```
Router# configure terminal
Router(config)#hostname RouterA              ！把设备的名称修改为 RouterA
RouterA(config)#
```

（3）显示命令。

显示某些特定的设置信息。

```
Router # show version                        ！查看版本及引导信息
Router # show running-config                 ！查看运行配置
Router # show startup-config                 ！查看保存的配置文件
Router # show interface type number          ！查看接口信息
Router # show ip route                       ！查看路由信息
Router#write memory                          ！保存当前配置到内存
Router#copy running-config startup-config
                        ！保存配置，将当前配置文件复制到初始配置文件中
```

（4）配置路由器的登录密码。

```
Router # configure terminal
Router（config）# enable password 0 ruijie ！设置特权密码
Router（config）#exit
```

```
Router # write                                    ！保存当前配置
```

（5）配置路由器的每日提示信息。

```
Router(config)#banner motd  &                  ！配置每日提示信息，&为终止符
2006-04-14 17:26:54  @5-CONFIG:Configured from outband
Enter TEXT message.  End with the character '&'.
Welcome to RouterA,if you are admin,you can config it.
If you are not admin,please EXIT               ！输出描述信息
&                                              ！输入&符号，终止输入
```

5. 配置路由器的路由命令

在路由器激活的端口上配置 IP 地址或者其他参数，即可生成直连路由信息。

```
Router # configure terminal
Router(config)#hostname Ra
Ra(config)#interface serial 1/2                          ！进行 s1/2 的端口模式
Ra(config-if)#ip address 1.1.1.1 255.255.255.0         ！配置端口的 IP 地址
Ra(config-if)#clock rate 64000                 ！在 DCE 接口上配置时钟频率为 64000
Ra(config-if)#bandwidth 512                    ！配置端口的带宽速率为 512KB
Ra(config-if)#no shutdown                      ！开启该端口，使端口转发数据
```

路由器中的路由有两种：直连路由和非直连路由，如图 8-20 所示。

路由器接口所连接的子网的路由方式称为直连路由，使用路由器连接的网络之间，使用直连路由通信。

路由器路由表工作原理

直连路由是由链路层协议发现的，一般指去往路由器的接口地址所在网段的路径，该路径信息不需要网络管理员维护，也不需要路由器通过某种算法计算获得，只要该接口处于活动状态，路由器就把通向该网段的路由信息填写到路由表中，直连路由无法使路由器获取与其不直接相连的路由信息。

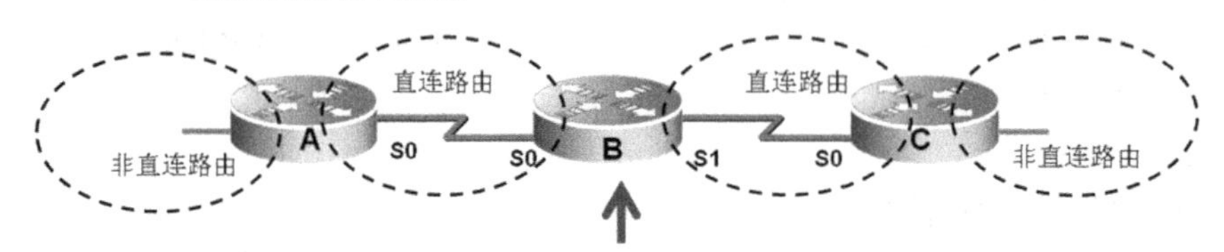

图 8-20　直连路由和非直连路由

通过路由协议从别的路由器学到的路由称为非直连路由，分为静态路由和动态路由。

网络实践

网络实践 1：实现直连路由的子网通信

【任务描述】

图 8-21 所示为网络拓扑，是学校目前划分出的西边教学区网络，及东边学生宿舍区网络的工作场景。通过直连路由技术，实现子网络互联互通。

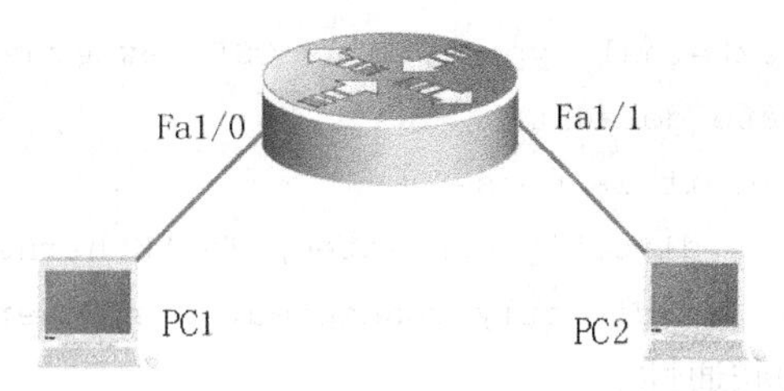

图 8-21 不同子网络的工作场景

【设备清单】

路由器（一台），网线（若干根），测试 PC（两台）。

【工作过程】

步骤一：连接设备。

按照图 8-21 所示的网络拓扑，连接好设备。

步骤二：配置路由器接口的地址信息。

路由器每个接口都必须单独占用一个网段，配置如表 8-2 所示的 IP 地址。

表 8-2 路由器接口所连接的网络地址

接口	IP 地址	目标网段
Fa1/0	172.16.1	172.16.0
Fa1/1	172.16.2.1	172.16.2.0
PC1	172.16.2/24	172.16.1（网关）
PC2	172.16.2.2/24	172.16.2.1（网关）

为接口配置所在网络的接口地址。

```
Router#configure terminal                              ！进入全局配置模式
Router(config)#hostname Router
Router (config)#interface fastethernet 1/0             ！进入 Fa1/0 接口模式
Router (config-if) #ip address 172.16.1 255.255.255.0     ！配置接口地址
Router (config-if) #no shutdown

Router (config)#interface fastethernet 1/1             ！进入 Fa1/1 接口模式
Router (config-if) #ip address 172.16.2.1 255.255.255.0   ！配置接口地址
Router (config-if) #no shutdown
Router (config-if)#end                                 ！退回到特权模式
```

步骤三：查看路由表。

通过【show ip route】命令查询路由表。

```
Router# show ip route                                  ！查看路由表信息
Codes:  C - connected, S - static,  R - RIP
        O - OSPF, IA - OSPF inter area
        N1 - OSPF NSSA external type 1, N2 - OSPF NSSA external type 2
```

```
        E1 - OSPF external type 1, E2 - OSPF external type 2
        * - candidate default
Gateway of last resort is no set
C    172.16.0/24  is directly connected, FastEthernet1/0   ! 生成直连路由
C    172.16.2.0/24  is directly connected, FastEthernet1/1
```

步骤四：测试网络的联通性。

分别给计算机 PC1 和 PC2 配置表 8-2 中的地址，通过【ping】命令测试子网络间能否联通。

8.6 单臂路由技术

1. 什么是单臂路由

单臂路由（Router-on-a-stick）技术就是将路由器的一个物理端口细分为多个子接口，每个子接口作为一个下连的 VLAN 网关，通过路由器生成不同 VLAN 之间的路由，实现不同 VLAN 之间的通信，如图 8-22 所示。由于路由器仅用一个接口实现数据的进与出，因此形象地称它为单臂路由。

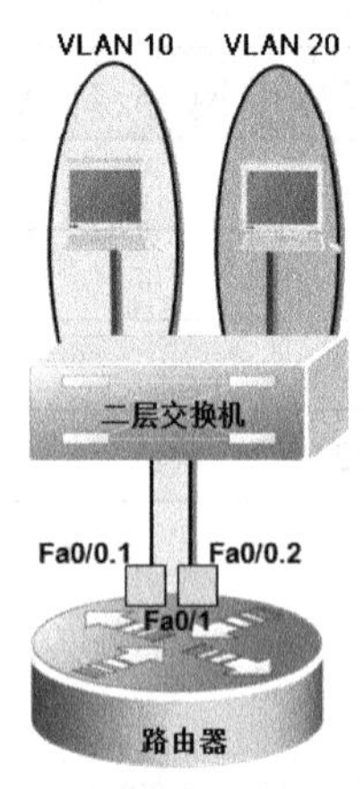

图 8-22　路由器的单臂路由技术

在路由器上实施单臂路由技术的过程是在该接口上启用子接口，虚拟出两个逻辑接口，多个逻辑接口对应不同的 VLAN 网络网关，从而实现物理端口以一当多的功能。

单臂路由是早期解决 VLAN 间通信的一种实用解决方案，通过在路由器的子接口配置"逻辑接口"的方式，能够实现原来相互隔离的不同 VLAN 之间的通信。

2. 单臂路由技术的应用场景

虚拟局域网是交换网络的基础，通过在交换机上划分适当数目的 VLAN，不仅能有效隔离广播风暴，还能提高网络安全和网络带宽的利用效率。

由于 VLAN 与 VLAN 之间不能直接通信，只能通过三层路由来实现。在 VLAN 技术发展早期，三层交换技术发展不成熟的阶段，主要通过路由器实现路由功能。通过在路由器上实施单臂路由技术，在路由器以太网接口下配置若干个子接口，每个子接口对应一个 VLAN，这样当路由器的以太网接口连接到一个划分 VLAN 的二层交换机时，可以通过路

由器的以太网接口，实现二层交换机上多个 VLAN 之间的互通。

而在三层交换机上实现 VLAN 之间的互通，可在三层交换机上直接配置 VLAN 的虚接口并指定 IP 地址，通过 VLAN 虚接口的 SVI 技术实现交换机各个 VLAN 之间的互通。

3. 单臂路由通信过程

图 8-23 所示为一台路由器设备连接网络的场景。其中：

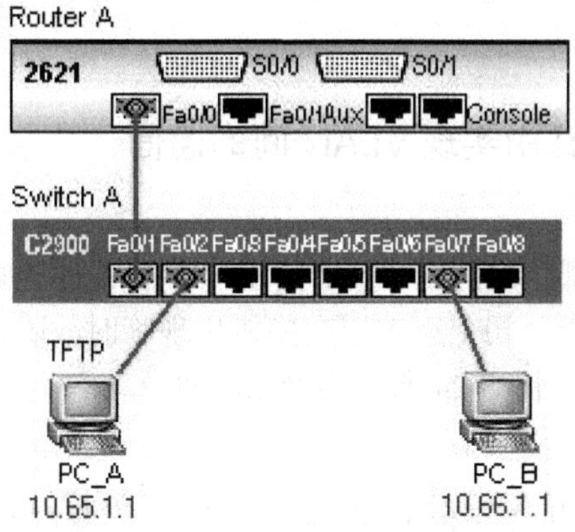

图 8-23 单臂路由的通信过程

二层交换机 Switch A 上连接的计算机 PC_A 和计算机 PC_B，分别属于 VLAN 10 和 VLAN 20。当二层交换机上划分有两个 VLAN 时，通过 VLAN 技术隔离了广播域范围。如果需要实现 VLAN 10 和 VLAN 20 之间的通信，要安装一台路由器来转发 VLAN 之间的数据包。

路由器与交换机之间使用单条链路相连，所有数据包都要通过路由器的 Fa0/0 端口转发。由于需要连接两个不同的 VLAN，因此需要在路由器的接口上开启子接口技术，每一个子接口对应不同的 VLAN，以实现不同 VLAN 之间的通信。

路由器通信过程

4. 配置单臂路由技术

单臂路由是解决 VLAN 之间通信的一种实用方案，其关键配置是物理端口 Fa0/0 新增两个逻辑子端口，分别作为 VLAN 10 和 VLAN 20 的网关，同时启用 IEEE 802.1q 协议。

```
Router(config)#interface Fa0/0          ! 进入和交换机连接的接口
Router(config-if)#no shutdown

Router(config)#interface fa0/0.10
                                        ! 配置子接口，这个子接口是逻辑接口
Router(config-subif)#encapsulation dot1q 10
                        ! 为子接口配置 IEEE 802.1q 协议，10 是对应的 VLAN 号
Router(config-subif)#ip address 192.168.2.1 255.255.255.0
                                        ! 为该子接口配置 IP 地址
Router(config-subif)#exit
```

```
Router(config)#interface Fa0/0.20          ! 同样，进入第二个子接口配置
Router(config-subif)#encapsulation dot1q 20      ! 配置 IEEE 802.1q 协议
Router(config-subif)#ip address 192.168.3.1 255.255.255.0
Router(config-subif)#end
```

网络实践

网络实践 2：使用单臂路由实现 VLAN 间的通信

【任务描述】

为避免××公司两个部门之间的干扰，使用 VLAN 技术把两个部门分隔成两个互不联通、互不干扰的网络。由于公司上连三层交换机出现临时故障，临时使用一台路由器实现两个不同 VLAN 间的通信，图 8-24 所示为网络场景。

【设备清单】

路由器（一台）、交换机（一台）、网线（若干根）、测试 PC（两台）。

【工作过程】

步骤一：安装网络工作环境。

按图 8-24 所示的网络拓扑安装和连接设备，注意连接的接口标识。

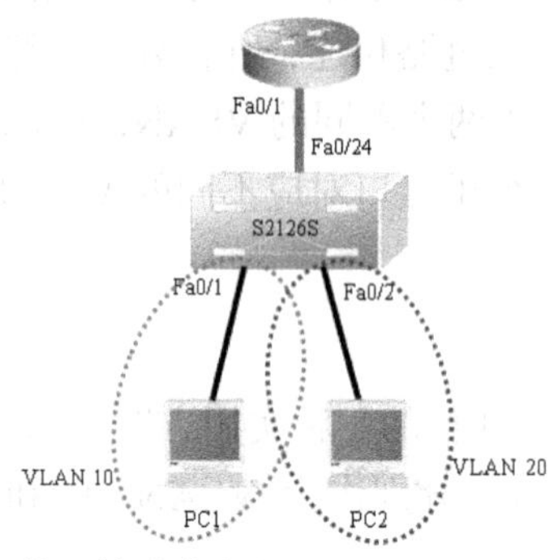

图 8-24　使用单臂路由实现 VLAN 间的通信的场景

步骤二：IP 地址规划与配置。

规划表 8-3 所示的地址信息。

表 8-3　网络地址的规划信息

序号	设备名称	地址规划	网关地址	备注
1	PC1	172.16.2	255.255.255.0	Fa0/1
2	PC2	172.16.2.6	255.255.255.0	Fa0/2
3	RSR20-1 的 Fa0/1.1	172.16.1	255.255.255.0	
4	RSR20-1 的 Fa0/1.2	172.16.2.1	255.255.255.0	

步骤三：配置交换机 S2126S。

（1）查看交换机配置。

```
S2126s#show  running
...... ......
```

（2）在二层交换机上划分 VLAN。

```
S2126s#configure
S2126s(config)#vlan 10
S2126s(config-vlan)#vlan 20
S2126s(config-vlan)#end

S2126s#show vlan
VLAN Name                               Status    Ports
1    default                            active    Fa0/1 ,Fa0/2 ,Fa0/3
                                                  Fa0/4 ,Fa0/5 ,Fa0/6
                                                  Fa0/7 ,Fa0/8 ,Fa0/9
                                                  Fa0/10,Fa0/11,Fa0/12
                                                  Fa0/13,Fa0/14,Fa0/15
                                                  Fa0/16,Fa0/17,Fa0/18
                                                  Fa0/19,Fa0/20,Fa0/21
                                                  Fa0/22,Fa0/23,Fa0/24
10   VLAN0010                           active
20   VLAN0020                           active
```

（3）把接口分配到对应的 VLAN 中。

```
S2126s#configure terminal
S2126s(config)#int Fa0/1
S2126s(config-if)#switch access vlan 10
S2126s(config-if)#int Fa 0/2
S2126s(config-if)#switch access vlan 20
S2126s(config-if)#int Fa0/24
S2126s(config-if)#switch mode trunk
S2126s(config-if)#end

S2126s#show vlan
VLAN Name                               Status    Ports
1    default                            active    Fa0/3 ,Fa0/4 ,Fa0/5
                                                  Fa0/6 ,Fa0/7 ,Fa0/8
                                                  Fa0/9 ,Fa0/10,Fa0/11
                                                  Fa0/12,Fa0/13,Fa0/14
                                                  Fa0/15,Fa0/16,Fa0/17
                                                  Fa0/18,Fa0/19,Fa0/20
```

```
                                              Fa0/21,Fa0/22,Fa0/23
                                              Fa0/24
10   VLAN0010                       active    Fa0/1 ,Fa0/24
20   VLAN0020                       active    Fa0/2 ,Fa0/24
```

步骤四：配置路由器设备。

```
RSR20_1#con
RSR20_1(config-if)#int  Fa0/1.1   ! 划分子接口
RSR20_1(config-subif)#encapsulation dot1q 10 ! 在子接口上封装 IEEE 802.1q 协议
RSR20_1(config-subif)#ip address 172.16.1 255.255.255.0
RSR20_1(config-subif)#no shutdown

RSR20_1(config-subif)#int Fa 0/1.2
RSR20_1(config-subif)#encapsulation dot1q 20
RSR20_1(config-subif)#ip address 172.16.2.1 255.255.255.0
RSR20_1(config-subif)#no shutdown
RSR20_1(config-subif)#end

RSR20_1#show ip route
Codes:  C - connected, S - static, R - RIP, B - BGP
        O - OSPF, IA - OSPF inter area
        N1 - OSPF NSSA external type 1, N2 - OSPF NSSA external type 2
        E1 - OSPF external type 1, E2 - OSPF external type 2
        i - IS-IS, su - IS-IS summary, L1 - IS-IS level-1, L2 - IS-IS le
        ia - IS-IS inter area, * - candidate default
Gateway of last resort is no set
C    172.16.0/24 is directly connected, FastEthernet 0/1.1
C    172.16.1/32 is local host.
C    172.16.2.0/24 is directly connected, FastEthernet 0/1.2
C    172.16.2.1/32 is local host.
```

备注：实际配置中按照实际接口名称配置。

步骤五：网络联通测试。

使用【ping】命令，测试办公网中计算机 PC1 和计算机 PC2 的联通情况。

（1）查看本机的 IP 地址。

```
C:\> ipconfig
...... ......
```

（2）测试网络的联通性。

```
C:\>ping 172.16.2.6
...... ......
```

测试结果表明，利用路由器单臂路由技术，能够实现不同 VLAN 之间的安全通信。

认证测试

以下每道选择题中，都有一个正确答案（最优答案），请选择出正确答案（最优答案）。

1．下列硬件中，（　　）是路由器有，而交换机所没有的。

A．CPU　　B．NVRAM　　C．RAM　　D．ROM

2．在路由器上自动补齐命令行，需要按下列（　　）键。

A．“Alt”　　B．“Tab”　　C．“Ctrl”　　D．“Esc”

3．当路由器接收报文的目的IP地址在路由表中没有对应表项时，采取的策略是(　　)。

A．丢弃该数据包　　B．向路由器的每个接口都发送该数据包

C．向源发送方返回数据包　　D．不会出现无路可选的情况

4．路由器默认的广域网接口的封装方式是（　　）。

A．ppp　　B．hdlc　　C．fram-relay　　D．X.25

5．下列对企业网或校园网接入互联网时，使用NAT技术带来好处的描述，错误的是（　　）。

A．解决局域网使用私有IP地址访问互联网的问题

B．解决IPv4地址空间不足的问题

C．提高内网访问互联网时的安全性

D．NAT要求必须内网主机使用私有IP地址才可访问Internet

6．目前校园网中接入互联网的主流方式是（　　）。

A．ADSL　　B．光纤以太接入　　C．Frame-Relay　　D．ISDN

7．所谓路由协议的最根本特征是（　　）。

A．向不同网络转发数据　　B．向同个网络转发数据

C．向网络边缘转发数据　　D．向网络的内容广播数据

8．静态路由是（　　）。

A．手工输入到路由表中且不会被路由协议更新的

B．一旦网络发生变化就被重新计算更新的

C．路由器出厂时就已经配置好的

D．通过其他路由协议学习到的

9．下列命令提示符中，属于接口配置模式的是（　　）。

A．【router(config)#】　　B．【router(config-if)#】

C．【router#(config)】　　D．【router(config-VLAN)#】

10．Internet中最流行的选路协议——路由信息协议使用的是（　　）。

A．最短通路路由选择算法　　B．距离向量路由选择其法

C．链路状态路由选择算法　　D．分层路由选择算法

11．要查看交换机端口加入VLAN的情况，可以通过（　　）命令来查看。

A．【show VLAN】　　B．【show running-config】

C．【show VLAN.dat】　　D．【show interface VLAN】

12．应该在（　　）下创建 VLAN。

A．用户模式　B．特权模式　C．全局配置模式　D．接口配置模式

13．新买的路由器，可以（　　）的方式对路由器进行配置。

A．通过 Console 接口进行本地配置　B．通过 AUX 进行远程配置

C．通过 Telnet 方式进行配置　D．通过 FTP 方式进行配置

14．下列属于路由表的产生方式的是（　　）。

A．通过手工配置添加路由

B．通过运行动态路由协议自动学习产生

C．路由器的直连网段自动生成

D．以上都是

15．在三层交换机上启用路由功能的命令是（　　）。

A．【no switch】　B．【start ip route】　C．【enable route】　D．【ip routing】

16．各种网络主机设备需要使用具体的线缆连接，下列网络设备间连接正确的（　　）。

A．交换机—路由器，直连　B．主机—交换机，交叉

C．主机—路由器，直连　D．路由器—路由器，直连

17．在路由器发出的【ping】命令中，“U”代表（　　）。

A．数据包已经丢失　B．遇到网络拥塞现象

C．目的地不能到达　D．成功地接收到一个回送应答

18．不属于常见的生成树协议有（　　）。

A．STP　B．RSTP　C．MSTP　D．PVST

19．不属于 VLAN 交换机端口类型的是（　　）。

A．Access 模式　B．Multi 模式　C．Trunk 模式　D．Hybrid 模式

20．下列 IP 地址属于标准 B 类 IP 地址的是（　　）。

A．172.19.3.245/24　B．190.168.12.7/16

C．120.10.1.1/16　D．10.0.0.1/16

第 9 章 实现园区网络通信

园区网通常指校园网，以及大、中型企业内部组建的企业内部网（Intranet）。园区网络在拓扑规划上，以多层树形网络拓扑为主；从结构上分为核心层、汇聚层和接入层；从功能上分为网络中心、办公网、宿舍网、图书馆网等。

园区网由多个互不相连的子网构成，使用多台三层交换机实现非直连子网之间的联通，通过路由技术实现通信。因为涉及多个不同子网之间的互联，因此对于如此复杂的网络，园区网必须充分考虑网络的容量、安全性、冗余性和扩展性。

通过本章的学习，了解园区网内部网络的通信原理，实现园区网的联通。

- 了解直连路由技术的通信原理
- 使用静态路由实现网络联通
- 使用 RIP 路由实现网络联通
- 学习 NAT 地址转换技术

9.1 路由类型

传统的交换发生在网络的第二层，即数据链路层，而路由则发生在第三层，即网络层。一般来说，在路由过程中，数据至少经过一个或多个中间节点，如图 9-1 所示。网络中的数据包通过路由器转发到目的网络，依据路由表，从一个网络转发到下一个网络中。

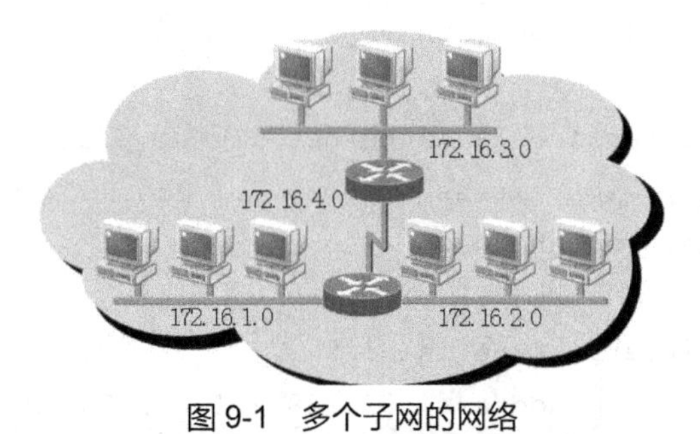

图 9-1　多个子网的网络

典型的路由表产生方式有两种：直连路由和非直连路由。其中，直连路由是通过三层设备接口配置 IP 地址激活生成路由；非直连路由是通过人工配置静态路由或通过路由协议学习获得动态路由。

9.2 直连路由技术

1. 什么是直连路由

与交换机工作不同的是，路由器在接口配置地址后，激活生成直连路由，直连路由就是直接和路由器连接的网络信息。一般把这种在路由器接口配置地址生成路由的方式称为直连路由，图 9-2 所示为直连路由的网络场景。

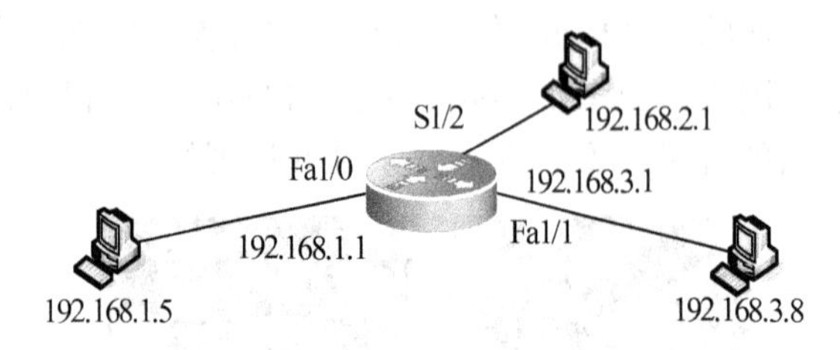

图 9-2 直连路由的网络场景

2. 直连路由信息

图 9-2 所示的直连网络中，每个接口必须独占一个网段，配置表 9-1 中的地址，实现这些网段之间的连接。

表 9-1 路由器接口所连接的网络地址

接口	IP 地址	目标网段
Fa1/0	192.168.1.1	192.168.1.0
Serial 1/2	192.168.2.1	192.168.2.0
Fa1/1	192.168.3.1	192.168.3.0

3. 配置直连路由

为路由器接口配置连接网络的接口地址。

```
Router(config)#interface fastethernet 1/0
Router(config-if) #ip address 192.168.1.1 255.255.255.0
Router(config-if) #no shutdown

Router(config)#interface fastethernet 1/1
Router(config-if) #ip address 192.168.3.1 255.255.255.0
Router(config-if) #no shutdown

Router(config)#interface Serial 1/2
Router(config-if) #ip address 192.168.2.1 255.255.255.0
```

```
Router(config-if) #no shutdown
```

4. 直连路由表信息

完成以上配置后，通过【show ip route】命令查询路由表，如下所示。

```
Router# show ip route          ! 查看路由器设备的路由表信息
Codes:  C - connected, S - static,  R - RIP
       O - OSPF, IA - OSPF inter area
       N1 - OSPF NSSA external type 1, N2 - OSPF NSSA external type 2
       E1 - OSPF external type 1, E2 - OSPF external type 2
       * - candidate default
Gateway of last resort is no set
C    192.168.1.0/24  is directly connected, FastEthernet1/0
C    192.168.2.0/24  is directly connected, serial 1/2
C    192.168.3.0/24  is directly connected, FastEthernet1/1
```

其中，192.168.1.0 网络映射到接口 Fa1/0 上；192.168.2.0 网络映射到接口 S1/2 上；192.168.3.0 网络映射到接口 Fa1/1。

9.3 静态路由技术

路由器中的路由表共有两种类型：直连路由和非直连路由。

1. 什么是非直连路由

路由器接口的直连网络之间使用直连路由进行通信；多台路由器的非直连网络之间，使用非直连路由方式进行通信。其中，非直连路由有动态路由和静态路由两种通信方式。

2. 什么是静态路由

静态路由是在路由器中设置的固定路由表。除非网络管理员干预，否则静态路由不会发生变化。由于静态路由不能对网络的改变做出反应，一般用于网络规模不大、拓扑固定的网络中，图 9-3 所示为静态路由场景。

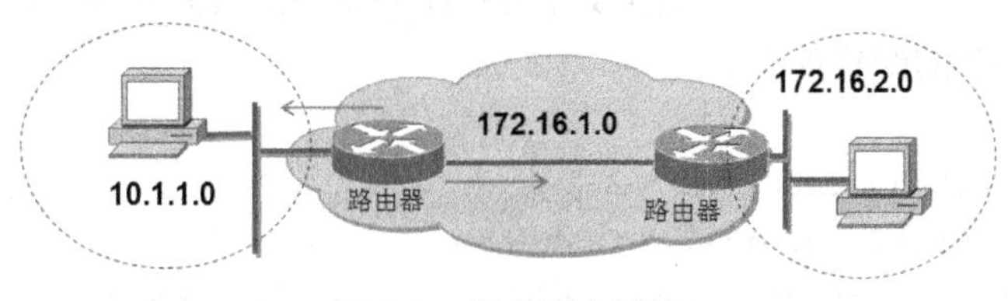

图 9-3 静态路由场景

3. 静态路由的特征

静态路由是由网络管理员手工配置的路由信息，当网络的拓扑或链路发生变化时，由网络管理员手工修改路由表中相关的静态路由信息。因此，静态路由默认是私有，不会传递路由信息到网络上。

静态路由工作过程

静态路由的优点是简单、高效、可靠，具有最高的优先级（管理距离为 0 或 1）。

4. 配置静态路由

配置静态路由时，使用【ip route】命令，描述转发路径。

指向本地接口或指向下一跳路由器直连接口的 IP 地址（即将数据包交给 X.X.X.X）的命令格式如下。

```
Router(config)# Ip route [网络编号] [子网掩码] [转发路由器的 IP 地址/本地接口]
```

图 9-4 所示为通过静态路由实现网络联通。

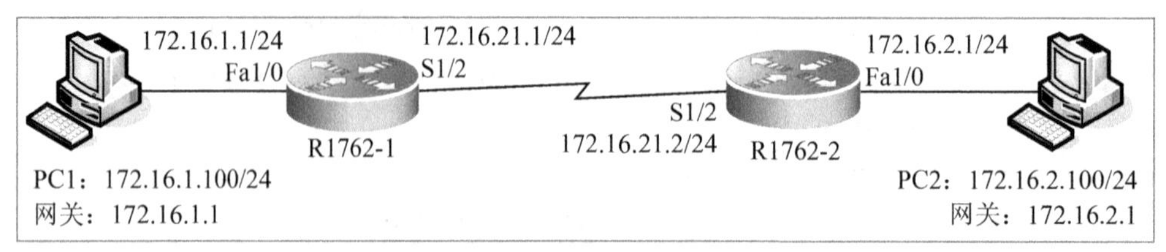

图 9-4 静态路由的网络场景

其中，路由器 R1762-1 的配置如下。

```
Router#configure terminal
Router(config)#hostname R1762-1

R1762-1 (config)# interface fastethernet 1/0
R1762-1 (config-if) #ip address 172.16.1.1 255.255.255.0  ! 配置 IP 地址
R1762-1 (config-if) #no shutdown

R1762-1 (config)#interface Serial 1/2  ! 进入路由器的 Serial 1/2 接口
R1762-1 (config-if) #ip address 172.16.21.1 255.255.255.0
R1762-1 (config-if) #clock rate 64000
                     ! 在路由器的 WAN 接口的 DCE 端，配置通信同步时钟频率为 64000
R1762-1 (config-if) #no shutdown

R1762-1 (config)# ip route 172.16.2.0 255.255.255.0 172.16.21.2
                          ! 配置数据到达目标网络的转发路径的下一跳地址
```

路由器 R1762-2 的配置如下。

```
Router#configure terminal
Router(config)#hostname R1762-2
R1762-2 (config)# interface fastethernet 1/0
R1762-2 (config-if) #ip address 172.16.2.1 255.255.255.0
R1762-2 (config-if) #no shutdown

R1762-2 (config)#interface Serial 1/2
R1762-2 (config-if) #ip address 172.16.21.1 255.255.255.0
! 路由器的 WAN 接口的 DTE 端不需要配置时钟，注意线缆接口标识
R1762-2 (config-if) #no shutdown
R1762-2 (config-if) #exit
```

```
R1762-2(config)# ip route 172.16.1.0 255.255.255.0 172.16.21.1
                          ! 配置数据到达目标网络的转发路径的下一跳地址
```

使用【show ip route】命令，查看路由器上学习到的路由表信息。

```
R1762-1# show ip route
Codes:  C - connected, S - static,  R - RIP
        O - OSPF, IA - OSPF inter area
        N1 - OSPF NSSA external type 1, N2 - OSPF NSSA external type 2
        E1 - OSPF external type 1, E2 - OSPF external type 2
        * - candidate default
Gateway of last resort is no set
C    172.16.1.0/24 is directly connected, FastEthernet1/0
C    172.16.21.0/24 is directly connected, serial 1/2
S    172.16.2.0/24 [1/0] via 172.16.21.2   ! 学习到的静态路由表记录
```

5. 配置默认路由

默认路由是静态路由的一种特殊情况。

配置默认路由的目的是当IP包匹配所有路由信息都不成功时，为避免该IP包被路由器丢弃，按默认路由转发。

静态路由技术

默认路由一般配置在末梢网络（Stub Network）上，这种网络中的接入路由器只有一条路径连接外部网络。路由器配置默认路由后，所有未匹配成功的目标网络数据包，都按默认路由转发。

默认路由的目的网络地址使用0.0.0.0，用来表示所有未知的网络。路由命令如下。

```
Router(config)# ip route  0.0.0.0  0.0.0.0  [转发路由器 IP 地址/本地接口]
```

在图9-5所示的网络中，路由器R上一端接入企业网络，另一端接入互联网，只有一条路径连接外部网络，称为末梢网络。为了实现末梢网络172.16.1.0所在的网络对外部网络的访问，在路由器R上需要配置一条指向外部网络的默认路由。

```
router #configure terminal
router (config)# ip route 0.0.0.0 0.0.0.0 172.16.2.2
          ! 所有匹配不成功的数据都经过下一跳地址 172.16.2.2 接口转发到互联网中
```

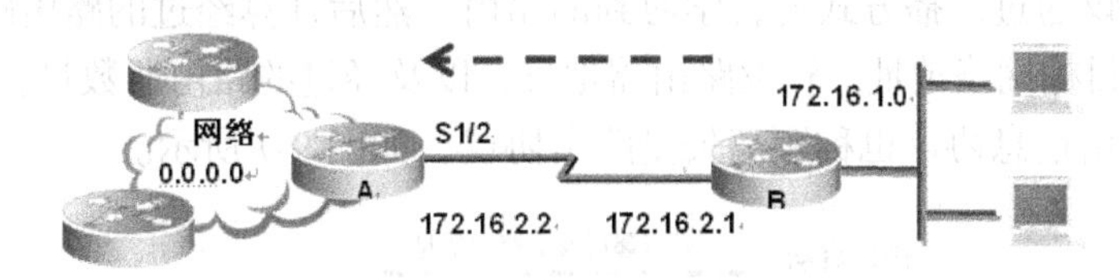

图9-5 默认路由场景

9.4 动态路由协议

1. 为什么启用动态路由

静态路由适用于简单网络，网络管理员通过手动方式添加路由，其优点是没有额外CPU

负担、节约带宽、保障路由表安全。

但在大型网络中，通常不宜采用静态路由，一方面网络管理员难以全面了解整个网络结构，另一方面当网络变化时，需要大范围调整，手动修改路由表，工作的难度和复杂程度高。因此，在大型网络中就需要启用动态路由技术。

2. 什么是动态路由

动态路由是由路由器通过动态路由协议，在路由器之间相互通信，相互学习，传递路由信息，利用收到的路由信息更新路由表的过程，如图 9-6 所示。

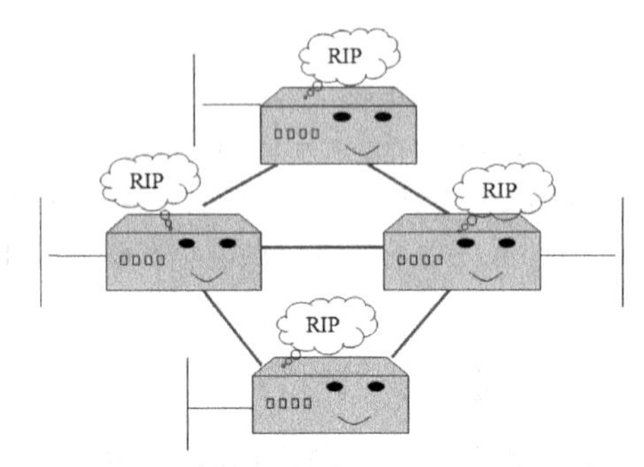

图 9-6　动态路由通过路由协议互相学习

3. 动态路由协议

动态路由协议用于路由器动态寻找网络的最佳路径，保证所有路由器拥有相同的路由表，这类协议有 OSPF、RIP 等。动态路由协议的主要功能是与其他路由器通信，生成、更新和维护路由表。

如果网络发生了变化，路由协议通过定期学习，重新计算路由，发出新的路由更新信息，引起路由器重新启动路由算法，更新各自的路由表，动态反映网络变化。

9.5 路由信息协议

路由信息协议（Routing Information Protocol，RIP）由施乐（Xerox）公司在 20 世纪 70 年代开发。

1. 什么是路由信息协议

路由信息协议通过广播方式通告学习到的路由，然后计算经过的路由跳数，生成自己的路由表，包括目标网络地址、转发路由器地址，以及经过的路由器数量，分别表示目标、方向和距离。路由信息协议也称距离矢量路由协议，如图 9-7 所示。

图 9-7　路由器间交换路由表

2. 路由信息协议的原理

路由信息协议选择抵达目的网络最少跳级数的路径作为最佳路径。在路由信息协议中，规定了最大跳级数为 15，如果从一个网络到另一个网络的跳级数超过 15，就超过了路由传输的极限。因此，当一条路由的距离为 16 跳时，则认为不可达，将网络地址从路由表中删除。

路由信息协议的最基本思路是相邻路由器之间定时广播路由，路由器从邻居路由器学习到新的路由信息，将其追加到路由表中，再将该路由表传递给相邻路由器，与相邻路由器交换路由表。经过若干次传递，所有路由器都能获得完整的、最新的路由表信息，如图 9-8 所示。

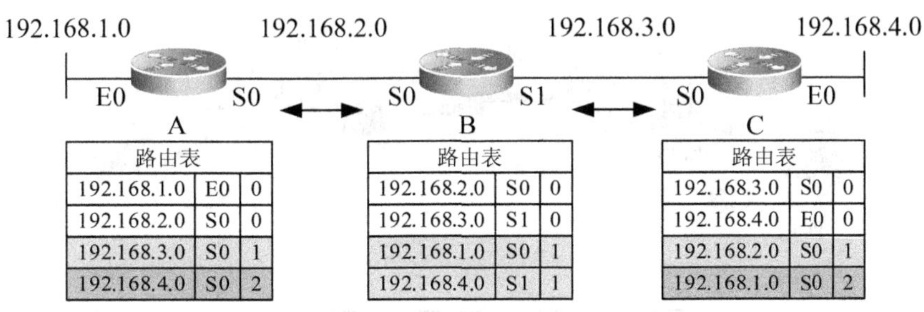

图 9-8　路由信息协议的学习过程

3. 配置路由信息协议

配置路由信息协议时，首先，创建路由进程；然后，定义与路由直连的网络。

命令	作用
Router(config)# router rip	创建路由进程
Router(config-router)# network network-number	定义直连网络

4. 路由信息协议的版本

路由信息协议是最早的动态路由协议，由于当时的网络没有子网技术，因此不支持变长子网掩码和无类域间路由。

RIPv2 动态路由技术

随着子网技术的大规模使用，其后续版本 RIPv2 弥补了 RIPv1 的缺点。RIPv2 除了更新信息带子网掩码外，还使用组播方式发送更新信息，而不像 RIPv1 使用广播报文。此外，RIPv2 不再像 RIPv1 那样无条件接受邻居路由的更新，只接受相同认证的邻居路由的更新，提高了路由的安全性。

执行以下命令启动 RIPv2 路由协议。

```
Router(config)# router rip                        ! 启用 RIP 路由协议
Router(config-router)# version {1 | 2}            ! 定义 RIP 的版本
Router(config-router)# network network-number
```

当出现不连续子网时，RIPv2 路由协议可以关闭边界自动汇总功能。

```
Router(config)# router rip
Router(config-router)# no auto-summary            ! 关闭路由自动汇总功能
```

网络实践

网络实践 1：使用静态路由实现网络联通

【任务场景】

××学校由两个校区组成，为统一管理共享资源，决定把两个校区网络连为一个整体。希望在不改变另一个校区网络现状的情况下，通过静态路由实现两个校园的网络联通。

图 9-9 所示为两个校园的网络场景，通过静态路由把两个校区网络连为一个整体。

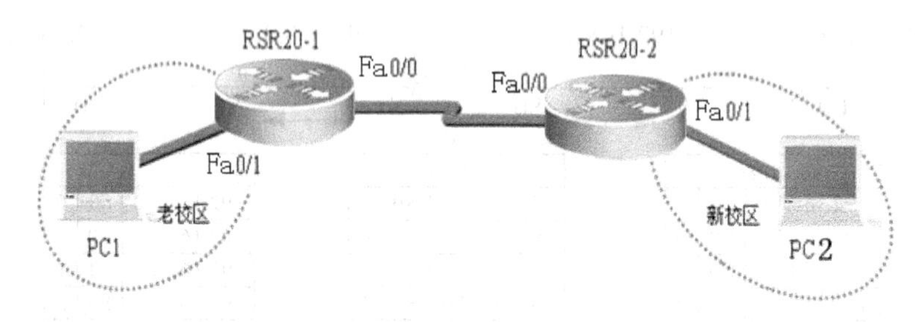

图 9-9　静态路由实现两个校园网络联通

【设备清单】

路由器（RSR20，两台）、计算机（≥两台）、双绞线（若干根）。

【工作过程】

步骤一：安装网络的工作环境。

图 9-9 所示为安装设备的拓扑，注意设备的接口标识，清除设备的原来配置（如缺少 WAN 接口或 V35 线缆，也可用以太口和普通网线代替）。

步骤二：IP 地址规划。

园区网络地址规划信息见表 9-2。

表 9-2　园区网络地址的规划信息

设备名称	IP 地址	子网掩码	网关	接口
PC1 测试机器	172.16.1.2	255.255.255.0	172.16.1.1	Fa0/1 接口
PC2 测试机器	220.8.7.2	255.255.255.0	220.8.7.1	Fa0/1 接口
RSR20-1 路由器的 Fa0/0 接口	202.7.3.1	255.255.255.0		
RSR20-2 路由器的 Fa0/0 接口	202.7.3.2	255.255.255.0		
RSR20-1 路由器的 Fa0/1 接口	172.16.1.1	255.255.255.0		
RSR20-2 路由器的 Fa0/1 接口	220.8.7.1	255.255.255.0		

步骤三：配置路由器 RSR20_1 接口。

（1）配置路由器 RSR20_1 的接口。

```
RSR20_1#configure terminal
```

```
RSR20_1(config)#int fa0/0
RSR20_1(config-if)#ip address 202.7.3.1 255.255.255.0
RSR20_1(config-if)#no shutdown
RSR20_1(config-if)#exit
RSR20_1(config)#int fa0/1
RSR20_1(config-if)#ip address 172.16.1.1 255.255.255.0
RSR20_1(config-if)#no shutdown
```

（2）查看路由器 RSR20_1 的路由。

```
RSR20_1(config)#show ip route
Codes:  C - connected, S - static, R - RIP, B - BGP
        O - OSPF, IA - OSPF inter area
        N1 - OSPF NSSA external type 1, N2 - OSPF NSSA external type 2
        E1 - OSPF external type 1, E2 - OSPF external type 2
        i - IS-IS, su - IS-IS summary, L1 - IS-IS level-1, L2 - IS-IS level-2
        ia - IS-IS inter area, * - candidate default
Gateway of last resort is no set
C    172.16.1.0/24 is directly connected, FastEthernet 0/1
C    172.16.1.1/32 is local host.
C    202.7.3.0/24 is directly connected, FastEthernet 0/0
C    202.7.3.1/32 is local host.
                      ！只有直连路由，缺少到对端网络的非直连路由
```

（3）配置路由器 RSR20_1 的静态路由。

```
RSR20_1(config)#ip route 172.16.1.0 255.255.255.0 202.7.3.1
```

步骤四：配置路由器 RSR20_2。

（1）配置路由器 RSR20_2 的接口。

```
RSR20_2(config)#int fa0/1
RSR20_2(config-if)#ip address 220.8.7.1 255.255.255.0
RSR20_2(config-if)#no shutdown

RSR20_2(config)#int fa0/0
RSR20_2(config-if)#ip address 202.7.3.2 255.255.255.0
RSR20_2(config-if)#no shutdown
```

（2）查看路由器 RSR20_2 的路由。

```
RSR20_2(config)#show ip route
Codes:  C - connected, S - static, R - RIP, B - BGP
        O - OSPF, IA - OSPF inter area
        N1 - OSPF NSSA external type 1, N2 - OSPF NSSA external type 2
        E1 - OSPF external type 1, E2 - OSPF external type 2
        i - IS-IS, su - IS-IS summary, L1 - IS-IS level-1, L2 - IS-IS level-2
        ia - IS-IS inter area, * - candidate default
```

```
Gateway of last resort is no set
C    202.7.3.0/24 is directly connected, FastEthernet 0/0
C    202.7.3.2/32 is local host.
C    220.8.7.0/24 is directly connected, FastEthernet 0/1
C    220.8.7.1/32 is local host.
                    ！只有直连路由，缺少到对端网络的非直连路由
```

（3）配置路由器 RSR20_2 的静态路由。

```
RSR20_2(config)#ip route 220.8.7.0 255.255.255.0 202.7.3.2
```

步骤五：测试网络的联通性。

打开计算机的【网络连接】，选择【常规】属性中的【Internet 协议（TCP/IP）】，单击【属性】按钮，给 PC1 和 PC2 配置表 9-2 所示的地址。

打开计算机，单击【开始】→【运行】，在运行栏输入【CMD】命令，转到 DOS 操作状态，使用测试【ping】命令，测试网络的联通性。

网络实践

网络实践 2：使用 RIP 路由实现网络联通

【任务场景】

××学校由两个校区组成，为统一管理共享资源，决定把两个校区连接为一个整体。网络中心希望在不改变另一校区网络现状的情况下，通过 RIP 路由实现两个校园网络联通。图 9-10 所示为网络的拓扑，通过 RIP 路由把两个校区网络连接为一个整体，实现网络联通。

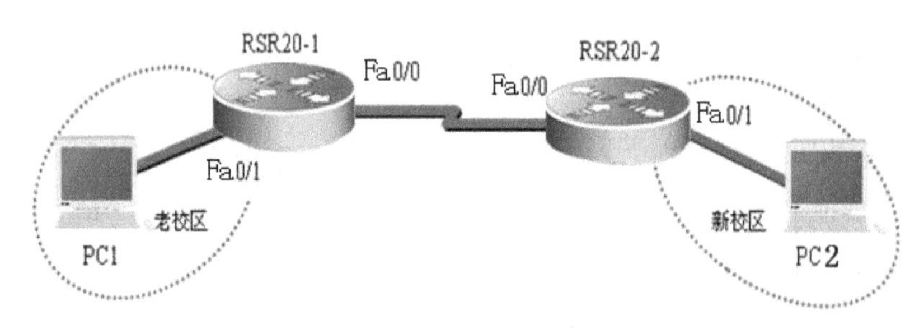

图 9-10　RIP 路由实现网络联通

【设备清单】

路由器（RSR20，两台）、计算机（≥两台）、双绞线（若干根）。

【工作过程】

步骤一：安装网络的工作环境。

图 9-10 所示为网络拓扑安装设备，注意设备的接口标识，清除原来的配置。（如缺少 WAN 接口或 V35 线缆，也可用以太口和普通网线代替。）

步骤二：IP地址的规划与配置。

规划表9-3所示的地址。

表9-3 园区网络地址的规划信息

设备名称	IP 地址	子网掩码	网关
PC1 测试计算机	172.16.1.2	255.255.255.0	172.16.1.1
PC2 测试计算机	220.8.7.2	255.255.255.0	220.8.7.1
RSR20-1 路由器的 S2/0 接口	202.7.3.1	255.255.255.0	
RSR20-2 路由器的 S2/0 接口	202.7.3.2	255.255.255.0	
RSR20-1 路由器的 Fa0/1 接口	172.16.1.1	255.255.255.0	
RSR20-2 路由器的 Fa0/1 接口	220.8.7.1	255.255.255.0	

步骤三：配置路由器设备。

（1）配置路由器RSR20_1的接口。

```
RSR20_1(config)#int Fa0/1
RSR20_1(config-if)#ip address 172.16.1.1 255.255.255.0
RSR20_1(config-if)#no shutdown

RSR20_1(config-if)#int s2/0
RSR20_1(config-if)#ip address 202.7.3.1 255.255.255.0
RSR20_1(config-if)#no shutdown

RSR20_1#show ip route
......
```

（2）配置路由器RSR20_1的动态路由。

```
RSR20_1(config)#router rip
RSR20_1(config-router)#network 172.16.1.0
RSR20_1(config-router)#network 202.7.3.0
RSR20_1(config-router)#exit

RSR20_1#show ip route
......
```

（3）配置路由器RSR20_2的接口。

```
RSR20_2(config)#int Fa0/1
RSR20_2(config-if)#ip address 220.8.7.1 255.255.255.0
RSR20_2(config-if)#no shutdown

RSR20_2(config-if)#int s2/0
RSR20_2(config-if)#ip address 202.7.3.2 255.255.255.0
```

```
RSR20_2(config-if)#no shutdown

RSR20_2#show ip route
......
```

（4）配置路由器 RSR20_2 的动态路由。

```
RSR20_2(config)#router rip
RSR20_2(config-router)#network 220.8.7.0
RSR20_2(config-router)#network 202.7.3.0
RSR20_2(config-router)#exit

RSR20_2#show ip route
......
```

步骤四：测试网络的联通性。

打开计算机的【网络连接】，选择【常规】属性中的【Internet 协议（TCP/IP）】，单击【属性】按钮，给 PC1 和 PC2 配置表 9-3 所示的地址。

打开计算机，单击【开始】→【运行】菜单，在运行栏输入【CMD】命令，转到 DOS 操作状态，使用测试【ping】命令，测试网络的联通性。

9.6 网络地址转换技术

1. IP 私有地址

由于 Internet 飞速增长，可供使用的地址几乎耗尽，因此，互联网组织委员会专门在每一类地址中，规划出一些私有地址段，应用在不能直接与 Internet 联通的私有网络中。IP 地址中规划的私有地址如下。

- A 类：10.X.X.X
- B 类：172.16.X.X-172.31.X.X
- C 类：192.168.X.X

配置了私有地址的设备接入 Internet 时，为避免和互联网上的公有地址冲突，需要使用网络地址转换（Network Address Translation，NAT）技术。

2. 什么是 NAT 技术

NAT 技术允许某个网络使用一组私有地址作为内网通信地址，同时，还可以申请到一组（至少一个）公有 Internet 地址，实现私有网络接入到互联网的通信，如图 9-11 所示。

NAT 技术通常配置在企业网的出口路由器或者防火墙等出口设备上，可以同时拥有私有地址和公有地址，从内部网络向 Internet 发出的数据通过出口路由器上配置的 NAT 技术，把数据包中的私有源地址转换为互联网中有效的公有 IP 地址。

3. NAT 地址转换表

通常，在承担 NAT 技术转换的出口设备上，配置 NAT 地址转换关系时，允许在私有网络中的主机和外部公有地址之间有一对一、多对多的关系，形成表 9-4 所示的 NAT 转换表。

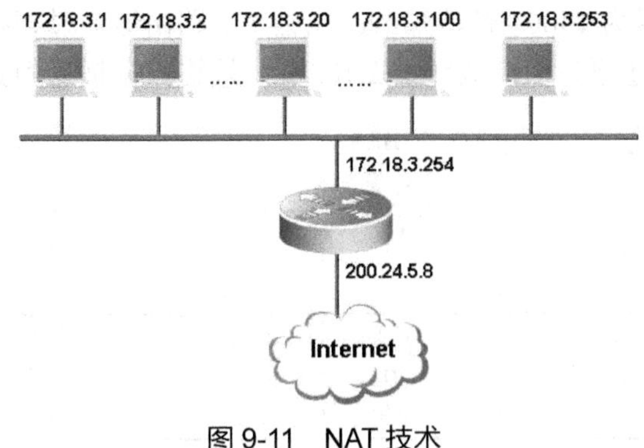

图 9-11　NAT 技术

如假定在专用网内有两台主机，地址分别为 172.18.3.1 和 172.18.3.2，它们需要访问外部网络的一台 HTTP 服务器 67.181.96.7，可以通过表 9-4 所示的 NAT 转换表进行转换。

表 9-4　NAT 转换表

内部本地地址	内部全局地址
172.18.3.1	200.24.5.8
172.18.3.2	200.24.5.9
...	...

4. 网络地址端口转换技术

网络地址端口转换技术（Network Address Port Translation，NAPT）是 NAT 技术的特例，是把多个内网的私有 IP 地址映射到外部网络的一个公有 IP 地址上，并为每个私有 IP 地址选定不同的端口号。把这种通过端口号来区分主机的地址转换技术称为 NAPT 或 PAT（端口地址转换）技术，NAPT 技术可以将中小型 Soho 网络，隐藏在一个合法的 IP 地址后面。

NAPT 技术普遍使用在小型网络中，由于申请不到更多的公有 IP 地址，NAPT 技术可以做到多个内网的私有 IP 地址共用一个外网的公有 IP 地址进行通信，同时，在该地址上加上一个由 NAT 设备选定的 TCP 端口号，表 9-5 所示为 NAPT 转换表。

表 9-5　NAPT 转换表

内部本地地址	内部专用源端口号	内部全局地址	目的端口	传输层协议
172.18.3.1	1400	200.24.5.8	80	TCP
172.18.3.2	1401	200.24.5.8	80	TCP
...	...	...	...	...

图 9-12 所示的拓扑为某小型企业使用一个公网 IP 地址接入互联网的场景。首先，内网主机 172.18.3.1 访问外网的 HTTP 服务器时，把封装好的 IP 数据包传输到出口路由器上。

然后，出口路由器依据 NAPT 转换表，把 IP 数据包源地址 172.18.3.1 转换成公有 IP 地址 200.24.5.8，同时，附加自定义端口号 1400。

最后，返回的响应 IP 数据包（源地址为 HTTP 服务器地址 63.5.8.1，目的地址为

200.24.5.8，目的端口号为 1400）被传输到路由器上，路由器通过查找 NAPT 转换表的映射记录，将公有 IP 地址还原为租借地址 172.18.3.1，最终数据被返回到 172.18.3.1 主机上。

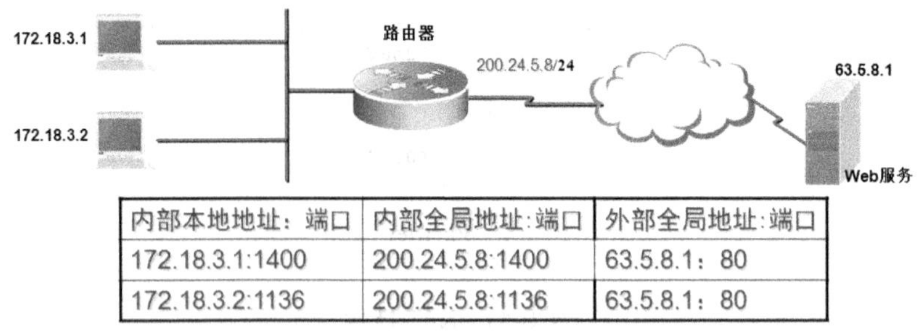

内部本地地址：端口	内部全局地址:端口	外部全局地址:端口
172.18.3.1:1400	200.24.5.8:1400	63.5.8.1：80
172.18.3.2:1136	200.24.5.8:1136	63.5.8.1：80

图 9-12　网络地址的端口转换场景

5. 配置 NAPT 技术

（1）定义公网地址池。

```
Router(config)#ip nat pool [地址池名] [内部全局地址] netmask [子网掩码] | prefix-length [子网掩码位数]
```

（2）定义要转换的内网私有地址的范围。

```
Router(config)#access-list [编号] permit [内部本地地址] [反掩码]
```

（3）定义动态地址的转换关系。

```
Router(config)#ip nat inside source list [编号] pool [地址池名] | interface [接口类型] [接口编号] overload
```

（4）定义内网接口。

```
Router(config)#interface [接口类型] [接口编号]
Router(config-if)#ip nat inside
```

（5）定义外网接口。

```
Router(config)#interface [接口类型] [接口编号]
Router(config-if)#ip nat outside
```

网络实践

网络实践 3：配置网络地址转换技术

【任务场景】

锐锋电子商务公司有十几台办公电脑，组建成图 9-13 所示的办公网络。其中，公司内网的地址范围为 172.18.3.0/24，申请到一个公网 IP 地址 200.24.5.8/24，希望全公司都能通过该公网地址访问互联网。

【设备清单】

路由器（一台）、计算机（≥两台）、网线（若干根）。

【工作过程】

步骤一：安装网络环境。

按图 9-13 所示的网络拓扑，组建网络。

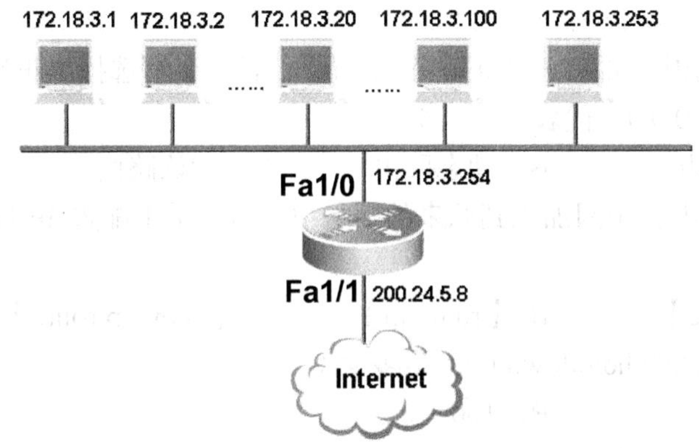

图 9-13 网络地址转换场景

步骤二：配置 NAPT 技术。

（1）基本配置。

```
Router(config)#interface fastEthernet 1/0
Router(config-if)#ip address 172.18.3.254 255.255.255.0
Router(config-if)#no shutdown

Router(config)#interface fastEthernet 1/1
R1(config-if)#ip add 200.24.5.8 255.255.255.0
Router(config-if)#no shutdown
```

（2）定义默认路由。

```
Router(config)#ip route 0.0.0.0 0.0.0.0  fastEthernet 1/1
                    ！定义默认路由，使内部网络具有连接外部网络的路由
```

（3）配置动态 NAPT 映射。

```
Router(config)#ip nat pool to-internet 200.24.5.8 netmask 255.255.255.0
                                        ！定义地址池
Router(config)#access-list 1 permit 172.18.3.0 0.0.0.255
                                        ！定义允许转换的地址
Router(config)#ip nat inside source list 1 pool to-internet overload
                                        ！为内部本地调用转换地址池

Router(config)#interface fastEthernet 1/0
Router(config-if)#ip nat inside         ！定义连接内部网络的接口

Router(config)#interface fastEthernet 1/1
Router(config-if)#ip nat outside        ！定义连接外部网络的接口
```

步骤三：验证测试。

```
Router #show  ip nat translations       ！显示地址转换表
Pro Inside global     Inside local     Outside local     Outside global
```

```
--- 200.24.5.8:1400     172.18.3.1     ---        ---
```

认证测试

以下每道选择题中，都有一个正确答案（最优答案），请选择出正确答案（最优答案）。

1．在路由表中 0.0.0.0 代表（　　）。

A．静态路由　　B．动态路由　　C．默认路由　　D．RIP 路由

2．将一个新的办公子网加入到原来的网络中，需要手工配置 IP 路由表时，需要输入（　　）命令。

A．【ip route】　　B．【route ip】　　C．【show ip route】　D．【show route】

3．RIP 路由默认的 holddown time 是多少（　　）。

A．180　　B．160　　C．140　　D．120

4．默认路由（　　）。

A．是一种静态路由

B．是所有非路由数据包转发的路径

C．是最后求助的网关

D．在所有的路由器上都可以配置

5．RIP 向相邻的路由器发送更新时，使用（　　）秒为更新计时的时间值。

A．30　　B．20　　C．15　　D．25

6．路由协议中的管理距离，说明了这条路由的（　　）。

A．可信度的等级　　B．路由信息的等级

C．传输距离的远近　　D．线路的好坏

7．RIP 周期更新的目标地址是（　　）。

A．255.255.255.240　　B．255.255.255.255

C．172.16.0.1　　D．255.255.240.255

8．如果某路由器到达目的网络有三种方式：通过 RIP，通过静态路由，通过默认路由，那么路由器会根据（　　）的方式进行数据包转发。

A．通过 RIP　　B．通过静态路由　C．通过默认路由　　D．都可以

9．RIP 是（　　）。

A．路由协议　　B．网络应用协议

C．数据链路层协议　　D．物理层协议

10．当一台路由器收到一个 TTL 值为 1 的数据包时，会将数据包（　　）。

A．丢弃　　B．转发　　C．返回　　D．不处理

11．下面方式中不能对路由器进行配置的是（　　）。

A．通过 Console 接口进行本地配置　　B．通过 Aux 进行远程配置

C．通过 Telnet 方式进行配置　　D．通过 FTP 方式进行配置

12．下列属于路由表产生方式的是（　　）。

A．通过手工配置添加路由

B．通过运行动态路由协议自动学习产生

C．路由器的直连网段自动生成

D．以上都是

13．在路由器里正确添加静态路由的命令是（　　）。

A．Router(config)#ip route 192.168.5.0 serial 0

B．Router#ip route 192.168.1.1 255.255.255.0 10.0.0.1

C．Router(config)#route add 172.16.5.1 255.255.255.0 192.168.1.1

D．Router(config)#route add 0.0.0.0 255.255.255.0 192.168.1.0

14．在路由器上配置默认网关的正确地址为（　　）。

A．0.0.0.0　255.255.255.0　　B．255.255.255.255　0.0.0.0

C．0.0.0.0　0.0.0.0　　D．0.0.0.0　255.255.255.255

15．对于网络号 172.19.26.0/17，它的子网掩码是（　　）。

A．255.255.128.0　　B．255.255.252.0

C．255.255.192.0　　D．255.255.126.0

16．IPv6 是下一代互联网的地址，它的一个地址的长度为（　　）bits。

A．128　　B．32　　C．64　　D．48

17．在 RIP 路由中设置的管理距离是衡量一个路由可信度的等级，可以通过定义管理距离来区别不同（　　）的来源。路由器总是挑选具有最低管理距离的路由。

A．拓扑信息　　B．路由信息　　C．网络结构信息　　D．数据交换信息

18．静态路由协议的默认管理距离是（　　）。RIP 的默认管理距离是（　　）。

A．1，140　　B．1，120　　C．2，140　　D．2，120

19．路由器上配置了两条静态路由：（a）ip route 172.16.1.0 serial 1/2 和（b）ip route 172.16.1.0 10.10.3.2，收到的数据包的目的地址为 172.16.1.10，应采用的路由为（　　）。

A．a　　B．b　　C．随机选一条　　D．丢弃数据包

20．以下协议中不属于 TCP/IP 协议栈的是（　　）。

A．IP　　B．UDP　　C．HTTPS　　D．IEEE 802.1q

第10章 实施二层交换网络安全技术

第二层交换机技术的应用，给用户带来了良好的网络环境。但最初的网络设计者在设计时，更多地考虑了网络的联通性，而很少考虑网络的安全性。随着黑客技术的发展，二层交换网络存在的潜在漏洞，使网络面临被攻击的风险。

如何在二层交换机上过滤用户，保障数据安全有效地转发呢？如何在二层交换机上阻挡非法用户，保障网络的安全应用呢？如何在二层交换机上进行安全网管，及时发现网络的非法用户、非法行为及保障远程网管信息的安全性等呢？本章将重点讲解这些问题。

以下内容主要讲述在二层交换网络中，常见的网络安全防范技术。

通过对本章的二层交换网络安全技术的学习，了解本地网络安全防范技术，实施本地网络安全防范措施。

- 了解网络病毒安全防范机制
- 配置交换机端口安全
- 配置交换机保护端口
- 配置交换机端口镜像

10.1 网络安全背景

人们越来越多地通过各种网络处理工作、学习和生活，但由于 Internet 的开放性和匿名性特征，未授权用户对网络的入侵变得日益频繁，存在着各种安全隐患。

据统计，网络攻击手段层出不穷，在全球范围内平均每秒就发生一起网络攻击事件，如图 10-1 所示。

网络上很多黑客利用网络的开放性和匿名性特征，进行窃听、攻击或其他破坏行为，造成了各种网络安全隐患的发生。

企业内部网络安全隐患包括的范围很广泛，如自然火灾、意外事故、人为行为（如使用不当、安全意识低等）、黑客行为、内部泄密、外部泄密、信息丢失、电子监听（信息流量分析、信息窃取等）和信息战等。

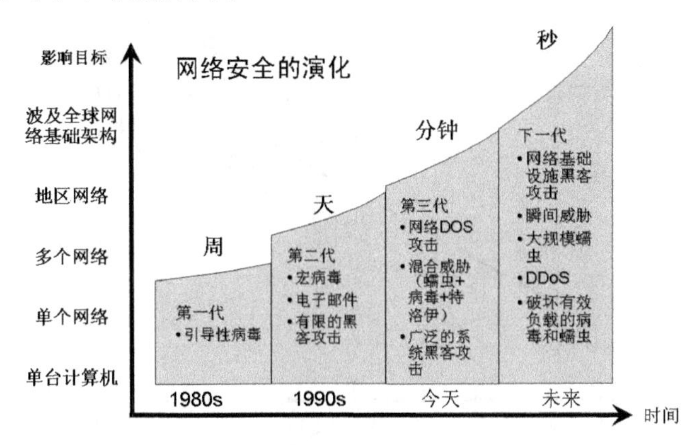

图 10-1　网络安全隐患的时间发展史

为保护网络系统中的硬件、软件及数据，不因偶然或恶意的原因遭到破坏、更改、泄露，保证网络系统连续、可靠及正常地运行，网络服务不被中断等等，需要进行计算机网络安全管理。

常见的网络管理中存在的安全问题主要如下。

1. 机房安全

机房是网络设备运行的控制中心，经常发生安全问题，如物理安全（火灾、雷击、盗贼等）、电气安全（停电、负载不均等）等情况。

2. 病毒侵入

据美国国家计算机安全协会（NCSA）调查发现，几乎 100%的美国大公司网络都经历过计算机病毒的危害，如图 10-2 所示。

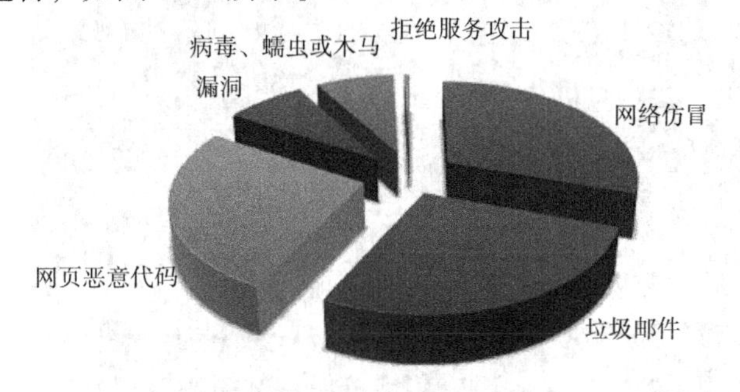

图 10-2　网络攻击类型

3. 黑客攻击

Internet 的开放性和匿名性也给 Internet 应用造成了很多漏洞，来自企业网络内部或者外部的黑客攻击，都给网络造成了很大隐患，图 10-3 所示为随着时间发展，黑客的攻击手段、技术和工具发生了日新月异的变化。

4. 管理不健全造成安全漏洞

从网络安全的广义角度来看，网络安全不仅是技术问题，更是管理问题。它包含了管理机构、法律、技术、经济各方面。

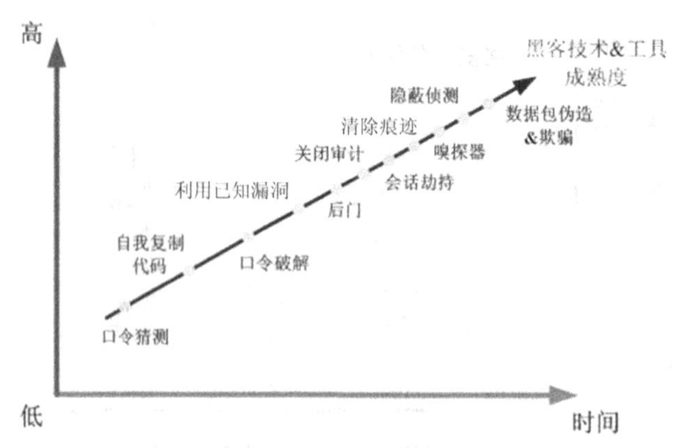

图 10-3　黑客攻击手段、技术和工具发生了日新月异的变化

网络安全技术只是实现网络安全的工具。要解决网络安全问题，必须要有综合的解决方案，管理制度不健全也是造成网络安全漏洞的关键原因。

10.2 病毒安全

计算机病毒是一段具有恶意破坏的程序，一段可执行的代码。就像生物病毒一样，计算机病毒通过复制的方式能够很快地蔓延，难以根除。

病毒程序常常附着在各种文件上，通过感染文件进行复制或网络传输，文件从一个用户的计算机传送到另一个用户的计算机上时，病毒随同感染文件一起蔓延，这种病毒称为网络病毒，图 10-4 所示为在某文件中内嵌的“火焰病毒”的代码。

```
if not _params.STD then
  assert(loadstring(config.get("LUA.LIBS.STD")))()
  if not _params.table_ext then
    assert(loadstring(config.get("LUA.LIBS.table_ext")))()
    if not __LIB_FLAME_PROPS_LOADED__ then
      __LIB_FLAME_PROPS_LOADED__ = true
      flame_props = {}
      flame_props.FLAME_ID_CONFIG_KEY = "MANAGER.FLAME_ID"
      flame_props.FLAME_TIME_CONFIG_KEY = "TIMER.NUM_OF_SECS"
      flame_props.FLAME_LOG_PERCENTAGE = "LEAK.LOG_PERCENTAGE"
      flame_props.FLAME_VERSION_CONFIG_KEY = "MANAGER.FLAME_VERSION"
      flame_props.SUCCESSFUL_INTERNET_TIMES_CONFIG = "GATOR.INTERNET_CH
      flame_props.INTERNET_CHECK_KEY = "CONNECTION_TIME"
      flame_props.BPS_CONFIG = "GATOR.LEAK.BANDWIDTH_CALCULATOR.BPS_QUE
      flame_props.BPS_KEY = "BPS"
      flame_props.PROXY_SERVER_KEY = "GATOR.PROXY_DATA.PROXY_SERVER"
      flame_props.getFlameId = function()
      if config.hasKey(flame_props.FLAME_ID_CONFIG_KEY) then
        local l_1_0 = config.get
        local l_1_1 = flame_props.FLAME_ID_CONFIG_KEY
        return l_1_0(l_1_1)
      end
```

图 10-4　隐藏在代码中的“火焰病毒”

随着 Internet 的开拓性发展，通过网络传播的病毒，给网络带来了灾难性后果。

（1）破坏性强

网络病毒破坏性极强。一旦网络中的某台服务器被病毒感染，就可能造成网络服务器无法启动，导致整个网络瘫痪，造成不可估量的损失。

（2）传播性强

网络病毒普遍具有较强的传播机制，能够通过网络进行扩散与传染。一旦某个程序感染了病毒，那么病毒将很快在整个网络上传播，感染其他程序。根据有关资料介绍，在网络上病毒传播的速度是在单机上的几十倍。

（3）具有潜伏性和可激发性

网络病毒具有潜伏性和可激发性。如果网络病毒在一定的环境下受到外界因素刺激，便能活跃激活。激活因素可以是内部时钟、系统日期和用户名称。

（4）扩散面广

由于病毒通过网络传播，所以扩散面广。一台 PC 的病毒通过网络可以感染与之相连的众多机器，图 10-5 所示为杀毒软件检测出隐藏在计算机中的病毒。

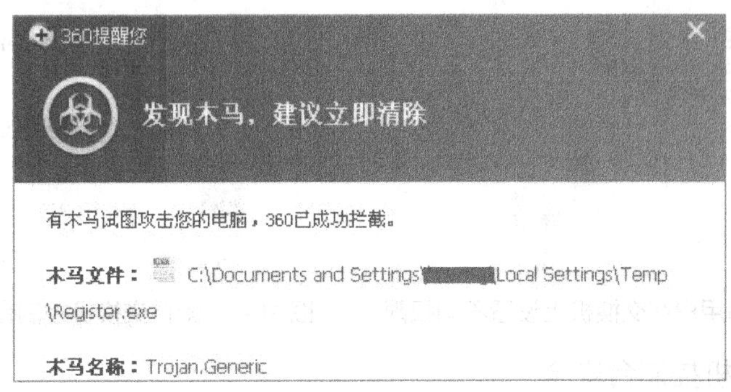

图 10-5 杀毒软件检测病毒

网络病毒的防治具有更大的难度，网络病毒防治应与网络管理集成。如果没有把管理功能加上，则很难完成网络防毒的任务。只有管理与防范相结合，才能保证系统的良好运行。

10.3 交换机控制台安全

交换机最重要的作用就是转发数据，在企业网中占有重要的地位。在黑客和病毒的侵扰下，交换机要能够保持高效的数据转发速率，不受攻击干扰，这是交换机最基本的安全保障。

同时，作为整个网络的核心，交换机应该能对访问和存取的信息用户，进行区分和权限控制，图 10-6 所示为交换网络中交换机的重要性。

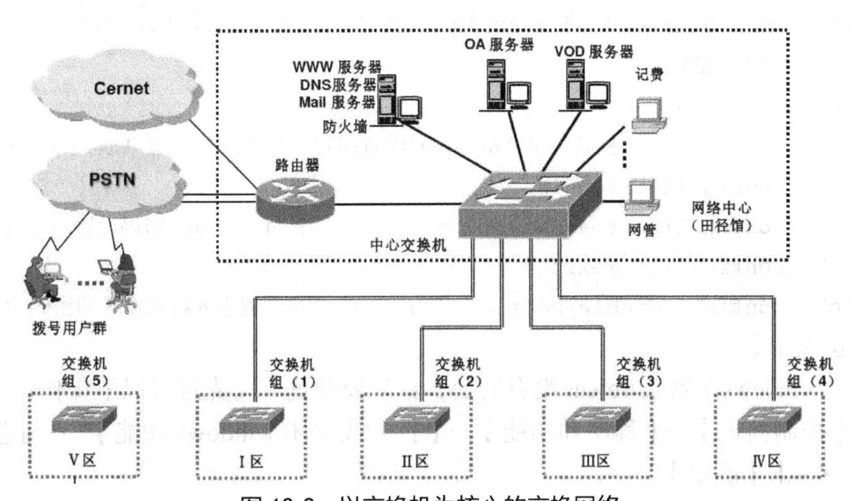

图 10-6 以交换机为核心的交换网络

1. 交换机控制台安全

交换机默认情况下没有口令，如果有非法者连接到交换机的控制口，就可以像管理员一样任意篡改交换机的配置，带来网络安全隐患。从网络安全的角度考虑，所有交换机控制台都应配置不同特权的访问权限，图 10-7 所示为针对不同用户在交换机上设置不同的权限。

图 10-8 所示为一台交换机设备，负责楼层中各办公室电脑的接入。为保护网络安全，需要给交换机配置管理密码，以禁止非授权用户访问。

通过一根配置线连接到交换机的配置口（Console），另一端连接到计算机的串口。

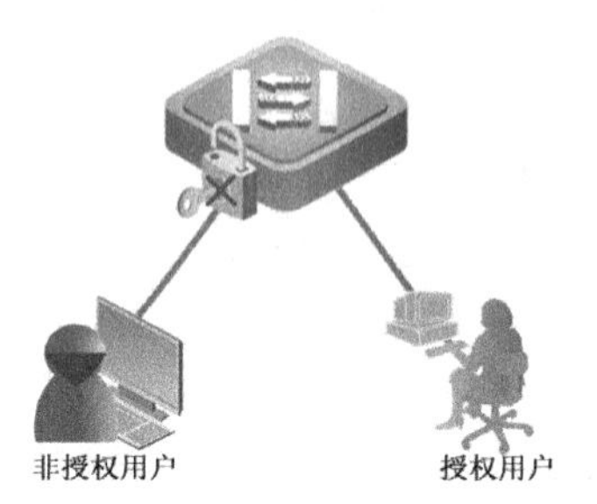

图 10-7　针对不同用户在交换机上设置不同权限

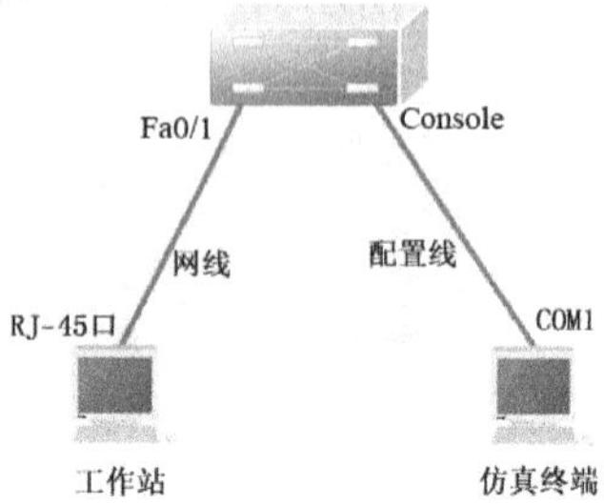

图 10-8　配置交换机控制台的特权密码

2. 配置交换机控制台安全

通过如下命令格式，配置交换机控制台的密码。

```
Switch # configure terminal
Switch (config)# enable secret level 15 0 star ！其中，15 表示口令适用的特权级别
                                   ！ 0 表示输入明文形式口令，1 表示输入密文形式口令
```

3. 配置交换机远程登录的安全措施

还可以通过 Telnet 程序的远程登录方式管理交换机。

（1）配置管理地址。

```
Switch #configure terminal
Switch (config)#interface vlan 1
Switch (config-if)#ip address 192.168.33.180  255.255.255.0
```

（2）配置 Telnet 密码。

```
Switch (config)#line vty 0 4
                        ！进入 Telnet 密码配置模式，允许共 5 个用户 Telnet 登入交换机
Switch (config-line)#login
Switch (config-line)#password 0 ruijie     ！将 Telnet 密码设置为 ruijie
Switch (config-line)#exit
Switch (config)# enable secret 0 ruijie    ！配置进入特权模式的密码为 ruijie
```

（3）验证命令。

注意：Windows 7 默认 Telent 没有安装，如果要验证，需先进行以下操作：

单击【控制面板】→【程序和功能】→【打开或关闭 windows 功能】→ 勾选【Telnet 客户端】→单击【确定】。

10.4 交换机端口安全

1. 交换机端口安全

交换机端口是连接终端设备的重要关口，加强交换机端口安全是提高整个网络安全的关键。默认情况下，交换机端口不提供任何安全措施。因此，对交换机端口增加安全功能，可有效保护网络安全。

大部分网络攻击都采用欺骗源 IP 或源 MAC 地址的方法，对网络的核心设备进行连续攻击，从而耗尽网络核心设备的系统资源，如典型 ARP 攻击、MAC 攻击、DHCP 攻击等。

图 10-9 所示为交换网络中的 MAC 地址欺骗和攻击场景。

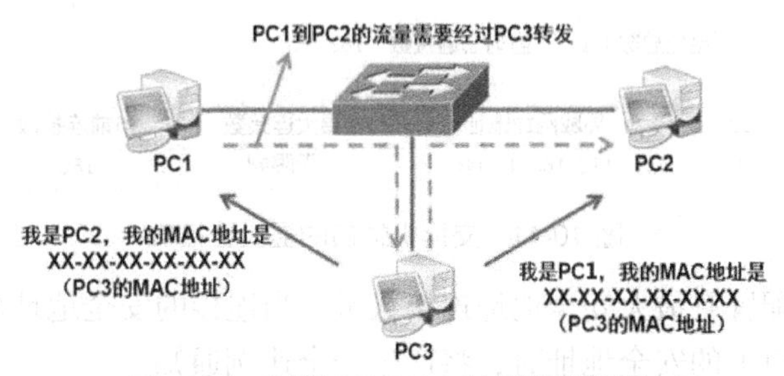

图 10-9 交换网络 MAC 地址欺骗场景

这些针对交换机端口的攻击行为，可以启用交换机端口的安全功能。在交换机端口上配置限制访问的 MAC 地址或 IP 地址，可以控制该端口上的数据输入。

图 10-10 所示为交换网络中的网关地址欺骗和攻击的场景。

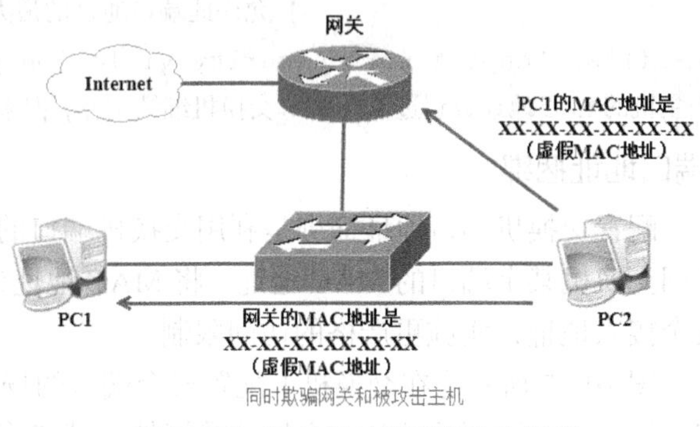

图 10-10 网关地址欺骗和攻击场景

2. 端口安全违例

当交换机端口受到攻击时，交换机将产生一个安全违例。当安全违例产生后，可以采用不同的安全违例模式：

（1）Protect：产生违例事件后，安全端口将丢弃其余未知名地址（不是该端口安全地址中的任何一个）数据包。

（2）RestrictTrap：当产生违例事件后，将发送一个 Trap 通知，等候处理。

（3）Shutdown：产生违例事件后，将关闭端口。

交换机端口安全功能

3. 配置交换机端口安全

下面说明在交换机的 Fa0/3 接口配置安全端口。

```
Switch(config)# interface  FastEthernet 0/3
Switch(config-if)# switchport  mode  access
Switch(config-if)# switchport  port-security
Switch(config-if)# switchport  port-security  violation  protect
```

4. 配置交换机端口的最大连接数

还可以限制一个端口上能连接的安全地址的最大个数，实施交换机的端口安全，如图 10-11 所示。

局域网地址总数：1　　当前总连接数：182

ID	局域网IP地址	最大连接数	当前连接数
1	192.168.1.100	无限制	182

图 10-11　交换机端口的最大连接数

如果一个端口配置有最大安全地址连接数量，当连接的安全地址数达到最大数或该端口收到不属于该端口上的安全地址时，将产生安全违例通知。

下面的配置为根据 MAC 地址的数量来允许通过的流量。

```
Switch (config)#interfae Fa0/1
Switch (config-if)#switchport mode trunk          ！配置端口模式为 Trunk
Switch 1(config-if)#switchport port-security maximum 100
                                    ！允许此端口通过的最大 MAC 地址数目为 100
Switch (config-if)#switchport port-security violation protect
                  ！当主机的 MAC 地址数超过 100 时，交换机继续工作，但来自新主机的数据将丢失
```

5. 配置交换机端口地址捆绑

配置交换机的端口安全

配置交换机端口地址捆绑是利用交换机端口的安全特性，通过限制访问交换机某个端口的 MAC 地址，将 MAC 地址或 IP 地址绑定，作为安全接入地址，实施更严格的访问限制。

图 10-12 所示为在交换机上配置安全端口的场景。当安全端口配置安全地址后，除源地址为安全地址数据外，端口将不再转发其他数据。

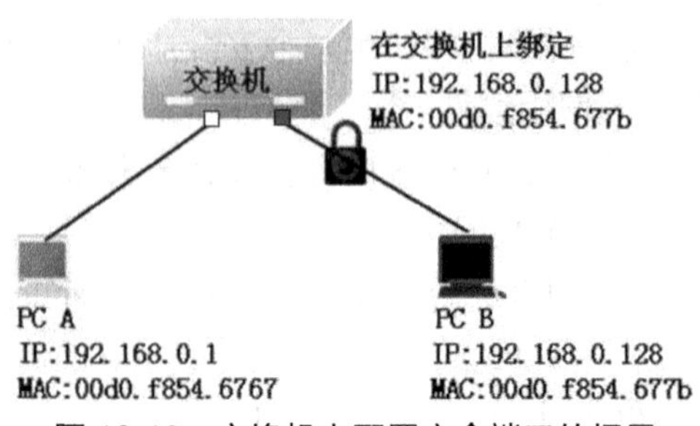

图 10-12　交换机上配置安全端口的场景

下面的配置为根据 MAC 地址拒绝流量。

```
Switch# (config)#int f0/1
Switch# (config-if)#switchport mode access      ! 指定端口模式
Switch# (config-if)#switchport port-security mac-address 00-D0-F8-54-67-7B
                                                 ! 配置 MAC 地址
Switch# (config-if)#switchport port-security maximum 1
                                   ! 限制此端口允许通过的 MAC 地址数为 1
Switch# (config-if)#switchport port-security violation shutdown
                                   ! 当发现与上述配置不符时，端口 down 掉
```

下面的配置是在交换机接口配置安全端口功能，为该接口配置安全 MAC 地址 00d0.f800.073c，绑定 IP 地址 192.168.12.202。

```
Switch # configure terminal
Switch(config)#  interface gigabitethernet 1/3
Switch(config-if)# switchport mode access
Switch(config-if)# switchport port-security
Switch(config-if)#switchport port-security mac-address 00d0.f800.073c
             ip-address 192.168.12.202
```

备注：不同版本的交换机，命令稍有区别，建议使用“？”查询。

10.5 交换机端口保护

在一个局域网内，有些区域需要保护，有些区域需要隔离。如果要求实现交换机端口之间不能通信，需要通过端口保护（Protected）技术来实现。交换机的端口设为端口保护后，保护口之间无法通信，保护口与非保护口之间可以通信。

图 10-13 所示为在交换机上实施端口保护的场景。

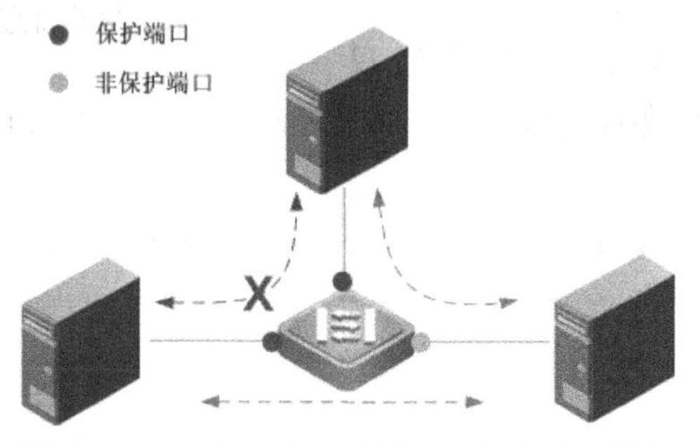

图 10-13　交换机上实施端口保护的安全场景

```
Switch(config)#interface range Fa 0/1 - 24! 开启交换机的 Fa0/1 到 Fa0/24 端口
Switch(config-if-range)#Switchitchport protected       ! 开启端口保护
```

在交换机上开启端口保护后，交换机保护端口之间无法通信，但保护端口与非保护端口之间可以互访。

10.6 交换机镜像安全

交换机的镜像（Port Mirroring）安全技术是将交换机某个端口的数据流量，复制到另

一端口（镜像端口）实施监测，从而诊断出交换机的故障，称之为“Mirroring”或“Spanning”。默认情况下，交换机的这种功能被屏蔽。

通过配置交换机端口镜像，允许管理人员设置监视端口，监视被监视端口的流量。然后，通过安装网络分析软件，对捕获到的数据进行分析，可以实时查看被监视端口的情况。

图 10-14 所示为交换机端口的镜像技术工作场景。

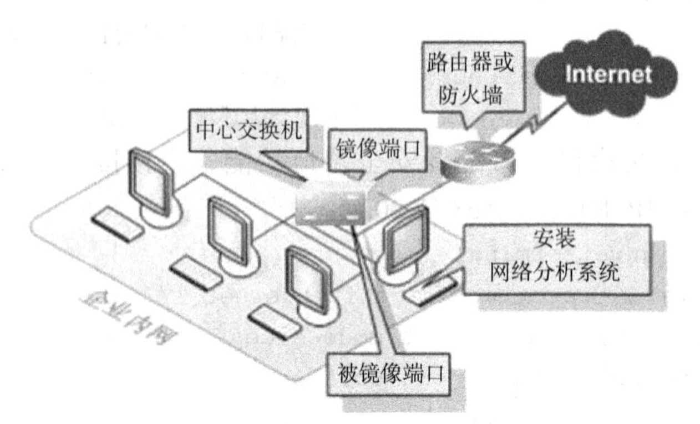

图 10-14 交换机端口的镜像技术

交换机镜像端口可以实现若干个源端口向一个监控端口镜像数据。

值得注意的是，源端口和镜像端口最好位于同一台交换机上，如把交换机 5 口上的所有数据流，均镜像至监控端口 10 上，端口 10 作为监控端口，能接收所有来自 5 口的数据流。

图 10-15 所示为在交换机上实施镜像流量，实现数据流的复制通信功能。

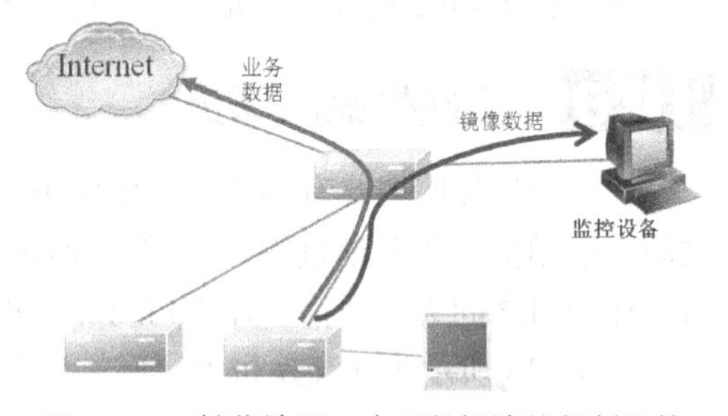

图 10-15 镜像流量，实现数据流的复制通信

镜像端口并不影响源端口的数据交换，只是将源端口发送或接收的数据副本，发送到监控端口上。在交换机上配置交换机的端口镜像的过程如下。

```
Monitor session 1 source interface fastethernet 0/1 both  ! 被监控口
Monitor session 1 destination interface fastethernet 0/2  ! 镜像口
```

网络实践

网络实践 1：配置交换机端口安全

【任务描述】

王先生为防止内网中 ARP 病毒，在收到 ARP 病毒攻击后能及时防范，需要在办公网交换机上实施端口安全，从而实现办公网安全。按照图 10-16 所示的拓扑实施办公网交换机端口安全，保证办公网接入安全。

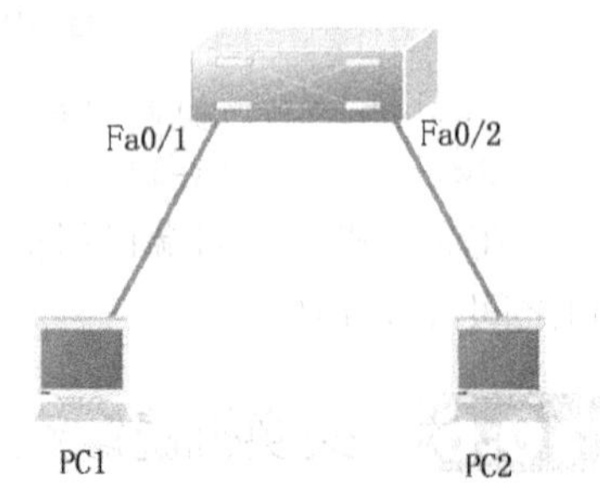

图 10-16 交换机实施端口安全

【设备清单】

交换机（一台）、计算机（≥两台）、双绞线（若干根）。

【工作过程】

步骤一：安装网络的工作环境。

按图 10-16 中的网络拓扑连接设备，组建网络场景。

步骤二：IP 地址规划。

规划表 10-1 所示的地址信息。

表 10-1　计算机地址规划

序号	设备名称	地址规划	网关地址	备注
1	PC1	172.16.1.11/24	—	Fa0/1 接口
2	PC2	172.16.1.12/24	—	Fa0/2 接口

步骤三：查询测试计算机的 MAC 地址。

在命令行方式下，使用【ipconfig/all】命令，查看本机网卡的 MAC 地址，如图 10-17 所示。

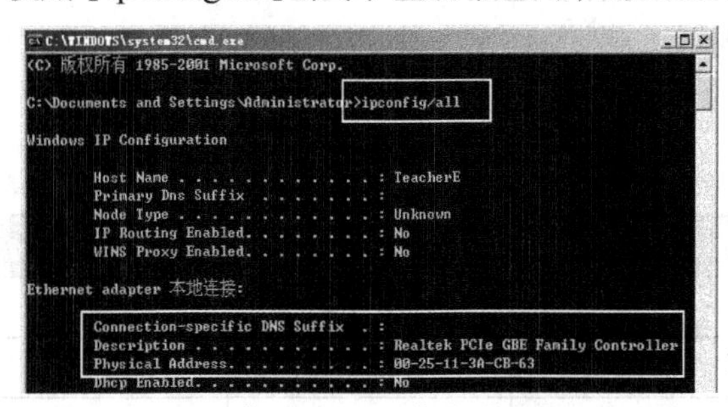

图 10-17　用【ipconfig/all】命令查看网络信息

步骤四：配置交换机端口安全。

```
Switch(config)#int  Fa0/1
Switch(config-if)#switchport port-security
Switch (config-if)#switchport port-security maximum 1
                    ! 允许此端口通过的最大 MAC 地址数目为 1
Switch (config-if)#switchport port-security violation protect
Switch(config-if)#switchport port-security mac-address 00d0.f800.073c
ip-address 172.16.1.11

Switch(config-if)#int Fa0/2
Switch(config-if)#switchport port-security
Switch (config-if)#switchport port-security maximum 1
                    ! 允许此端口通过的最大 MAC 地址数目为 1
Switch (config-if)#switchport port-security violation protect
Switch(config-if)#switchport port-security mac-address 00d0.3A00.324c
 ip-address 172.16.1.12
```

网络实践

网络实践 2：配置交换机保护端口

【任务描述】

王先生为了防止公司内网中 ARP 病毒，防止 ARP 病毒在网络中交叉干扰。需要为办公网中的交换机实施保护端口，隔离网络中部分中毒的 PC 互访，实现办公网络安全。图 10-18 所示的拓扑是实施交换机保护端口的场景。

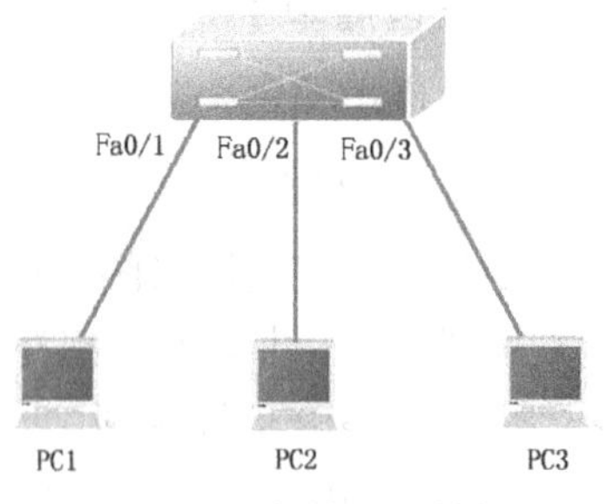

图 10-18　保护端口的场景

【设备清单】

交换机（一台）、计算机（≥三台）、双绞线（若干根）。

【工作过程】

步骤一：安装网络工作环境。

按图 10-18 所示的网络拓扑，连接设备，组建网络场景。

步骤二：IP 地址规划。

规划表 10-2 所示的地址。

表 10-2　计算机地址规划

序号	设备名称	地址规划	网关地址	备注
1	PC1	172.16.1.11/24	—	Fa0/1 接口
2	PC2	172.16.1.12/24	—	Fa0/2 接口
3	PC3	172.16.1.13/24	—	Fa0/2 接口

步骤三：配置交换机保护端口。

```
Switch(config)#int range Fa0/1-3
Switch(config-if-range)#switch protect  ! Fa0/1-3 端口被设置为保护端口。
```

步骤四：测试网络。

使用【ping】命令，测试网络的联通性。

在实施交换机保护端口后，保护端口将产生隔离，在同一台交换机内的所有计算机之间不再通信。保护端口之间不能互访，保护端口与非保护端口之间可以互访。

网络实践

网络实践 3：配置交换机端口镜像

【任务描述】

某学校多媒体教室有一台交换机，连接有一台教师机和 60 台学生机，教师希望能够通过教师机实时监测学生机的状态。

如图 10-19 所示，将交换机的一个端口设为镜像端口，用来监测指定端口。在教师机上安装协议分析软件，分析网络通信。

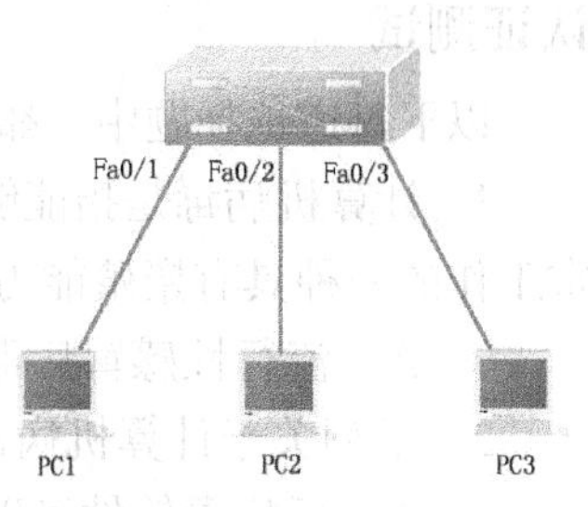

图 10-19　镜像端口的拓扑

【设备清单】

交换机（一台）、计算机（≥3 台）、双绞线（若干根）。

【工作过程】

步骤一：安装网络。

按图 10-19 中的网络拓扑，连接设备，组建网络。

步骤二：IP 地址规划与设置。规划表 10-3 所示的地址信息。

表 10-3　办公网络中的计算机地址规划信息

设备名称	IP 地址	子网掩码	网关	接口	备注
PC1	172.16.1.11	255.255.255.0	172.16.1.1	Fa0/1	
PC2	172.16.1.12	255.255.255.0	172.16.1.1	Fa0/2	
PC3	172.16.1.3	255.255.255.0	172.16.1.1	Fa0/24	镜像口

步骤三：配置交换机镜像。

```
Switch#configure
Switch(config)#monitor session 1 source interface fastEthernet 0/1 both
Switch(config)#monitor session 1 destination interface fa0/24
Switch(config)#monitor session 1 source interface fastEthernet 0/2 both
Switch(config)#monitor session 1 destination interface fa0/24
```

步骤四：网络测试。

（1）使用【ping】命令，测试计算机之间能否联通。

（2）下载共享数据包分析软件 Etheral，在 PC3 上安装 Etheral 抓包软件。

（3）在 PC3 上运行 Etheral 抓包软件，捕获监控到的网卡上数据，如图 10-20 所示。

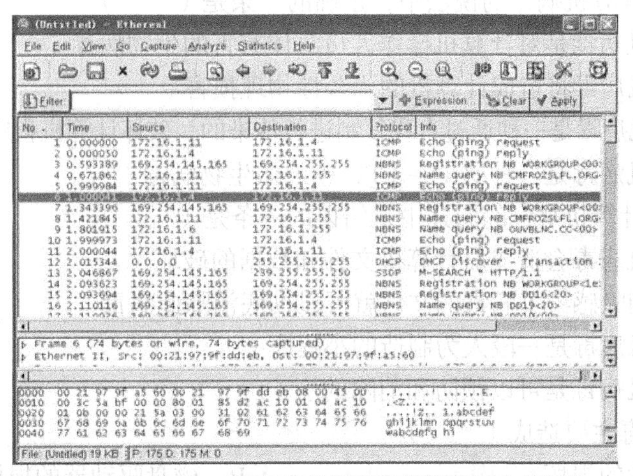

图 10-20　Etheral 抓包软件捕获监控到的网上数据包

认证测试

以下每道选择题中，都有一个正确答案（最优答案），请选择出正确答案（最优答案）。

1. 计算机病毒是指能够侵入计算机系统，并在计算机系统中潜伏、传播、破坏系统正常工作的一种具有繁殖能力的（　　）。

A．流行性感冒病毒　B．特殊小程序　C．特殊微生物　D．源程序

2. 下列关于计算机病毒知识的叙述中，正确的一条是（　　）。

A．反病毒软件可以查杀任何种类的病毒

B．计算机病毒是一种被破坏了的程序

C．反病毒软件必须随着新病毒的出现而升级，提高查杀病毒的功能

D．感染过计算机病毒的计算机具有对该病毒的免疫性

3. 下列关于计算机病毒的说法中，正确的一条是（　　）。

A．计算机病毒是一种有损计算机操作人员身体健康的生物病毒

B．计算机病毒发作后，将造成计算机硬件永久性的物理损坏

C．计算机病毒是一种通过自我复制进行传染的，破坏计算机程序和数据的小程序

D．计算机病毒是一种有逻辑错误的程序

4. 下列关于计算机病毒的叙述中，错误的一条是（　　）。

A．计算机病毒具有潜伏性

B．计算机病毒具有传染性

C．感染过计算机病毒的计算机具有对该病毒的免疫性

D．计算机病毒是一个特殊的寄生程序

5. 计算机病毒最重要的特点是（　　）。

A．可执行　B．可传染　C．可保存　D．可复制

6. 计算机病毒除通过有病毒的 U 盘进行传染外，另一条可能的途径是通过（　　）传染。

A．网络　B．电源电缆

C．键盘　D．输入不正确的程序

7. 下列关于计算机病毒的说法中，正确的一条是（　　）。

A．计算机病毒是对计算机操作人员身体有害的生物病毒

B．计算机病毒将造成计算机的永久性物理损害

C．计算机病毒是一种通过自我复制进行传染的、破坏计算机程序和数据的小程序

D．计算机病毒是一种感染在 CPU 中的微生物病毒

8. 下列关于计算机病毒的叙述中，错误的一条是（　　）。

A．计算机病毒会造成对计算机文件和数据的破坏

B．只要删除感染了病毒的文件就可以彻底消除此病毒

C．计算机病毒是一段人为制造的小程序

D．计算机病毒是可以预防和消除的

9. 计算机病毒主要造成（　　）。

A．磁盘片的损坏　B．磁盘驱动器的损坏

C．CPU 的损坏　　D．程序和数据的损坏

10．若子网掩码为 255.255.0.0，下列 IP 地址与其他地址不在同一网络中的是（　　）。

A．172.25.15.200　　B．172.25.16.15　　C．172.25.25.200　　D．172.35.16.15

11．对地址转换协议（ARP）描述正确的是（　　）。

A．ARP 封装在 IP 数据报的数据部分

B．ARP 是采用广播方式发送的

C．ARP 用于 IP 地址到域名的转换

D．发送 ARP 包需要知道对方的 MAC 地址

12．对三层网络交换机描述不正确的是（　　）。

A．能隔离冲突域　　B．只工作在数据链路层

C．通过 VLAN 设置能隔离广播域　　D．VLAN 之间通信需要经过三层路由

13．下面协议中不属于应用层协议的是（　　）。

A．FTP、Telnet　　B．ICMP、ARP　　C．SMTP、POP3　　D．HTTP、SNMP

14．Spanning Tree 算法能够解决（　　）。

A．拥塞控制问题　　B．广播风暴问题　　C．流量控制问题　　D．数据冲突问题

15．标准 TCP 不支持的功能是（　　）。

A．可靠数据传输　　B．全双工通信

C．流量控制和拥塞控制　　D．组播通信

16．下列设备可以隔离 ARP 广播帧的是（　　）。

A．路由器　　B．网桥　　C．LAN 交换机　　D．集线器

17．数据链路层中的数据块常被称为（　　）。

A．信息　　B．分组　　C．帧　　D．比特流

18．网络层的主要目的是（　　）。

A．在邻接节点间进行数据包传输　　B．在邻接节点间进行数据包可靠传输

C．在任意节点间进行数据包传输　　D．在任意节点间进行数据包可靠传输

19．（　　）是个回送地址。

A．125.1.2.3　　B．126.4.5.6　　C．127.7.8.9　　D．128.0.0.1

第 11 章 保护三层子网通信安全

随着网络规模的不断扩大，网络安全、网络性能问题也日益严峻。三层交换技术通过VLAN 及子网技术，把大的网络划分为多个较小广播域的子网络，各个 VLAN 间采用三层交换技术实现联通。网络采用三层交换技术架构，避免了二层交换技术的缺陷。在子网间采用安全访问控制策略，能加强网络的整体安全性，实现 VLAN 或三层子网之间的安全访问控制，决定哪些用户数据流可以在 VLAN 或三层子网之间进行交换，最终到达核心层。三层网络安全技术主要解决三层网络中出现的安全隐患，从而保证数据的传输安全。

通过本章的学习，了解三层子网通信安全，学习三层网络安全防范技术。

- 学习访问控制列表技术安全实施原理
- 配置标准 ACL 访问规则，保护子网安全
- 配置扩展 ACL 访问规则，保护子网中的服务安全
- 学习命名访问控制列表技术，优化网络安全配置
- 实施 VLAN 间的安全访问控制

11.1 路由安全基础

在一个园区网络中，如果三层网络的安全性没有保障，整个网络也就毫无安全性可言。在网络管理上，必须对三层设备进行合理规划、配置，采取必要的安全措施，避免因三层网络的自身问题，给整个网络系统带来漏洞和风险，图 11-1 所示为三层网络中的各种干扰和攻击。

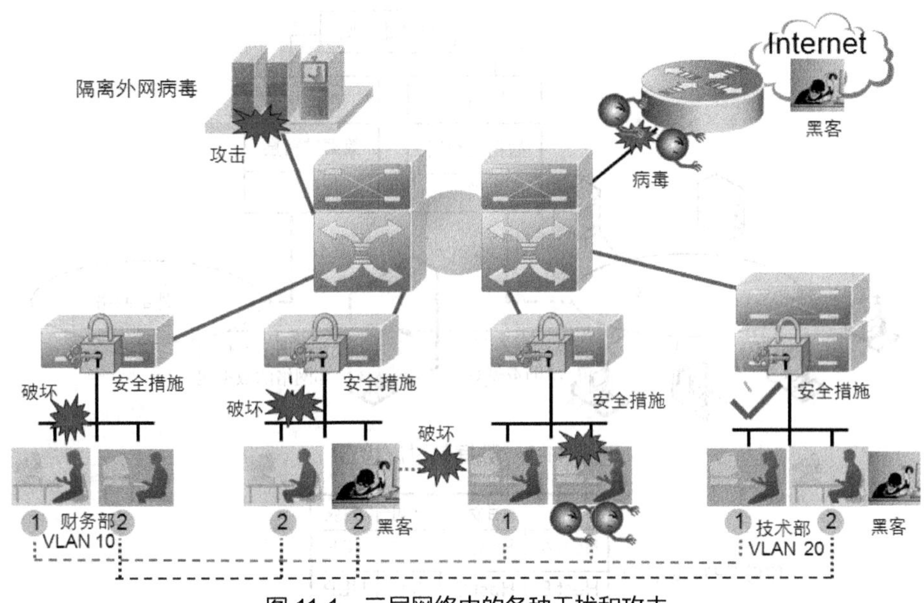

图 11-1　三层网络中的各种干扰和攻击

11.2 三层设备登录安全

路由器默认没有任何安全措施，为了保护网络安全，首先需要保护路由器控制台的安全。攻击者物理接触路由器后，一旦密码泄漏，网络也就毫无安全性可言。

配置路由器控制台密码。

```
Router(config)# enable password star          ! 表示输入的是明文形式的口令
Router(config)# enable secret star            ! 表示输入的是密文形式的口令
```

在同一台设备上，如果同时启用两种类型的密码，则 secret 密文格式有优先权。

该命令的【no】命令格式，可以删除指定级别的口令。

```
Router(config)# no enable secret
```

同样，也可以支持配置远程登录方式，在 line 配置模式下执行以下命令。

```
Ruijie # configure terminal
Ruijie(config)# line vty  0                   ! 远程登录 line 线路进行认证口令
Ruijie(config-line)# password  password       ! 指定 line 线路口令
Ruijie(config-line)# login                    ! 启用 line 线路口令保护
```

11.3 访问控制列表基础

1. 什么是访问控制列表

访问控制列表（Access Control List，ACL）技术是数据包过滤技术。通过对网络中通过的数据包进行过滤，实现网络输入和输出访问控制，图 11-2 所示为数据包过滤检查过程。

配置在三层设备中的 ACL 是一张规则检查表，包含很多指令，如图 11-3 所示。

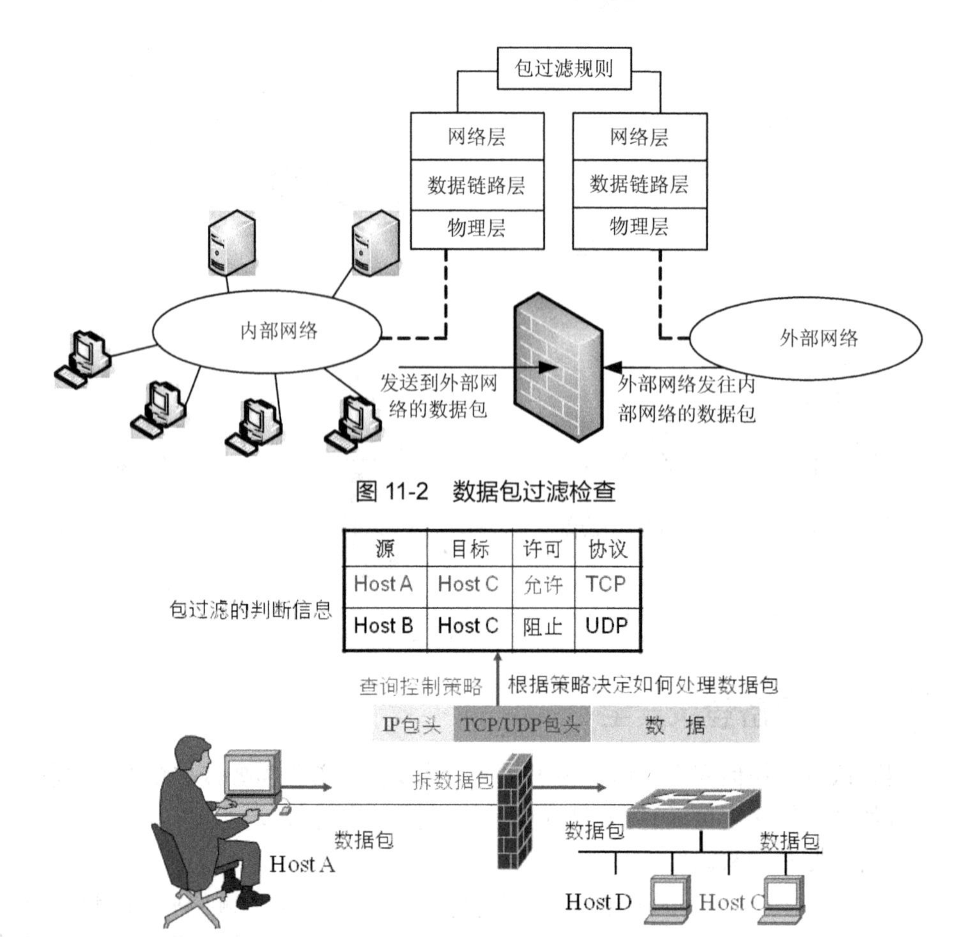

图 11-2 数据包过滤检查

图 11-3 三层设备安全访问策略

图 11-4 所示为数据包的过滤流程，三层设备按照 ACL 中的指令顺序，处理每一个进入的数据包，对进入或流出的数据进行过滤。

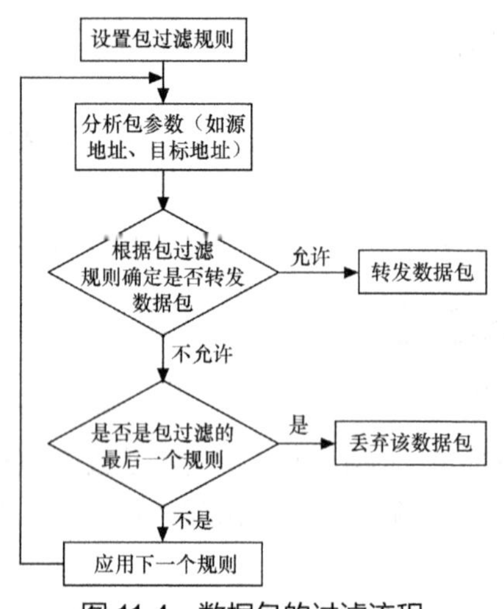

图 11-4 数据包的过滤流程

ACL 访问控制列表技术作为一种网络控制工具，能够过滤流入和流出的数据包，对接口上进入、流出的数据进行安全检测，从而确保网络安全，因此也被称为软防火墙，如图 11-5 所示。

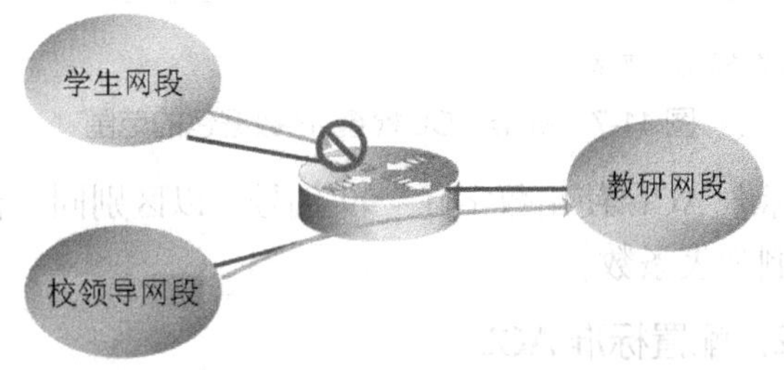

图 11-5 ACL 控制数据通过网络

2. 访问控制列表类型

常见的 ACL 分为两类：标准访问控制列表（Standard IP ACL）和扩展访问控制列表（Extended IP ACL）。其中，标准访问控制列表编号的取值范围为 1 ~ 99；扩展访问控制列表编号的取值范围为 100 ~ 199。

包过滤防火墙示意图

这两种访问控制列表的区别是标准 ACL 只检查数据包中的源地址，扩展 ACL 能够检查数据包的所有信息，扩展数据检查细节，提供更多访问控制。

在数据包的匹配过程中，指令自上向下匹配数据包，一条条依序进行。任何一条匹配成功后，即按规则对数据包进行处理，如图 11-6 所示。

如果到最后都没有匹配到一条规则，则将末尾隐含拒绝规则，将其丢弃。

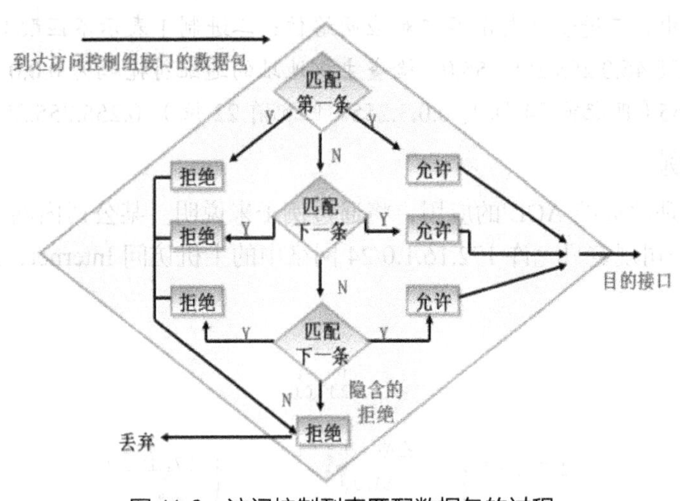

图 11-6 访问控制列表匹配数据包的过程

11.4 标准访问控制列表

1. 什么是标准 ACL

标准访问控制列表能够检查数据包的源地址。IP 数据包在通过三层设备时，三层设备将解析数据包中的源地址信息，如图 11-7 所示。然后，标准 ACL 检查 IP 数据包的范围，并对匹配成功的数据包，采取拒绝或允许操作。

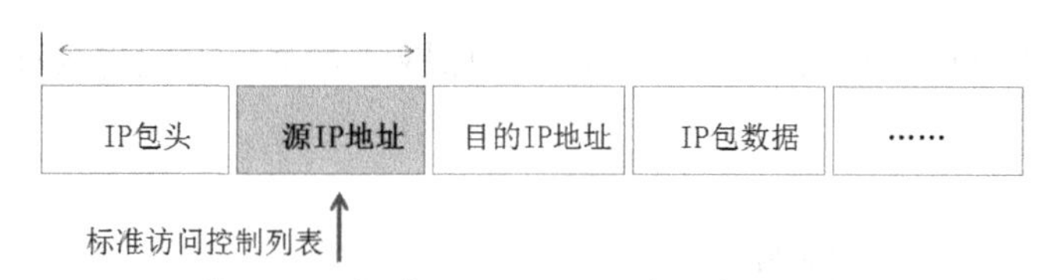

图 11-7　标准 ACL 检查 IP 数据包的范围

标准 ACL 使用数字 1～99 编号，以区别同一台设备上配置的不同访问控制列表条数。

标准 ACL 安全防范过程

2. 配置标准 ACL

配置标准 ACL 时，首先，在设备上定义 ACL 规则，然后，将定义好的规则应用到接口上，该接口激活后，就自动按照 ACL 中的配置，对每一个数据包进行特征匹配，决定该数据包是允许通过还是拒绝。

```
Access-list listnumber {permit| deny}  source--address [ wildcard-mask ]
```

其中：

listnumber 是不同 ACL 的序号，标准 ACL 的编号为 1～99；

permit 和 deny 表示允许或禁止动作；

source address 代表受限网络的源 IP 地址；

wildcard-mask 是通配符掩码，也称反掩码，用于限定匹配网络的范围。

小知识：通配符掩码（wildcard-mask）

通配符掩码又叫反掩码，是一组 32 位二进制，用点号分成 4 组，每组包含 8 位。

在通配符码中，二进制 0 表示匹配对应网络位；二进制 1 表示不匹配对应网络位。如一个 C 类网络 198.78.46.0 255.255.255.0，检查主机地址的通配符掩码为 0.0.0.255。其他匹配掩码还包括 0.0.0.255（匹配前 24 位）、0.0.3.255（匹配前 22 位）、0.255.255.255（匹配前 8 位）。

3. 应用案例

为了更好地理解标准 ACL 的应用，将通过例子来说明。某公司内网规划的 IP 地址为 172.16.0.0/16。公司规定只允许 172.16.1.0/24 网络中的主机访问 Internet，图 11-8 所示为网络场景。

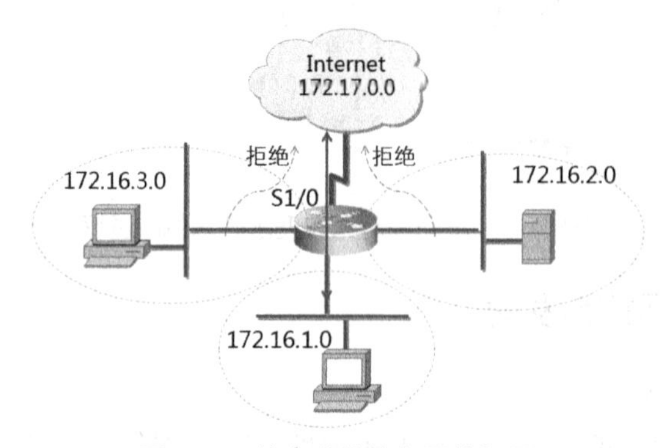

图 11-8　某企业的接入网络场景

```
Router #configure terminal
```

```
Router(config)#access-list 1 permit  172.16.1.0  0.0.0.255
                      ! 允许 172.16.1.0 网络中的数据包通过，访问 Internet
Router(config)#access-list 1 deny  0.0.0.0  255.255.255.255
                      ! 其他所有网络的数据包都将丢弃，禁止访问 Internet
                      ! 也可改写为：access-list 1 deny  any
```

还需要把配置好的 ACL 规则应用在接口上，当接口激活后，匹配规则才开始起作用。访问控制列表的主要应用接口上的方向包括接入（in）检查和流出（out）检查，用于控制接口中不同方向的数据包，如图 11-9 所示。

- 出：已经过路由器的处理，正离开路由器接口的数据包
- 入：已到达路由器接口的数据包，将被路由器处理

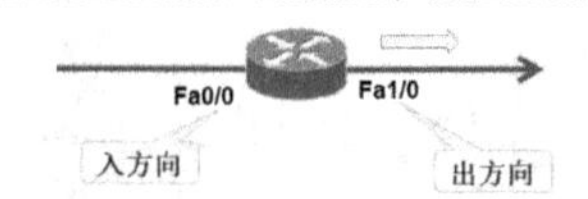

- 列表应用到接口的方向与数据方向有关

图 11-9　ACL 检查的 in 和 out 方向

将编制好的 ACL 规则，应用于路由器接入互联网的出口上，使用如下命令。

```
Router(config)#interface serial 1/0
Router(config-if)#ip access-group 1 in
```

11.5 扩展访问控制列表

1. 什么是扩展 ACL

扩展型访问控制列表使用编号 100 ~ 199 来标识同一设备的多条规则。在数据包过滤方面，扩展 ACL 增加了更多的精细度，不仅支持检查数据包的源 IP 地址，还支持检查数据包中的目的 IP 地址、源端口、目的端口、连接和优先级等信息，图 11-10 所示为扩展 ACL 检查数据包的范围。

标准 IP 访问控制列表

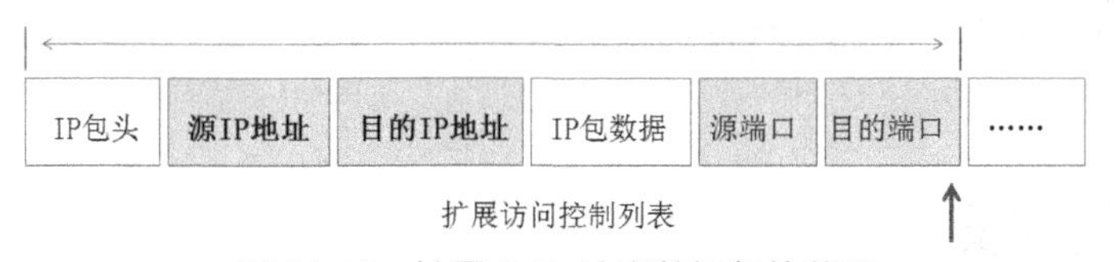

图 11-10　扩展 ACL 检查数据包的范围

与标准 ACL 相比，扩展 ACL 也存在一些缺点，一是配置难度加大，二是在没有硬件加速的情况下，扩展 ACL 会消耗更多的 CPU 资源。所以，中低档路由器应尽量减少扩展 ACL 的条数，以提高系统效率。

2. 配置扩展访问控制列表

配置扩展 ACL 的指令如下。

```
Access-list  listnumber  {permit  |  deny}  protocol  source  source-wildcard-mask destination destination-wildcard-mask [operator  operand ]
```

其中，listnumber 的编号范围为 100 ~ 199，protocol 是指过滤协议，如 IP、TCP、UDP、ICMP 等，source 是源地址，destination 是目的地址，wildcard-mask 是反掩码，operand 是

端口号，默认为全部端口号 0 ~ 65535，也可以使用助记符，operator 是控制操作符"<"">""="，以及"≠"（不等于）。

3. 应用案例

路由器扩展 ACL 防范过程

下面通过一个具体实例说明扩展 ACL 在企业中的应用。

图 11-11 所示为某企业网络的内部拓扑，路由器（多为三层设备）连接两个子网，子网地址规划分别为 172.16.4.0/24 和 172.16.3.0/24。其中，在 172.16.4.0/24 网段有一台服务器提供 WWW 服务，其 IP 地址为 172.16.4.13。

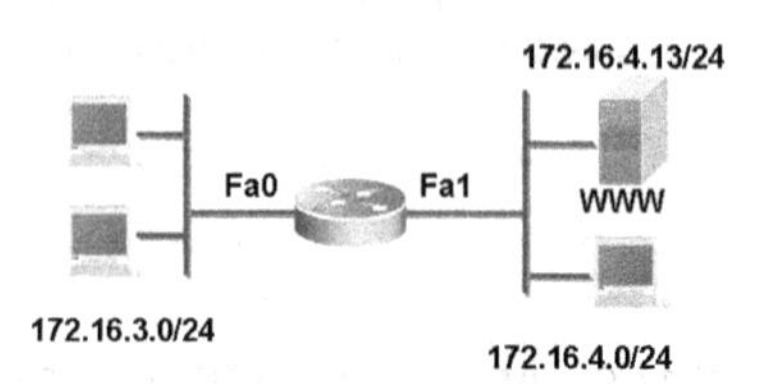

图 11-11　扩展 ACL 的应用场景

网络管理的任务是禁止访问子网 172.16.4.0/24，但可以访问在 172.16.4.0/24 网络中的 WWW 服务器。配置命令如下。

```
Router(config)#
Router(config)# access-list 101 permit tcp any 172.16.4.13 0.0.0.0 eq www
Router(config)# access-list 101 deny ip any any
```

扩展 IP 访问控制列表

其中，设置扩展 ACL 标识号为 101，允许任意的主机访问 172.16.4.13 服务器上的 WWW 服务（端口号为 80），deny any 表示拒绝全部。配置好的 ACL 应用到指定接口上。

```
Router(config)#interface Fastethernet 0/1
Router(config-if)#ip access-group 101 in
```

网络实践

网络实践 1：配置标准 ACL 规则，保护子网安全

【任务场景】

某校园网中由于没有实施部门安全策略，出现了学生登录到教师网查看试卷的情况。因此，学校要求禁止学生宿舍网络访问教师网络。图 11-12 所示为办公网络场景。

【设备清单】

路由器（一台）、计算机（≥3 台）、双绞线（若干根）。

【工作过程】

步骤一：安装网络工作环境。

按照图 11-12 所示的拓扑，连接设备组建网络。

步骤二：IP 地址规划与设置。规划表 11-1 所示的地址。

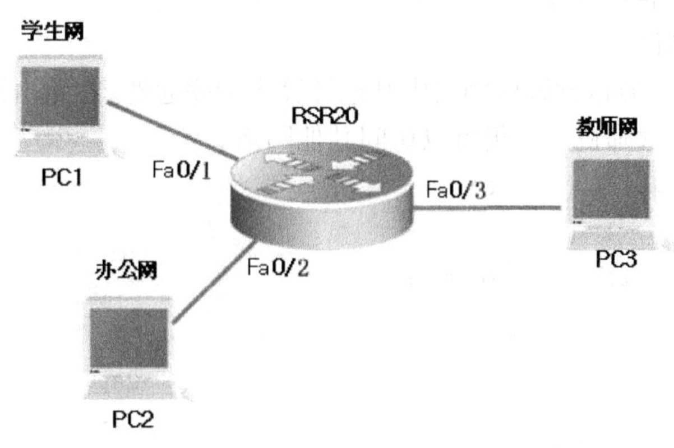

图 11-12　禁止学生网络访问教师办公网的场景

表 11-1　计算机地址的规划信息

设备名称	IP 地址	子网掩码	网关	接口
PC1	192.168.1.16	255.255.255.0	192.168.1.1	Fa0/0
PC2	192.168.2.15	255.255.255.0	192.168.2.1	Fa0/1
PC3	192.168.3.11	255.255.255.0	192.168.3.1	Fa0/2
路由器	192.168.1.1	255.255.255.0	—	
	192.168.2.1	255.255.255.0	—	
	192.168.3.1	255.255.255.0	—	

步骤三：配置路由器信息。

```
RSR20_1(config)#int Fa0/0
RSR20_1(config-if)#ip address 192.168.1.1 255.255.255.0
RSR20_1(config-if)#no shutdown
RSR20_1(config-if)#int Fa0/1
RSR20_1(config-if)#ip address 192.168.2.1 255.255.255.0
RSR20_1(config-if)#no shutdown
RSR20_1(config-if)#int Fa0/2
RSR20_1(config-if)#ip address 192.168.3.1 255.255.255.0
RSR20_1(config-if)#no shutdown

RSR20_1#show ip route
…… ……
```

步骤四：配置路由器上的标准 ACL。

```
RSR20_1(config)#access-list 1 deny 192.168.1.0  0.0.0.255
RSR20_1(config)#access-list 1 permit any
```

```
RSR20_1(config)#int Fa0/3
RSR20_1(config-if)#ip access-group 1 out
```

步骤五：网络测试。

使用【ping】命令，测试到园区网络中其他计算机的联通性。在路由器上实施安全ACL，能够禁止学生机访问教师机，但仍可以访问其他网络。

```
ping 192.168.2.1   ( ! OK )
……
ping 192.168.3.1   ( ! down )
……
```

网络实践

网络实践2：配置扩展ACL，保护子网中应用服务的安全

【任务场景】

某学校教师网中搭建了一台FTP服务器，但出现了学生登录到教师网FTP网络服务器查看试卷的情况。因此，学校允许学生访问教师网络，但禁止学生访问教师网中的FTP服务器。图11-13所示的网络拓扑是不允许学生访问教师网中的FTP服务器的场景。

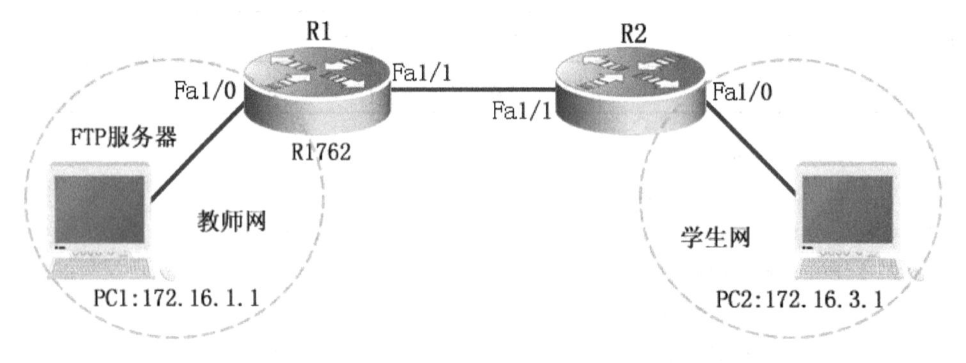

图11-13 保护教师网络中FTP服务器的安全

【设备清单】

路由器（两台）、网络连线（若干根）、测试计算机（≥两台）

【工作过程】

步骤一：安装网络工作环境。

按图11-13中的网络拓扑，安装和连接设备。

步骤二：IP地址规划与设置。规划表11-2所示的地址信息。

表 11-2　园区网络中计算机地址的规划信息

设备名称	设备及端口的配置地址		备注
R1	Fa1/0	172.16.1.2 / 24	局域网端口，连接 PC1
	Fa1/1	172.16.2.1 / 24	局域网端口，连接路由器 R2 的 Fa1/1
R2	Fa1/1	172.16.2.2 / 24	局域网端口，连接路由器 R1 的 Fa1/1
	Fa1/0	172.16.3.2 / 24	局域网端口，连接 PC2
PC1	172.16.1.1 / 24		网关 172.16.1.2
PC2	172.16.3.1 / 24		网关 172.16.3.2

步骤三：配置路由器。

（1）配置 R1 的基本信息。

```
Router_1 (config)#int Fa1/0
Router_1 (config-if)#ip address 172.16.1.2  255.255.255.0
Router_1 (config-if)#no shutdown

Router_1 (config-if)#int Fa1/1
Router_1 (config-if)#ip address 172.16.2.1 255.255.255.0
Router_1 (config-if)#no shutdown

Router_1#show ip route
...... ......
```

（2）配置 R2 的基本信息。

```
Router_2 (config)#int Fa1/1
Router_2 (config-if)#ip address 172.16.2.2  255.255.255.0
Router_2 (config-if)#no shutdown

Router_2 (config-if)#int Fa1/0
Router_2 (config-if)#ip address 172.16.3.2  255.255.255.0
Router_2 (config-if)#no shutdown

Router_2#show ip route
...... ......
```

（3）配置 R1 的静态路由。

```
Router_1 (config)#ip route 172.16.3.0  255.255.255.0 Fa1/1
```

（4）配置 R2 的静态路由。

```
Router_2 (config)#ip route 172.16.1.0  255.255.255.0 Fa1/1
```

（5）查看路由表。

```
Router_1# show ip route
```

```
…… ……
Router_2# show ip route
…… ……
```

步骤四：网络测试（1）。

（1）按照表 11-2 所示的规划网络地址，给所有计算机配置 IP 地址。

（2）在 PC1 使用【ping】命令，测试网络的联通性，能正常通信。

```
ping 172.16.3.1   ( !  OK )
……
```

步骤五：配置网络 FTP 服务器。

（1）在教师网 PC1 上构建 FTP 服务器。使用 IIS 程序构建 FTP 服务器，过程见相关材料。

（2）从学生网 PC2 上打开 IE 浏览器工具，测试 FTP 服务器的联通性，能正常访问 FTP。

```
FTP://172.16.1.1    ( !  OK )
……
```

步骤六：配置扩展 ACL。

按照扩展 ACL 的应用规则，把数据流限制在发源网，减少从源网络流出的无效数据流占用的网络带宽，因此选择路由器 R2 启用安全策略。

```
Router_2  (config)#access-list  101  deny  tcp  192.168.1.0  0.0.0.255
192.168.3.2 0.0.0.0 eq ftp
Router_2 (config)#access-list 101 permit ip any any

Router_2 (config)#int Fa 0/0
Router_2 (config-if)#ip access-group 101  in
```

步骤七：网络测试（2）。

从学生网中的 PC2 计算机上，访问教师网络中构建的 FTP 服务器。

```
FTP://172.16.1.1    ( !  down )
```

由于使用扩展 ACL 技术，禁止通过路由器 R2 上的数据流，禁止学生网访问教师网中的 FTP 服务器。

11.6 命名 ACL 技术

在命名 ACL 技术中，使用字母或数字组合的字符串，不仅能够形象地描述该 ACL 的功能，还可以方便修改、删除。

11.7 标准命名 ACL

命名 ACL 同样包括标准命名 ACL 和扩展命名 ACL 两种，定义过滤语句的方式及规则和编号 ACL 的方式相似。

以下为在三层交换机上配置命名 ACL 的语法。

```
Switch (config)#ip access-list standard test1      ! 命名了标准访问控制列表
Switch (config-std-nacl)#deny 30.1.1.0  0.0.0.255 ! 拒绝 30.1.1.0 网络
```

```
Switch (config-std-nacl)#permit any                ! 允许任何其他网络访问
Switch (config-std-nacl)#exit

Switch (config)#int s1/0                           ! 进入 S1/0 接口
Switch (config-if)#ip access-group test1 in      ! 把命名 ACL 应用到接口 S1/0
```

11.8 扩展命名 ACL

扩展命名 ACL 的配置和编号 ACL 的相似。以下是在三层交换机上，实施扩展命名 ACL 的语法。

```
Switch (config)#ip access-list extended test2          ! 定义命名扩展访问控制列表
Switch(config-ext-nacl)#deny icmp 20.1.1.0 0.0.0.255 10.1.1.0 0.0.0.255
Switch (config-ext-nacl)#permit ip any any             ! 允许其他一切访问

Switch (config)#int f0/0
Switch (config-if)#ip access-group test2 out           ! 应用到接口 Fa0/0
```

网络实践

网络实践 3：配置标准命名 ACL，保护子网安全

【任务场景】

某学校由于没有实施部门网安全策略，出现了学生登录到教师网查看试卷的情况。网络中心实施安全技术，禁止学生访问教师网络。图 11-14 所示为网络场景。

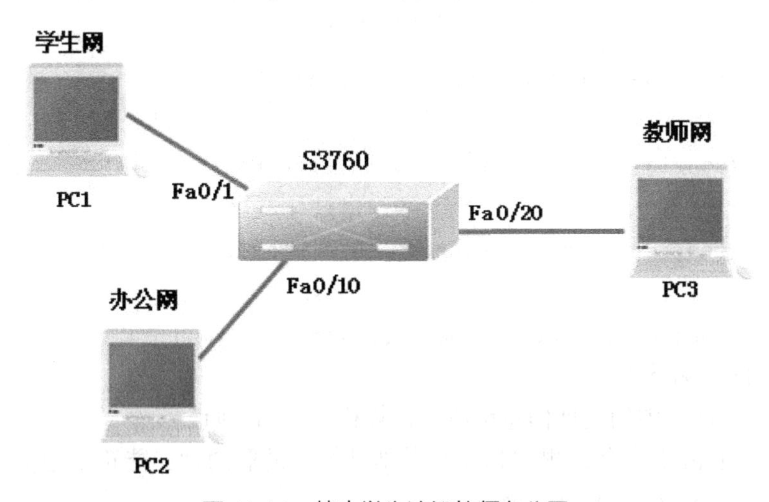

图 11-14　禁止学生访问教师办公网

【设备清单】

三层交换机（S3760，一台）、计算机（≥3 台）、双绞线（若干根）。

【工作过程】

步骤一：安装网络的工作环境。

按图 11-14 所示的网络拓扑，安装和连接设备。

步骤二：IP 地址规划与设置。规划表 11-3 所示的地址信息。

表 11-3　园区网络中计算机的地址规划信息

设备名称	IP 地址	子网掩码	网关	接口
PC1	192.168.1.6	255.255.255.0	192.168.1.1	Fa0/1
PC2	192.168.2.11	255.255.255.0	192.168.2.1	Fa0/10
PC3	192.168.3.14	255.255.255.0	192.168.3.1	Fa0/20
switch	192.168.1.1	255.255.255.0		Fa0/1
	192.168.2.1	255.255.255.0		Fa0/10
	192.168.3.1	255.255.255.0		Fa0/20

步骤三：配置交换机的基本信息。

```
S3760-24(config)#int Fa0/1
S3760-24(config-if-FastEthernet 0/1)#no switch
S3760-24(config-if-FastEthernet 0/1)#ip address 192.168.1.1 255.255.255.0
S3760-24(config-if-FastEthernet 0/1)#no shutdown

S3760-24(config-if-FastEthernet 0/1)#int Fa0/10
S3760-24(config-if-FastEthernet 0/10)#no switch
S3760-24(config-if-FastEthernet 0/10)#ip address 192.168.2.1
255.255.255.0
S3760-24(config-if-FastEthernet 0/10)#no shutdown

S3760-24(config-if-FastEthernet 0/10)#int Fa0/20
S3760-24(config-if-FastEthernet 0/20)#no switch
S3760-24(config-if-FastEthernet 0/20)#ip address 192.168.3.1
255.255.255.0
S3760-24(config-if-FastEthernet 0/20)#no shutdown
```

步骤四：网络测试（1）。

（1）按照表 11-3 中的地址信息给所有计算机配置 IP 地址。

（2）使用【ping】命令，测试 PC1 到其他计算机的联通性，能正常通信。

```
ping 192.168.2.1  ( ! OK )
ping 192.168.3.1  ( ! OK )
```

步骤五：配置命名 ACL。

```
S3760-24(config)#ip access-list standard deny-student
```

```
S3760-24(config-std-nacl)#deny 192.168.1.0  0.0.0.255
S3760-24(config-std-nacl)#permit any

S3760-24(config)#int Fa0/1
S3760-24(config-if-FastEthernet 0/1)#ip access-group deny-student in
```

步骤六：网络测试（2）。

从 PC1 上使用【ping】命令，测试网络中其他计算机的联通性。学生网 PC1 能和办公网络中的计算机通信，但不能和教师网中的计算机通信。

```
ping 192.168.2.1    ( ! OK )
ping 192.168.3.1   ( ! down )
```

实施标准命名 ACL 安全技术，能够禁止学生机访问教师机，但允许学生机访问其他网络。

网络实践

网络实践 4：配置扩展命名 ACL，保护子网中应用服务安全

【任务描述】

某学校为了保障校园网安全，实施扩展命名 ACL，允许学生访问教师网，但禁止学生访问教师网中的 FTP 服务器。图 11-15 所示为网络拓扑图。

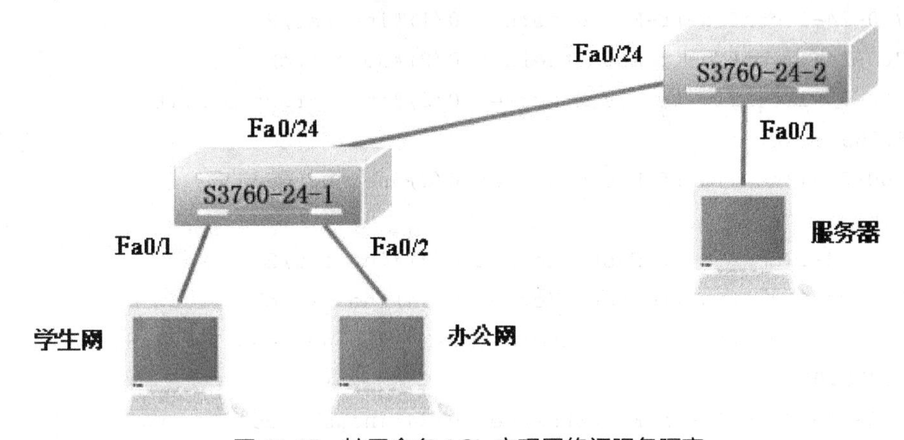

图 11-15 扩展命名 ACL 实现网络间服务隔离

【设备清单】

三层交换机（S3760，两台）、计算机（≥3 台）、双绞线（若干根）。

【工作过程】

步骤一：安装网络的工作环境。

按图 11-13 所示的网络拓扑，安装和连接设备。

步骤二：IP 地址规划与设置。规划表 11-4 所示的地址信息。

表 11-4　园区网络中计算机地址的规划信息

设备名称	IP 地址	网关	接口
PC1(学生)	192.168.1.11/24	192.168.1.1	Fa0/1 接口
PC2(办公)	192.168.2.14/24	192.168.2.1	Fa0/2 接口
PC3(教师)	192.168.3.2/24	192.168.3.1	Fa0/1 接口
S3760-1 的 Fa0/1 接口	192.168.1.1/24		
S3760-1 的 Fa0/2 接口	192.168.2.1/24		
S3760-1 的 Fa0/24 接口	192.168.4.2/24		
S3760-2 的 Fa0/24 接口	192.168.4.1/24		
S3760-2 的 Fa0/1 接口	192.168.3.1/24		

步骤三：配置三层交换机的基本信息。

（1）配置三层交换机 S3760-1 的基本信息。

```
    S3760-24-1(config)#int Fa 0/1
    S3760-24-1(config-if-Fastethernet 0/1)#no switch
    S3760-24-1(config-if-Fastethernet 0/1)#ip address 192.168.1.1
255.255.255.0
    S3760-24-1(config-if-Fastethernet 0/1)#no shutdown

    S3760-24-1(config-if-Fastethernet 0/1)#int Fa0/2
    S3760-24-1(config-if-Fastethernet 0/2)#no switch
    S3760-24-1(config-if-FastEthernet 0/2)#ip address 192.168.2.1
255.255.255.0
    S3760-24-1(config-if-FastEthernet 0/2)#no shutdown

    S3760-24-1(config-if-FastEthernet 0/2)#int Fa0/24
    S3760-24-1(config-if-FastEthernet 0/24)#no switch
    S3760-24-1(config-if-FastEthernet 0/24)#ip address 192.168.4.2
255.255.255.0
    S3760-24-1(config-if-FastEthernet 0/24)#no shutdown

    S3760-24-1#show ip route
    ...... ......
```

（2）配置三层交换机 S3760-2 的基本信息。

```
    S3760-24-2(config)#int Fa 0/1
    S3760-24-1(config-if-FastEthernet 0/1)#no switch
    S3760-24-1(config-if-FastEthernet 0/1)#ip address 192.168.3.1
255.255.255.0
```

```
    S3760-24-1(config-if-FastEthernet 0/1)#no shutdown

    S3760-24-1(config-if-FastEthernet 0/2)#int Fa0/24
    S3760-24-1(config-if-FastEthernet 0/24)#no switch
    S3760-24-1(config-if-FastEthernet 0/24)#ip address 192.168.4.1
255.255.255.0
    S3760-24-1(config-if-FastEthernet 0/24)#no shutdown

    S3760-24-1#show ip route
    …… ……
```

（3）配置三层交换机 S3760-1 的动态信息。

```
    S3760-24-1(config)#router  rip
    S3760-24-1(config-router)#version 2
    S3760-24-1(config-router)#network 192.168.1.0
    S3760-24-1(config-router)#network 192.168.4.0
    S3760-24-1(config-router)#network 192.168.2.0
    S3760-24-1(config-router)# no auto-summary

    S3760-24-1#show ip router
    …… ……
```

（4）配置三层交换机 S3760-1 的动态信息。

```
    S3760-24-2(config)#router  rip
    S3760-24-2(config-router)#version 2
    S3760-24-2(config-router)#network 192.168.3.0
    S3760-24-2(config-router)#network 192.168.4.0
    S3760-24-2(config-router)# no auto-summary

    S3760-24-2#show ip router
    …… ……
```

步骤四：配置网络的 FTP 服务器。

（1）在教师网络中的 PC 上构建 FTP 服务器。使用 IIS 程序构建 FTP 服务器的详细方法见相关资料。

（2）从学生网中的 PC1 上，访问教师网中的 FTP 服务器。打开 IE 浏览器工具，输入测试命令【FTP://192.168.3.2】，成功访问 FTP 服务器，如图 11-16 所示。

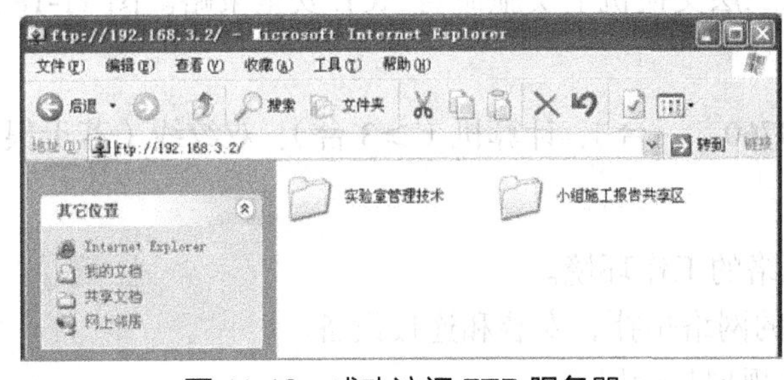

图 11-16 成功访问 FTP 服务器

步骤五：配置扩展命名 ACL 技术。

```
S3760-24-2(config)# ip access-list extended 100
S3760-24-2(config-std-nacl)#deny  tcp  192.168.1.0  0.0.0.255  host
192.168.3.2 eq ftp
S3760-24-2(config-std-nacl)# permit ip any any

S3760-24-2#int Fa0/24
S3760-24-2(config-if)#ip access-group 100 in
S3760-24-2(config-if)#no shutdown
```

步骤六：网络测试（2）。

（1）打开测试计算机，使用【ping】命令，测试对方网络的联通性，网络联通良好。

```
ping  192.168.3.2   ( ! OK )
```

（2）从学生网中的 PC1 上，打开 IE 浏览器工具访问教师网的 FTP 服务器。

```
FTP: // 192 .168 .3 .2  ( ! down )
```

由于使用 ACL 技术，学生无法访问教师网中的 FTP 服务器，图 11-17 所示为访问失败。

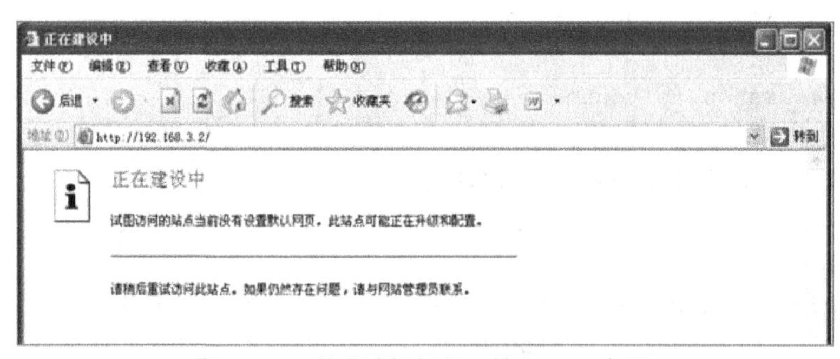

图 11-17　禁止访问教师网的 FTP 服务器

网络实践

网络实践 5：实施 VLAN 间安全访问控制

【任务描述】

某校园网由于没有实施部门网安全策略，出现了学生登录教师网查看试卷的情况。为保证校园网安全，在三层交换机上实施命名 ACL 安全策略。图 11-18 所示为网络场景。

【设备清单】

三层交换机（S3760，一台）、计算机（≥3 台）、双绞线（若干根）。

【工作过程】

步骤一：安装网络的工作环境。

按图 11-18 所示的网络拓扑，安装和连接设备。

步骤二：IP 地址规划与设置。

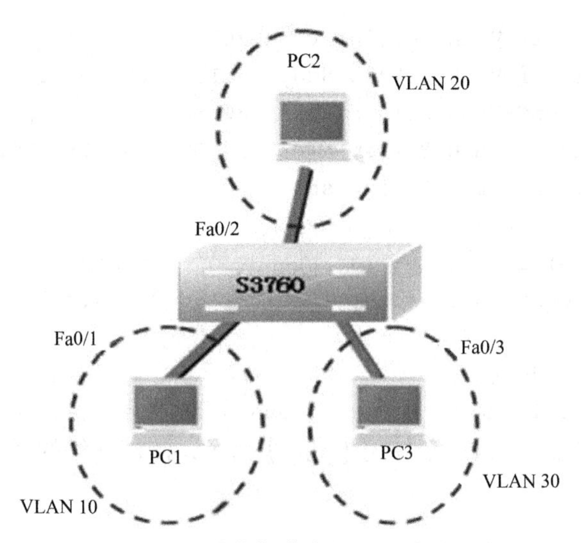

图 11-18　实施标准命名 ACL 安全技术

规划表 11-5 所示的地址信息。

表 11-5　园区网络中计算机的地址规划信息

设备	IP 地址	网关	接口	VLAN 信息	备注
PC1	192.168.1.6/24	192.168.1.1	Fa0/1	VLAN 10	学生网
PC2	192.168.2.11/24	192.168.2.1	Fa0/10	VLAN 20	办公网
PC3	192.168.3.14/24	192.168.3.1	Fa0/20	VLAN 30	教师网

步骤三：配置交换机。

```
S3760-24(config)#vlan 10
S3760-24(config-vlan)#vlan 20
S3760-24(config-vlan)#vlan 30

S3760-24(config-vlan)#int Fa0/1
S3760-24(config-if-FastEthernet 0/1)#switch access vlan 10
S3760-24(config-if-FastEthernet 0/1)#no shutdown

S3760-24(config-if-FastEthernet 0/1)#int Fa0/10
S3760-24(config-if-FastEthernet 0/10)#switch access vlan 20
S3760-24(config-if-FastEthernet 0/10)#no shutdown

S3760-24(config-if-FastEthernet 0/10)#int Fa0/20
S3760-24(config-if-FastEthernet 0/20)#switch access vlan 30
S3760-24(config-if-FastEthernet 0/20)#no shutdown

S3760-24(config)#int vlan 10
S3760-24(config-if-VLAN 10)#ip address 192.168.1.1 255.255.255.0
```

```
S3760-24(config-if-VLAN 10)#int vlan 20
S3760-24(config-if-VLAN 20)#ip address 192.168.2.1 255.255.255.0
S3760-24(config-if-VLAN 20)#int vlan 30
S3760-24(config-if-VLAN 30)#ip address 192.168.3.1 255.255.255.0
S3760-24(config-if-VLAN 30)#no shutdown

S3760-24(config)#ip access-list standard deny-student
S3760-24(config-std-nacl)#deny 192.168.1.0 0.0.0.255

S3760-24(config)#int vlan 30
S3760-24(config-if-VLAN 30)#ip access-group deny-student out
```

步骤四：网络测试。从 PC1 上使用【ping】命令，测试网络的联通性。

认证测试

以下每道选择题中，都有一个正确答案（最优答案），请选择正确答案（最优答案）。

1．在配置 ACL 的过程中，列表的先后顺序影响到访问控制列表的匹配效率，因此（　　）。

A．最常用的需要匹配的列表在前面输入

B．最常用的需要匹配的列表在后面输入

C．deny 在前面输入

D．permit 在前面输入

2．R2624 路由器显示访问列表 10 的内容的方法是（　　）。

A．【show acl 10】　　B．【show list 10】

C．【show access-list 10】　　D．【show access-lists】

3．访问列表配置为 access-list 101 permit 192.168.0.0 0.0.0.255 10.0.0.0 0.255.255.255，则最后默认的规则是（　　）。

A．允许所有的数据报通过　　B．仅允许到 10.0.0.0 的数据报通过

C．拒绝所有的数据报通过　　D．仅允许到 192.168.0.0 的数据报通过

4．扩展 IP 访问控制列表的号码范围是（　　）。

A．1 ~ 99　　B．100 ~ 199　　C．800 ~ 899　　D．900 ~ 999

5．以下为标准访问列表选项是（　　）。

A．access-list 116 permit host 2.2.1.1

B．access-list 1 deny 172.168.10.198

C．access-list 1 permit 172.168.10.198 255.255.0.0

D．access-list standard 1.1.1.1

6．路由器的缺点是（　　）。

A．不能进行局域网连接　　B．成为网络瓶颈

C．无法隔离广播　　D．无法进行流量控制

7．在 IP 中用来进行组播的 IP 地址是（　　）类地址。

A．A 类　　B．C 类　　C．D 类　　D．E 类

8．将单位内部的局域网接入 Internet（因特网），所需的接入设备是（　　）。

A．防火墙　B．集线器　C．中继转发器　D．路由器

9．FTP 的默认端口号是（　　）。

A．21　B．23　C．25　D．29

10．（　　）能够自动分配 IP 地址给客户机。

A．ARP　B．RARP　C．ICMP　D．DHCP

11．划分 IP 子网的主要好处是（　　）。

A．可以隔离广播流量

B．可以减少网管人员 IP 地址分配的工作量

C．可以增加网络中的主机数量

D．可以合理利用 IP 地址进行网络规划

12．对于地址 172.16.19.255/20，下列说法正确的是（　　）。

A．这是一个广播地址　B．这是一个公有地址

C．这是一个网络地址　D．地址在 172.16.19.0/20 网段内

E．地址在 172.16.16.0/20 网段内

13．在交换机上配置【spanning-tree mode rstp】命令，下列说法正确是（　　）。

A．交换机自动开启快速生成树协议　B．交换机自动成为根交换机

C．生成树协议未被激活　D．MSTP 被激活

14．聚合端口最多可以捆绑（　　）条相同带宽标准的链路。

A．2　B．4　C．6　D．8

15．如果某路由器到达目的网络有三种方式：通过 RIP；通过静态路由；通过默认路由，那么路由器转发数据的方式为（　　）。

A．通过 RIP　B．通过静态路由　C．通过默认路由　D．都可以

16．当 RIP 向相邻的路由器发送更新时，它使用（　　）s 为更新计时的时间值。

A．30　B．20　C．15　D．25

17．下列数字属于标准访问列表范围的是（　　）。

A．1 ~ 99　B．100 ~ 199　C．800 ~ 899　D．900 ~ 999

18．当要配置路由器的接口地址时，应采用（　　）命令。

A．【ip address 1.1.1.1 netmask 255.0.0.0】B．【ip address 1.1.1.1/24】

C．【set ip address 1.1.1.1 subnetmask 24】D．【ip address 1.1.1.1 255.255.255.248】

19．为了防止冲击波病毒，在路由器上应采用（　　）技术。

A．网络地址转换　B．标准访问列表

C．采用私有地址来配置局域网用户地址，以使外网无法访问

D．扩展访问列表

20．在路由器上配置一个标准访问列表，只允许所有源自 B 类地址 172.16.0.0 的 IP 数据包通过，那么通配符掩码将采用（　　）。

A．255.255.0.0　B．255.255.255.0　C．0.0.255.255　D．0.255.255.255

第 12 章 熟悉无线局域网基础

无线局域网络 WLAN 是利用射频（Radio Frequency，RF）技术，使用电磁波作为信号载体，在空中通信连接构成的局域网。无线局域网能达到“信息随身化、便利走天下”的理想境界。

本章通过对无线局域网络 WLAN 技术的学习，熟悉无线局域网组网的基础知识，为实施无线局域网组网项目做知识和能力上的准备。

- 了解无线局域网基础知识
- 熟悉无线局域网组网设备
- 掌握无线局域网传输协议
- 组建以 AP 为核心的无线局域网
- 了解 FIT AP+AC 组网技术

12.1 无线局域网技术概述

1. 什么是无线局域网

无线局域网（Wireless Local Area Network，WLAN）是计算机网络与无线通信技术相结合的产物。无线局域网利用射频技术，使用无线通信信号组建无线局域网，如图 12-1 所示。

与有线网络相比，WLAN 具有灵活性和移动性的优点，在无线信号覆盖的区域内任何位置都可以接入网络，此外，无线局域网的移动性使连接到无线局域网的用户可以移动，且同时与网络保持连接。

但无线局域网也存在着一些缺陷，无线局域网依靠无线电波传输，这些电波通过无线发射装置发射，而建筑物、墙壁、树木和其他障碍物都能阻碍电磁波传输，所以影响了无线局域网的网络传输性能。

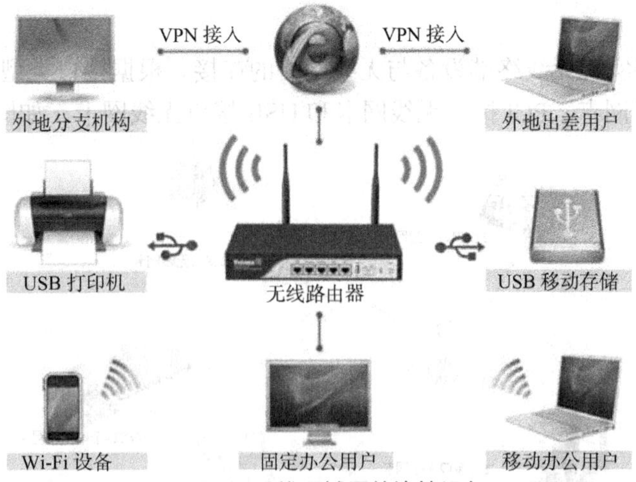

图 12-1　无线局域网的连接设备

2. 了解 Wi-Fi 联盟

无线保真 Wi-Fi（Wireless Fidelity）组织是一个商业联盟，成立于 1999 年，在全球范围内推行 Wi-Fi 产品兼容认证。

Wi-Fi 是 Wi-Fi 联盟的商标品牌认证，实质是一种商业认证。通过 Wi-Fi 认证的设备，可以实现个人电脑、手持设备（如 Pad、手机）等终端，以无线方式进行连接。图 12-2 所示为 Wi-Fi 标识。

图 12-2　Wi-Fi 标识

12.2 认识无线局域网设备

常见的 WLAN 组网设备包括无线客户端（STA）、无线网卡、天线、无线接入点（AP）、无线控制器（AC）、无线交换机（WS）。

1. 无线客户端

无线客户端（STA）是可以实现无线连接的终端，如 PDA、便携式计算机、PC、打印机、投影仪和智能手机等，如图 12-3 所示。

图 12-3　各种无线终端设备

2. 无线网卡

无线网卡能够实现无线终端设备与无线网络的连接。根据接口类型的不同分为三种：PCMCIA 接口无线网卡、PCI 接口无线网卡和 USB 接口无线网卡，如图 12-4 所示。

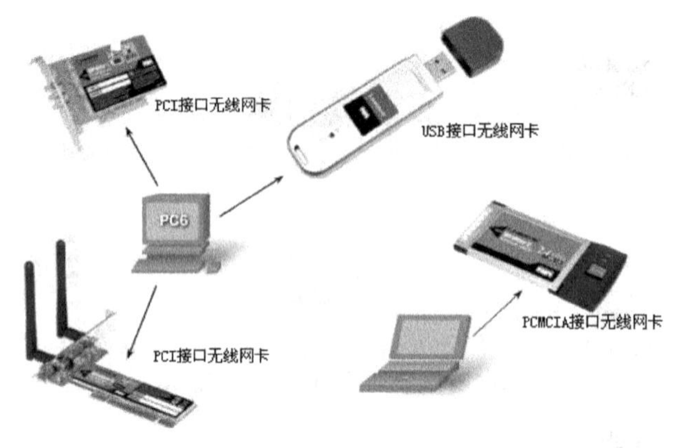

图 12-4 无线网卡

其中，PCMCIA 接口无线网卡仅适用于便携式计算机，支持热插拔，可以方便地实现移动式接入，PCI 接口网卡适用于所有计算机，安装相对复杂，USB 无线网卡支持热插拔，即插即用。

注意，这里所说的“无线网卡”和生活中的“无线上网卡”是不同的设备。“无线上网卡”指电信、移动、联通运营商推出的 4G 无线上网卡，能够接插在电脑的 USB 接口，接收 4G 网络信号，如图 12-5 所示。

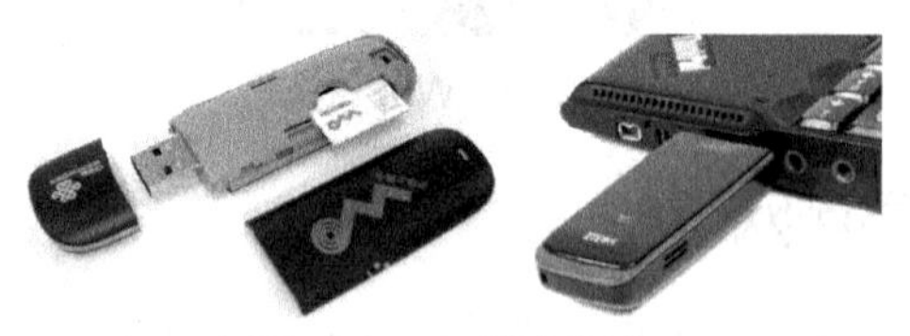

图 12-5 无线上网卡

3. 无线天线

天线用于发送和接收无线信号，可提高无线设备的信号强度。当无线工作站与无线 AP 相距较远时，随着信号的减弱，传输速率会下降。此时借助天线对接收信号进行增益（天线获得的信号强度提升称为增益），增益越高，传输距离越远，如图 12 6 所示。

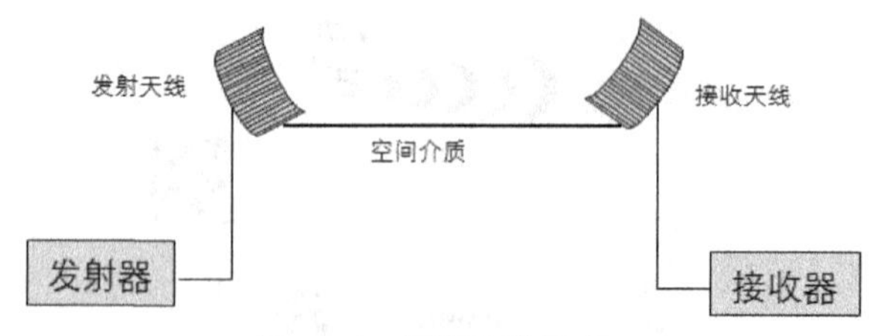

图 12-6 天线工作原理

无线天线有许多类型，常见的有两种：室内吸顶天线（左）和室外抛物面天线（右），如图 12-7 所示。

图 12-7 无线天线类型

室外天线的类型比较多，一种是全向天线，另一种是定向天线。其中，全向天线朝所有的方向均匀发射信号，定向天线朝着指定的方向发射信号，常用于桥接应用，如图 12-8 所示。

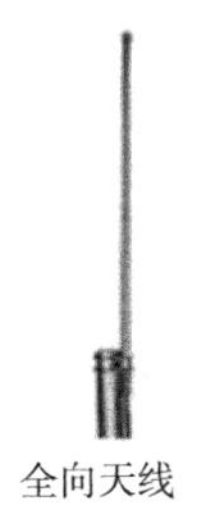
全向天线

定向板状天线

图 12-8 室外天线类型

4. 无线接入点 AP

无线接入点 AP

无线接入点（Access Point，AP）连接着无线网络中的客户端设备，并把这些设备连接到有线网中，从而实现无线和有线的连接，如图 12-9 所示。

无线接入点 AP 的接入功能，等同于有线网中的集线器。网络中增加一台无线 AP，即可成倍扩展无线网络的覆盖直径，容纳更多无线设备接入，如图 12-10 所示。

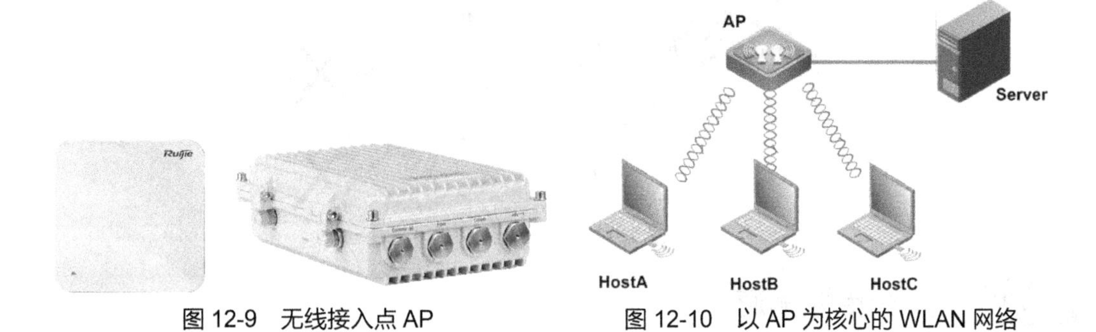

图 12-9 无线接入点 AP　　图 12-10 以 AP 为核心的 WLAN 网络

5. 无线控制器

无线控制器 AC

无线控制器（Wireless Access Point Controller，AC）是一种重要的无线局域网组网设备，是无线局域网络的核心，用来集中化控制无线 AP，如图 12-11 所示。

无线控制器适用于大中型无线网络，如图 12-12 所示。无线控制器管理着无线 AP（瘦 AP），功能包括下发配置、修改相关配置参数、射频智能管理、接入安全控制等。

图 12-11　无线控制器

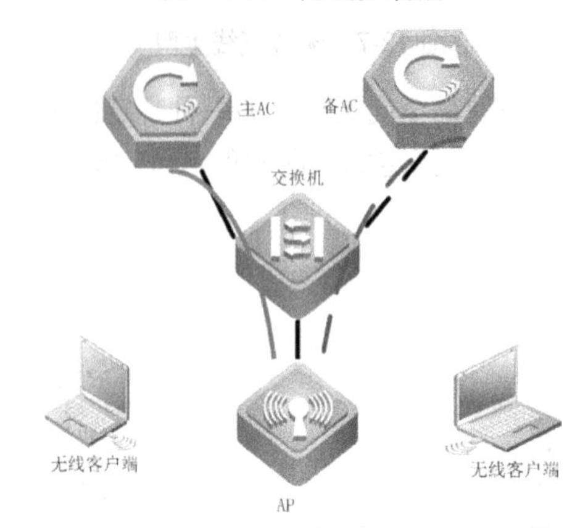

图 12-12　AC 和 AP 组建的 WLAN 网络

6. POE 交换机

POE（Power Over Ethernet）是以太网供电技术，在为 IP 终端（如 AP、网络摄像机）设备传输信号的同时，还提供直流电供电。

POE 交换机支持的端口输出功率达 15.4W，通过网线为 POE 终端设备供电，可免去额外的电源布线，如图 12-13 所示。

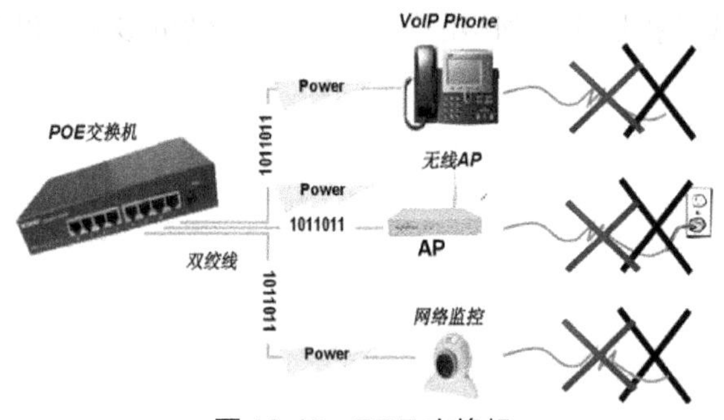

图 12-13　POE 交换机

12.3 无线传输信道

1. 无线信道

信道是无线通信中发送端和接收端之间的通路。无线电波从发送端传送到接收端，并没有一条有形的连接，它的传播路径也可能不止一条。但为了描述发送端与接收端之间的传输，想象两者之间有一条看不见的通道，称为信道。

无线信道也称为“频段（Channel）”，因其具有一定的频率带宽。

无线局域网使用了两个独立频段：2.4GHz 和 4.9/5.8 GHz。每个频段又划分为若干信道，如图 12-14 所示。

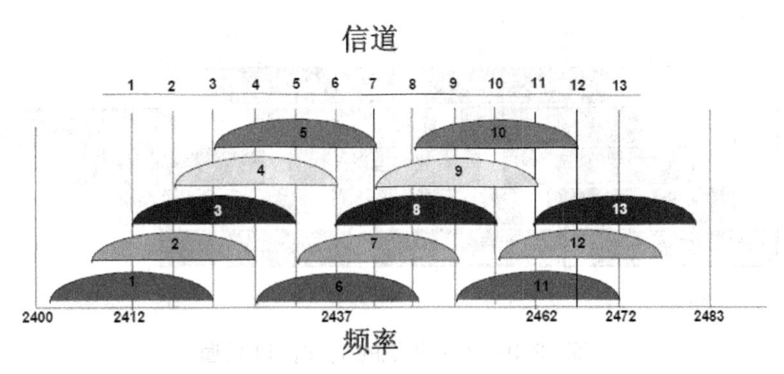

图 12-14　2.4 GHz 频段

（1）2.4GHz（IEEE 802.11b/g）

2.4GHz 无线频段为 ISM 频段，ISM 频段（Industrial Scientific Medical Band）是工业（Industrial）、科学（Scientific）和医学（Medical）机构的免费频道。任何组织只需遵守一定的发射功率（一般低于 1W），不对其他频段造成干扰，即可免费使用。

（2）5GHz（IEEE 802.11a/IEEE 802.11h/IEEE 802.11j）

由于 2.4GHz 频道受到很多工业设备的干扰，有些无线厂商尝试避开该频道，而采用无明确开放的 5GHz 波段传输信号，以提高传输速度。5GHz 是新的无线传输频道，其传输频率、速度、距离，及抗干扰性都比 2.4GHz 强很多，但没有明确开放，需要承受风险。

2. 信道数量及影响

标准的 2.4GHz 频段的频率范围为 2.4 ~ 2.4835GHz，共 83.5MHz 带宽，无线信号占用的每条子信道的宽度为 22MHz，共划分出 1 ~ 13 条重叠的频道，可供无线信号传输选择。但这并不是独立的 13 条频道，相邻的信道存在频率重叠（如 1 与 2，3，4，5 信道有重叠），如图 12-15 所示。具体地说，使用两台以上 AP 进行无线覆盖时，频道就可能有冲突。因此，需要为每台 AP 设定不同的频段，以免相互之间产生干扰，导致无线网络的整体性能下降，如图 12-16 所示。

每条信道都会干扰其两边的频道，整个 2.4GHz 频段内只有 3 条（如 1，6，11）互不干扰的信道，因此在使用无线设备时，一定要注意频段分割，如图 12-17 所示。

一台无线 AP 在无障碍物的环境下，可覆盖半径为 100m 的范围。但无线 AP 的穿透性和衍射能力很差，一旦遇到障碍物，信号强度就会衰减。信号的分布极不均匀，越靠近 AP，信号越强；反之，则越差。

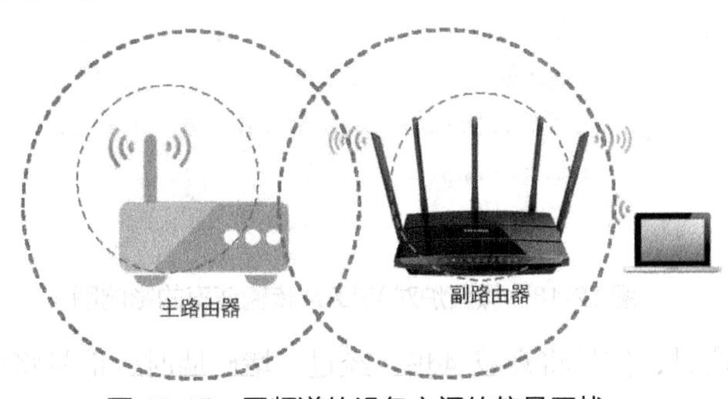

图 12-15　同频道的设备之间的信号干扰

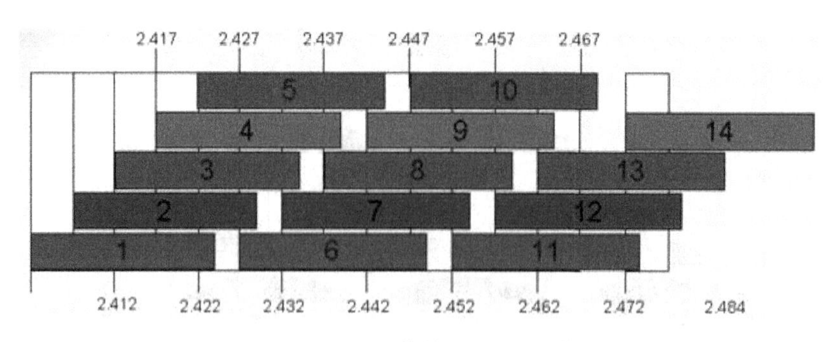

图 12-16　互不干扰的 1，6，11 信道

因此，若需对某个大范围的区域进行无线信号覆盖，只能通过使用蜂窝式覆盖的形式，达到大范围无线信号覆盖的效果，设置 AP 设备在 3 条不重叠的信道上，图 12-17 所示为信道 1，6，11。

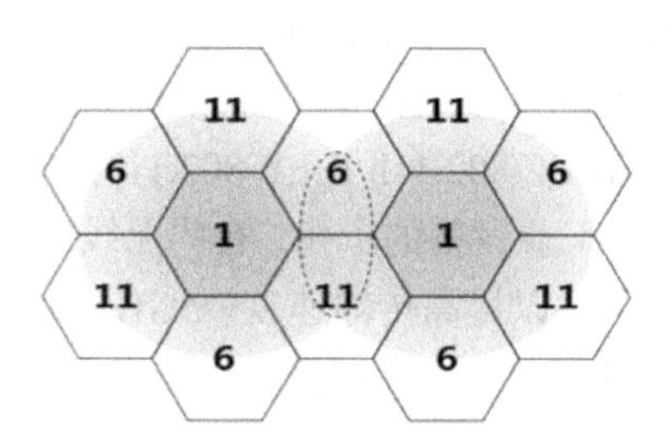

图 12-17　蜂窝式无线覆盖

12.4 无线传输干扰

WLAN 网络使用免费的 2.4GHz 公共频段传输信息，但其他的非 WLAN 设备，如微波炉、无绳电话、蓝牙设备，以及其他无线设备使用该频道，会对 WLAN 产生干扰。其中，蓝牙等小功率设备对 WLAN 的影响很小，可以忽略，但微波炉等大功率设备对 WLAN 的影响较大，在 WLAN 网络设计时，应远离此类设备。

微波炉对 WLAN 网络的传输速率影响从图 12-18 中可以看出，WLAN 设备靠近干扰源时，传输速率迅速下降。无线信号对环境的依赖性比较强，还会随着距离的增加而减弱。当电磁波穿越无线区域的障碍物时，振幅将会大幅度减小，接收信号将急剧下降。

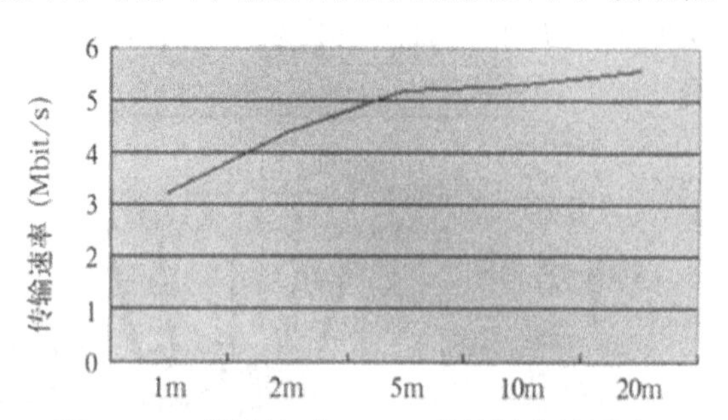

图 12-18　微波炉对 WLAN 传输速率的影响图

经过普通夹板墙时，信号将衰减 4dB，经过一堵砖墙时，信号将衰减 8 ~ 15dB，经过钢筋混凝土时，信号衰减会更加厉害，如图 12-19 所示。

障碍物	衰减程度	举例
开阔地	无	自助餐厅、庭院
木制品	少	内墙、办公室隔断、门、地板
石膏	少	内墙（新的石膏比老的石膏对无线信号的影响大）
合成材料	少	办公室隔断
煤渣砖块	少	内墙、外墙
石棉	少	天花板
玻璃	少	没有色彩的窗户
玻璃中的金属网	中等	门、隔断
金属色彩的玻璃	少	带有色彩的窗户
人的身体	中等	大群的人
水	中等	潮湿的木头、玻璃缸、有机体
砖块	中等	内墙、外墙、地面
大理石	中等	内墙、外墙、地面
陶瓷制品	高	陶瓷瓦片、天花板、地面
纸	高	一卷或者一堆纸
混凝土	高	地面、外墙、承重梁
防弹玻璃	高	安全棚
镀银	非常高	镜子
金属	非常高	办公桌、办公隔断、混凝土、电梯、文件柜、通风设备

图 12-19 各种材质对无线信号造成的衰减

12.5 无线传输协议

1. 什么是 CSMA/CA 无线传输机制

（1）CSMA/CD

在以太网中使用 CSMA/CD 协议，能够解决以太网中信号在线缆上传输时的冲突和退让问题。CSMA/CD 协议规定每台设备都监听共享介质，“空闲”才传输信号，如果同时传输，就发生“冲突”，设备之间通过退让算法，避免“冲突”发生，从而实现有线网络中的两台以上设备进行数据传送时，能够避免“冲突”发生。

（2）CSMA/CA

在无线局域网通信过程中，因为带宽的问题，大量的“冲突”造成了网络传输效率低下，因此对以太网 CSMA/CD 协议进行了调整，采用 CSMA/CA 协议完成无线局域网中“冲突”的检测。

首先，无线终端设备在信号传输前，检测无线信道是否有使用；如果检测出信道“空闲”，则等待一段随机时间后，才送出数据。

其次，无线接收端如果正确收到帧，则需要等待一段时间间隔后，才向发送端发送确认帧 ACK。发送端收到 ACK 帧后，确定数据正确传输，在经历一段时间间隔后，再进行确认。

（3）二者区别

CSMA/CD：带冲突检测的载波监听多路访问，检测冲突，如果产生碰撞，无法避免。

CSMA/CA：带冲突避免的载波监听多路访问，发送包的同时不能检测到信道上有无“冲突”，只能尽量避免。

无线局域网络工作原理

2. 无线传输协议的标准内容

IEEE 802.11 是第一代无线局域网标准，定义了在无线信号传输过程中，物理层和媒体访问控制（MAC）协议的规范。

（1）IEEE 802.11

1990 年，IEEE 802 标准化委员会成立 IEEE 802.11WLAN 标准工作组，规范并制定了一个实现无线局域网通信的标准，速率最高只能达到 2Mbit/s。由于速率和传输距离都不能满足需要，所以 IEEE 802.11 标准很快被 IEEE 802.11b 所取代。

（2）IEEE 802.11b

1999 年 9 月，IEEE 802.11b 正式批准，工作频段在 2.4GHz，传输速率为 11Mbit/s。该标准是对 IEEE 802.11 的修订，采用补偿编码键控调制的方式，传输速率可以根据实际情况在 11Mbit/s、5.5Mbit/s、2Mbit/s、1Mbit/s 速率间切换，其速度的提升扩大了无线局域网的应用范围。

（3）IEEE 802.11a

1999 年，IEEE 802.11a 标准正式批准，工作频段在 5.15 ~ 5.825GHz，传输速率达 54Mbit/s。该标准是对 IEEE 802.11b 的修订，初衷是取代 IEEE 802.11b 标准。然而工作于 5.15 ~ 5.825GHz 的频段需申请，很多设备厂商考虑风险，没有对 IEEE 802.11a 标准进行支持。

（4）IEEE 802.11g

2001 年 11 月，IEEE 802.11g 标准正式批准，工作频段在 2.4GHz，传输速率达 54Mbit/s。IEEE 802.11g 标准采用两种调制方式，能同时兼容 IEEE 802.11a 和 IEEE 802.11b 标准，实现了双频双模工作模式。

（5）IEEE 802.11n

IEEE 802.11n 标准的工作频段在 2.4 ~ 2.4835GHz，提供高达 300 ~ 600Mbit/s 的传输速率，极大地推动了无线局域网的应用。

12.6 无线局域网组网模式

1. Ad-Hoc 组网模式

Ad-Hoc 结构无线局域网组网是一种省去 AP 搭建的对等网络。安装无线网卡的计算机之间通过无线网卡，设置相同的 SSID 无线标识符，即可实现点对点的无线连接。

Ad-Hoc 网络架设过程十分简单，但一般无线网卡在室内环境下传输距离为 40m 左右，超过此传输距离就不能通信，因此该种模式适合临时性无线组网需求。

Ad-Hoc 结构与有线网络中的双机互联对等网组网模式相同，如图 12-20 所示。

2. Infrastructure 组网模式

Infrastructure 模式无线局域网通过 AP 实现无线设备互联，网络中的所有通信都通过无线 AP 接收转发，类似有线网中的星形拓扑。可以把 AP 看作传统局域网中的集线器，AP 作为无线局域网和有线网之间的桥梁，如图 12-21 所示。

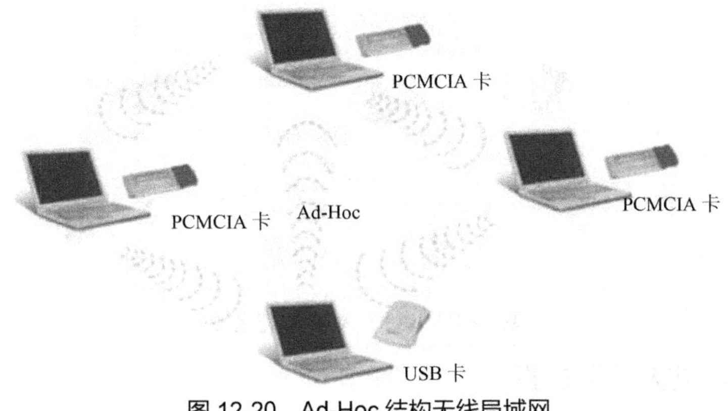

图 12-20　Ad-Hoc 结构无线局域网

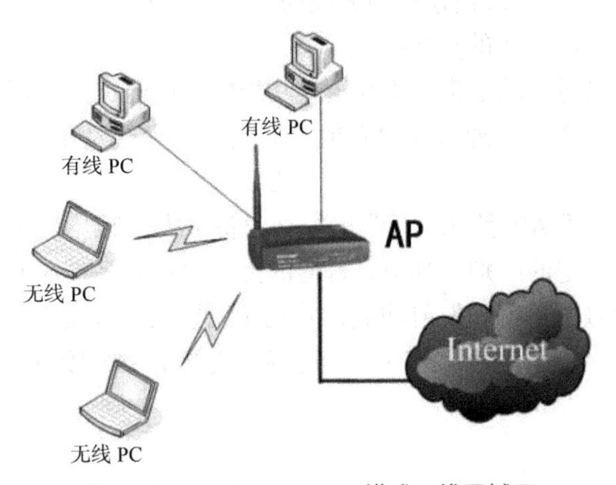

图 12-21　Infrastructure 模式无线局域网

12.7 AP 设备

组建 Ad-Hoc 模式无线局域网

1. AP 组网功能

无线接入点 AP 是组建小型无线局域网最常用的设备，其将无线客户端连接到无线网络，并实现无线网络和有线网络的互联。此外，无线 AP 还支持多用户接入、数据加密、无线网络管理的功能，如图 12-22 所示。

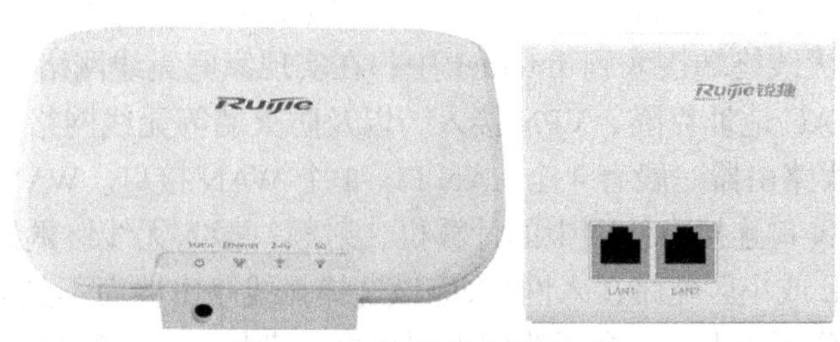

图 12-22　无线接入设备 AP

无线接入点 AP 是组建 WLAN 网络的核心，相当于移动通信网络中发射基站的角色。在 AP 信号覆盖范围内的无线设备，都可以通过它实现通信。由于 AP 的信号覆盖范围是一个向外扩散的圆形区域，因此，应尽量把 AP 放置在无线网络的中心位置，如图 12-23 所示。

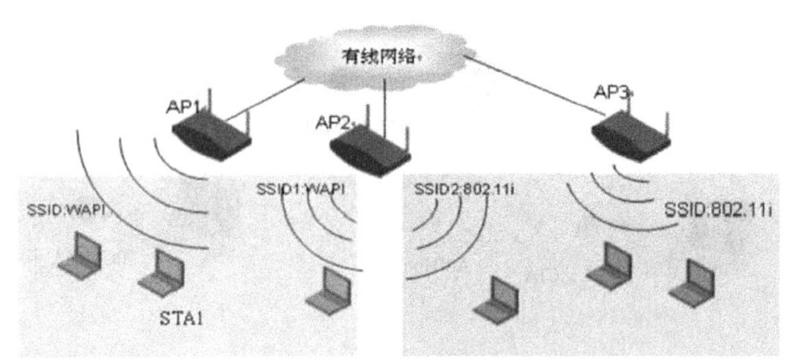

图 12-23　AP 的基本覆盖区域

2. 无线 AP 与无线路由器

随着无线网络的快速发展，组建小型无线局域网已成为 SOHO 办公和家庭用户的首选，其中，无线路由器是家庭无线的重要接入设备。

无线路由器，顾名思义就是带有无线覆盖功能的路由器，是扩展型 AP 设备，它主要应用于用户上网和无线覆盖。通过路由功能能够实现家庭 ADSL、无线路由器和 Internet 连接，如图 12-24 所示。

无线路由器是“无线 AP+路由功能”的复合设备，从外观上来看，两者外形基本相似，但二者功能上还是有一定的区别。其中，普通的无线 AP 设备缺少路由功能，相当于集线器设备，提供无线信号的接收和发射功能，并把无线接入到有线中。此外，在外形上它们的接口也不同，无线 AP 设备通常只有一个连接有线的 RJ-45 接口、一个电源接口和配置口，如图 12-25 所示。

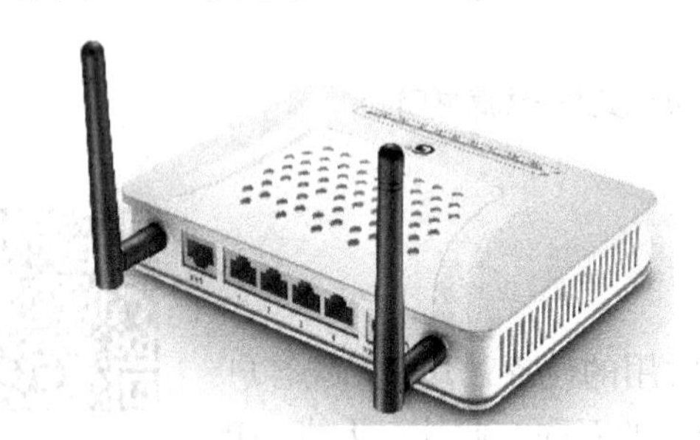

图 12-24　家用无线路由器

图 12-25　无线 AP 设备

无线路由器在功能上，不仅有无线信号接入功能，而且具有无线路由功能，可通过家庭 ADSL 设备，把无线终端接入到 Internet 中；在实现家庭无线网络管理上，支持 DHCP 服务器、DNS 和 MAC 地址克隆、VPN 接入，以及防火墙等无线网络安全功能。

在外形上，无线路由器一般有 4 个 LAN 口、1 个 WAN 接口。WAN 口连接 ADSL，实现互联网接入，LAN 口连接有线网中的计算机，射频口接入无线终端设备。

如果使用 ADSL 或小区宽带接入网络，应该选择无线路由器而不是无线 AP，如图 12-26 所示。在 SOHO 办公环境中，一台无线路由器也可以满足需求，轻松实现无线办公网络的组建。

在大型无线校园网中，网络接入设备众多，就需要通过“有线网络+无线 AP”的组网模式，组建无线办公室网络。

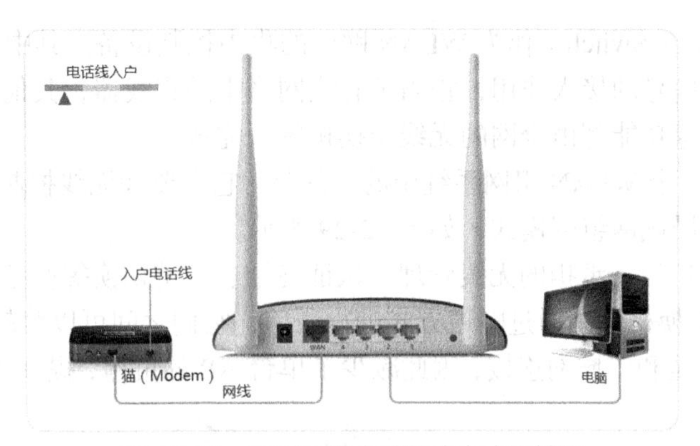

图 12-26 用无线路由器组建家庭局域网

12.8 以 AP 为核心的无线组网技术

根据传输过程，无线 AP 设备通常分为 FAT AP（胖 AP）和 Fit AP（瘦 AP）。

1. FAT AP（胖 AP）

在无线交换机大规模应用之前，无线局域网主要通过 FAT AP 连接无线终端设备。

FAT AP 是传统 WLAN 的经典组网方案，FAT AP 承担着无线网络中的设备认证、无线漫游、动态密钥产生的功能，支持二层无线漫游，能集安全、认证等功能于一体，通常把这种具有网络管理功能的 AP 称为“智能 AP”，或者俗称“胖 AP”，如图 12-27 所示。

组建 FAT AP 模式无线局域网

在组建无线局域网时，需要在每台 AP 上单独进行配置，无法进行集中配置、管理和维护。通过在 FAT AP 设备上安装无线网管软件、安全程序、无线优化程序等来管理无线网络时，由于单台 AP 的覆盖范围太小，每台 AP 平均能够支持的用户数在 30 ~ 90，大型企业如果要部署无线网络可能需要几百台 AP，来让无线网络覆盖所有的用户，这种方案耗费太高。无线网络中安装的 FAT AP 越多，网络管理费用就越高，维护成本也越高，如图 12-28 所示。

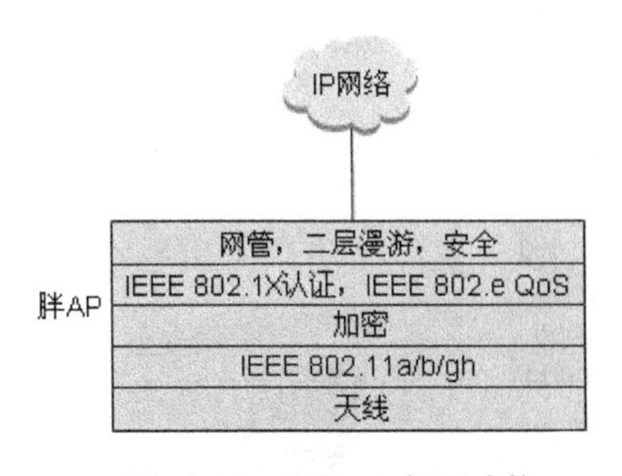

图 12-27 FAT AP 组网功能

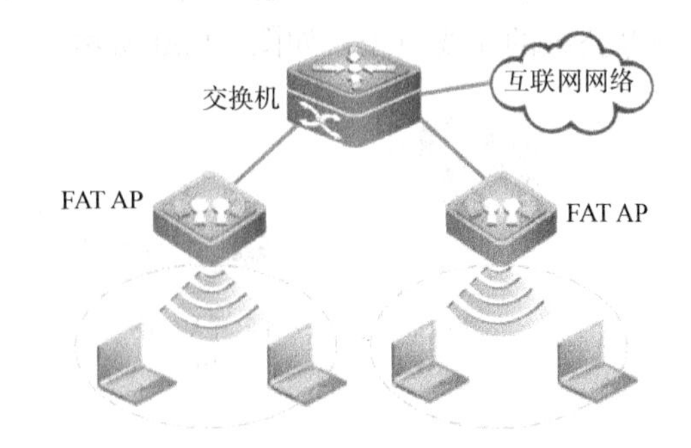

图 12-28 FAT AP 组网场景

小型无线局域网中，由于连接的设备少，部署 FAT AP 是较好的选择，但对于大型企业网的无线应用，以及运营级的无线网络，FAT AP 则无法支撑大规模的部署。

2. Fit AP（瘦 AP）

Fit AP 是无线局域网大规模应用后的无线组网模式，相比于 FAT AP 组网方案，增加了无线交换机（Wireless Switch）作为 WLAN 网中的集中控制设备。其中，Fit AP 在 WLAN 组网中仅承担无线信号的接入作用，相当于有线网络中的集线器，其他关于无线局域网的管理、认证和安全等功能都由全网的无线交换机统一完成。

Fit AP 仅仅是一个 WLAN 组网系统中的一部分，它需要和无线控制器一起工作，组建“Fit AP+AC”无线局域网组网模式，如图 12-29 所示。

原先由 FAT AP 设备承担的无线管理、认证终结、漫游切换等业务，都由无线交换机完成，AP 与无线交换机之间通过隧道方式进行通信，它们之间可以跨越二层网络（L2）、三层网络（L3），甚至和广域网连接，因此减少了单台 AP 的负担，提高了组网的工作效率。

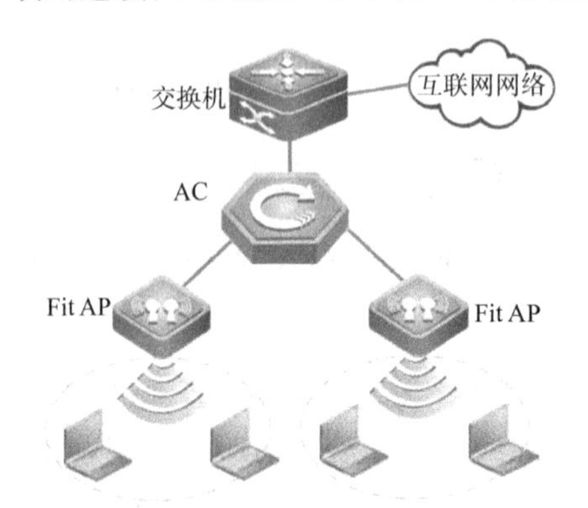

图 12-29 “Fit AP+AC”无线局域网组网模式

网络实践

网络实践：组建 FAT AP 无线局域网

【任务场景】

××学校在教师办公室组建无线局域网，要安装一台 FAT AP，通过和校园网连接，从而实现办公区的无线覆盖，如图 12-30 所示。

图 12-30 办公室的无线网络场景

【设备清单】

FAT AP（一台）、POE 供电模块（一块）、交换机（一台）、网线（若干根）、测试计算机（两台）。

【工作过程】

步骤一：安装网络的工作环境。

组建办公室无线网络场景时，要注意 FAT AP 和供电电源以及交换机的连接。

步骤二：配置 FAT AP 设备。

（1）配置无线用户 VLAN 和 DHCP 服务器，给连接的 PC 分配地址。

```
Ruijie(config)#vlan 1                      ！创建无线用户 VLAN

Ruijie(config)#service dhcp                ！开启 DHCP 服务
Ruijie(config)#ipdhcp pool test            ！配置 DHCP 地址池，名称是 test
Ruijie(dhcp-config)#network 172.16.1.0 255.255.255.0 ！下发 172.16.1.0 地址
Ruijie(dhcp-config)#default-router 172.16.1.254        ！下发网关
```

（2）配置 AP 的以太网接口，让无线用户的数据正常传输。

```
Ruijie(config)#interface GigabitEthernet 0/1
Ruijie(config-if)#encapsulation dot1Q 1 ！注意封装相应 VLAN，否则无法通信
```

（3）配置 WLAN 并广播 SSID。

```
Ruijie(config)#dot11 wlan 1
Ruijie(dot11-wlan-config)#vlan 1                     ！关联 VLAN 1
Ruijie(dot11-wlan-config)#broadcast-ssid             ！广播 SSID
Ruijie(dot11-wlan-config)#ssid AP                    ！SSID 名称为 AP
```

（4）创建射频子接口，封装无线用户 VLAN。

```
Ruijie(config)#interface Dot11radio 1/0.1
Ruijie(config-if-Dot11radio 1/0.1)#encapsulation dot1Q 1
```

（5）在射频口上调用 WLAN-id，使之能发出无线信号。

```
Ruijie(config)#interface Dot11radio 1/0
Ruijie(config-if-Dot11radio 1/0)#channel 1
！信道为 channel 1,互不干扰的信道为 1、6、11
Ruijie(config-if-Dot11radio 1/0)#wlan-id 1     ！关联 WLAN 1
```

注意：步骤 3、4、5 的顺序不能调换，否则配置不成功。

（6）配置 interface VLAN 的地址和静态路由。

```
Ruijie(config)#interface BVI 1         ！配置管理地址接口
Ruijie(config-if)#ip address 172.16.1.254 255.255.255.0
Ruijie(config)#ip route 0.0.0.0 0.0.0.0 172.16.1.254
```

配置胖 AP 模式无线局域网（多 SSID 配置）

认证测试

以下每道选择题中，都有一个正确答案（最优答案），请选择出正确答案（最优答案）。

1．IEEE 802.11b WLAN 的最大数据率是多少（　　）。

A．2Mbit/s　　B．4Mbit/s　　C．8Mbit/s　　D．11Mbit/s

2．WLAN 技术使用的介质是（　　）。

A．无线电波　　B．双绞线　　C．同轴电缆　　D．光纤电缆

3．用于 WLAN 的 IEEE 标准是（　　）。

A．802.3　　B．802.5　　C．802.7　　D．802.11

4．下列（　　）是 WLAN 常用的 RF 频段。

A．9MHz　　B．100MHz　　C．4.7GHz　　D．2.4GHz

5．IEEE 802.11 定义了（　　）拓扑。

A．Ad-Hoc　　B．Router　　C．Switch　　D．Infrastructure

6．服务集标识包含（　　）。

A．BSSID　　B．Infrastructure　　C．ESSID　　D．Ad-Hoc

7．下列材料对 2.4GHz 的 RF 信号的阻碍作用最小的是（　　）。

A．混凝土　　B．金属　　C．钢　　D．干墙

8．天线主要工作在 OSI 参考模型的（　　）。

A．第一层　　B．第二层　　C．第三层　　D．第四层

9．无线局域网的优点不包括（　　）。

A．移动性　　B．灵活性　　C．可伸缩性　　D．实用性

10．WLAN 的英文全称是（　　）。

A．Wireless Local Area Network　　B．Wireless LAN

C．Wireless location Area Network　　D．Wireless Local Area Net

11．IEEE 802.11b 的最大传输速率是（　　）。

A．1Mbit/s　　B．2Mbit/s　　C．5.5Mbit/s　　D．11Mbit/s

12．IEEE 802.11g 的最大传输速率是（　　）。

A．11Mbit/s　　B．24Mbit/s　　C．36Mbit/s　　D．54Mbit/s

13．目前 2.4GHz 频段在国内可用的有（　　）个信道。

A．11　　B．12　　C．13　　D．14

14．IEEE 802.11 协议定义了无线的（　　）。

A．物理层和数据链路层　　B．网络层和 MAC 层

C．物理层和介质访问控制层　　D．网络层和数据链路层

15．IEEE 802.11g 协议的载波带宽为（　　）MHz。

A．20　　B．40　　C．22　　D．15

16．下列选项中属于无线局域网（WLAN）标准的是（　　）。

A．IEEE 802.3　　B．IEEE 802.4　　C．IEEE 802.5　　D．IEEE 802.11

17．两台无线网桥建立桥接时，（　　）必须相同。

A．SSID 信道　　B．信道

C．SSID、MAC 地址　　D．设备序列号、MAC 地址

18．由一个无线 AP，以及关联的无线客户端组成的是（　　）。

A．IBSS　　B．BSS　　C．ESS　　C．GSS

19．在下面的信道组合中，3 个非重叠信道的组合是（　　）。

A．信道 1、信道 6、信道 10　　B．信道 2、信道 7、信道 12

C．信道 3、信道 4、信道 5　　D．信道 4、信道 6、信道 8